计算机类本科规划教材

数据结构（C++版）
（第3版）

叶核亚　编　著

陈本林　主　审

电子工業出版社.

Publishing House of Electronics Industry

北京·BEIJING

内容简介

本书全面系统地介绍数据结构的基础理论和算法设计方法，包括线性表、树、图等数据结构以及查找和排序算法。内容涉及的广度和深度符合计算机专业本科的基本要求，体现了本科教学的培养目标。

本书采用 C++语言以面向对象方法描述数据结构和算法。本书理论叙述精练，结构安排合理，重点是数据结构设计和算法设计，通过降低理论难度和抽象性、加强实践环节等措施，力求增强学生的理解能力和应用能力。

本书有配套的教学资料包，包括电子课件、源代码及习题解答等。

本书可作为普通高等学校计算机及相近专业本科数据结构课程的教材，也可作为从事计算机软件开发和工程应用人员的参考书。

图书在版编目（CIP）数据

数据结构：C++版 / 叶核亚编著．—3 版．—北京：电子工业出版社，2014.2
计算机类本科规划教材

ISBN 978-7-121-21985-6

Ⅰ．①数… Ⅱ．①叶… Ⅲ．①数据结构—高等学校—教材 ②C 语言—程序设计—高等学校—教材
Ⅳ.①TP311.12②TP312

中国版本图书馆 CIP 数据核字（2013）第 280446 号

策划编辑：章海涛
责任编辑：郝黎明　　文字编辑：裴　杰
印　　刷：北京京师印务有限公司
装　　订：北京京师印务有限公司
出版发行：电子工业出版社
　　　　　北京市海淀区万寿路 173 信箱　邮编：100036
开　　本：787×1 092　1/16　印张：20.5　字数：524.8 千字
版　　次：2010 年 2 月第 1 版
　　　　　2014 年 2 月第 3 版
印　　次：2020 年 7 月第 6 次印刷
定　　价：42.00 元

凡所购买电子工业出版社图书有缺损问题，请向购买书店调换。若书店售缺，请与本社发行部联系，联系及邮购电话：(010) 88254888。

质量投诉请发邮件至 zlts@phei.com.cn，盗版侵权举报请发邮件至 dbqq@phei.com.cn。

服务热线：(010) 88258888。

第 3 版前言

数据结构是软件设计的重要理论和实践基础，数据结构设计和算法设计是软件系统设计的核心。"数据结构"课程讨论的知识内容是软件设计的理论基础，"数据结构"课程介绍的技术方法是软件设计中使用的基本方法。"数据结构"是理论与实践并重的课程，不仅要掌握数据结构的基础理论知识，还要掌握算法设计和分析方法，以及运行和调试程序的基本技能。因此，"数据结构"课程在计算机类各专业本科学生的培养过程中有着十分重要的地位，是计算机类专业的一门核心课程，是培养程序设计能力的必不可少的重要环节。

"数据结构"课程内容多，概念抽象，理论深奥，递归算法难度较大，一直是计算机专业最难学的课程之一。**本书精选基础理论内容，重点是数据结构设计和算法设计，通过降低理论难度和抽象性、加强实践环节等措施，进一步增强学生的理解能力和应用能力，力求取得较好的教学效果。**

本书的特色说明如下。

（1）内容全面、注重基础

本书全面、系统地介绍数据结构的基础理论和算法设计方法，阐明线性表、树、图等数据模型的逻辑结构，讨论它们在计算机中的存储结构，讨论每种数据结构所能进行的多种操作，以及这些操作的算法设计与实现；针对软件设计中应用频繁的查找和排序问题，根据不同数据结构对操作的实际需求，给出多种查找和排序算法，并分析算法的执行效率。

本书内容选择适合工科院校，理论叙述精练，简明扼要，结构安排合理，由浅入深，层次分明，重点突出，算法分析透彻，程序结构严谨规范。内容涉及的广度和深度符合本科培养目标的要求。

（2）采用 C++语言和面向对象程序设计思想描述数据结构和算法

数据结构和算法的设计不依赖于程序设计语言，但数据结构和算法的实现依赖于程序设计语言。描述数据结构所采用的软件方法和算法语言，需要随着软件方法及算法语言的不断发展而发展。面向对象程序设计方法是软件分析、设计和实现的新方法，是目前软件开发的主流方法。

C++语言是目前功能最强、应用广泛的支持面向对象程序设计的代表语言。C++语言具备表达数据结构和算法的基本要素。因此，采用 C++语言描述数据结构和算法不仅可行，也是"数据结构"课程内容教学改革的必然，完全符合本科培养目标的要求。**本书采用C++语言描述数据结构和算法，算法以函数方式呈现，函数有明确的输入参数和返回值，以面向对象程序设计思想贯穿始终，使"数据结构"课程真正成为有效培养程序设计能力的训练课程，并与程序设计语言课程更好地衔接。**

本书只是借用 C++语言作为数据结构和算法的描述语言，**重点仍是数据结构和算法设计本身，而不是表现 C++语言的复杂技术。**因此，使用 C++语言的基本原则是，尽可能使用 C++语言的最基本成分（如数据类型、数组、函数、指针、类等）描述数据结构和表达算法设计思想，展现原始设计能力，使程序简洁、明了，算法思路清楚、明白，淡化或回避

C++语言的友元类、多重继承等技术。

当一个问题有多种解决办法时，尽可能采用简单、直接并且不造成歧义的办法。例如，对数组元素进行操作，尽量采用下标形式，避免使用指针形式；函数的返回结果尽量采用返回值形式，避免使用指针的指针；构造函数尽量避免采用默认值而造成的歧义等。

（3）增强实际应用

"数据结构"是一门理论和实践紧密结合的课程，要在透彻理解理论知识的基础上，通过实践性环节，逐步锻炼程序设计能力。

注重传授基础理论知识，注重在实践环节中培养程序设计的基本技能，是本书的重要特色。本书精心选择并设计一系列与实际应用息息相关的例题、习题、实验题、课程设计题等，使原本枯涩难懂的理论变得生动有趣，并以此说明数据结构和算法的必要性，以及它们对实际应用程序设计的指导作用。同时，要求学生能在生活中发现问题并解决问题，提高学习兴趣，力求在潜移默化中使学生理解和体会理论知识的重要性，并掌握如何使用它们的方法。

除了每章的实验题给出详细的训练目标、设计内容和设计要求之外，针对课程设计实践性环节，本书给出了多种算法设计与分析的综合应用程序设计实例，详细说明需求方案、设计思想、模块划分、功能实现、调试运行等环节的设计方法，贯彻理论讲授与案例教学相结合的教学方法。

程序设计有其自身的规律，不是一蹴而就的，也没有捷径。程序员必须具备基本素质，必须掌握程序设计语言的基本语法以及算法设计思想和方法，并且需要积累许多经验。这个逐步积累的过程需要一段时间，需要耐心，厚积而薄发。

本书第 1～9 章是数据结构课程的主要内容，包括线性表、树、图等数据结构设计以及查找和排序算法设计；第 10 章为综合应用设计，包括课程设计范例和参考选题；

本书所有程序均已在 Visual C++ 2008 开发环境中调试通过。

全书由叶核亚编著，南京大学计算机科学与技术系陈本林教授主审。感谢陈老师认真细致地审阅了全稿，提出了许多宝贵意见。

本书第 1 版于 2004 年出版，岁月如梭，转眼已十年。感谢电子工业出版社十年来对我的坚定支持；感谢我的同事们提供了许多帮助；感谢众多读者朋友的坚定支持及提出的宝贵意见。对书中存在的不妥与错漏之处，敬请读者朋友批评指正。

本书为任课教师提供配套的教学资源（包含电子课件、例题源代码和习题解答），需要者可登录到华信教育资源网（http://www.huaxin.edu.cn 或 http://www.hxedu.com.cn），注册之后进行下载，或发邮件到 unicode@phei.com.cn 或 yeheya@x263.net 咨询。

编　者

2014 年 1 月

目　录

第1章

绪　论

计算机数据处理的前提是数据组织，如何有效地组织数据和处理数据是软件设计的基本内容，也是"数据结构"课程的基本内容。

作为绪论，本章勾勒"数据结构"课程的一个轮廓，说明"数据结构"课程的目的、任务和主要内容。本章主要介绍数据结构概念所包含的数据逻辑结构、数据存储结构和对数据的操作等；介绍抽象数据类型概念；介绍算法概念、算法设计目标、算法描述和算法分析方法。

1.1　数据结构的基本概念

1.1.1　为什么要学习数据结构

软件设计是计算机学科的核心内容之一。进行软件设计时要考虑的首要问题是数据的表示、组织和处理方法，这直接关系到软件的工程化程度和软件的运行效率。

随着计算机技术的飞速发展，计算机应用从早期的科学计算扩大到过程控制、管理和数据处理等各领域。计算机处理的对象也从简单的数值数据，发展到各种多媒体数据。软件系统处理的数据量越来越大，数据的结构也越来越复杂。因此，针对实际应用问题，如何合理地组织数据，如何建立合适的数据结构，如何设计好的算法，是软件设计的重要问题，而这些正是"数据结构"课程讨论的主要内容。

在计算机中，现实世界中的对象用数据来描述。"数据结构"课程的任务是，讨论数据的各种逻辑结构、在计算机中的存储结构以及各种操作的算法设计。"数据结构"课程的主要目的是，培养学生掌握处理数据和编写高效率软件的基本方法，为学习后续专业课程以及进行软件开发打下坚实基础。

数据结构是软件设计的重要理论和实践基础，数据结构设计和算法设计是软件系统设计的基础和核心。"数据结构"课程讨论的知识内容，是软件设计的理论基础；"数据结构"课程介绍的技术方法，是软件设计中使用的基本方法。"数据结构"是一门理论与实践并重的课程，要求学生既要掌握数据结构的基础理论知识，又要掌握运行和调试程序的基本技能。因此，"数据结构"课程在计算机学科本科培养过程中的地位十分重要，是计算机专业本科的核心课程，是培养程序设计能力的必不可少的重要环节。

在计算机界流传着一句经典名言"数据结构+算法=程序设计"（瑞士 Niklaus Wirth 教授），这句话简洁、明了地说明了程序（或软件）与数据结构和算法的关系，以及"数据结构"

课程的重要性。

1.1.2　什么是数据结构

数据（Data）是描述客观事物的数字、字符以及所有能输入到计算机中并能被计算机接受的各种符号集合的统称。数据是信息的符号表示，是计算机程序的处理对象。除了数值数据，计算机能够处理的数据还有字符串等非数值数据，以及图形、图像、音频、视频等多媒体数据。

表示一个事物的一组数据称作一个**数据元素**（Data Element），数据元素是数据的基本单位。一个数据元素可以是一个不可分割的原子项，也可以由多个数据项组成。**数据项**（Data Item）是数据元素中有独立含义的、不可分割的最小标识单位。例如，一个整数、一个字符都是原子项；一个学生数据元素由学号、姓名、性别和出生日期等多个数据项组成。一个数据元素中，能够识别该元素的一个或多个数据项称为**关键字**（Keyword），能够唯一识别数据元素的关键字称为**主关键字**（Primary Keyword）。

在由数据元素组成的数据集合中，数据元素之间通常具有某些内在联系。研究数据元素之间存在的关系并建立数学模型，是设计有效地组织数据和处理数据方案的前提。

数据的结构指数据元素之间存在的关系。一个**数据结构**（Data Structure）是由 n（≥ 0）个数据元素组成的有限集合，数据元素之间具有某种特定的关系。

数据结构概念包含三方面：数据的逻辑结构、数据的存储结构和对数据的操作。

1．数据的逻辑结构

数据的逻辑结构是指数据元素之间的逻辑关系，用一个数据元素的集合和定义在此集合上的若干关系来表示，常被简称为数据结构。

根据数据元素之间逻辑关系的不同数学特性，数据结构主要分为三种：线性结构、树结构和图（如图1.1所示），其中树和图是非线性结构。

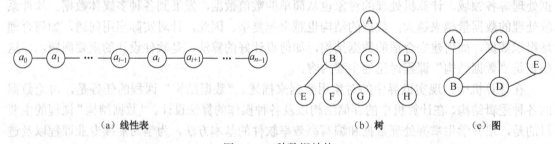

（a）线性表　　　　　　　　（b）树　　　　　（c）图

图1.1　三种数据结构

图1.1以图示法表示数据的逻辑结构，一个圆表示一个数据元素，圆中的字符表示数据元素的标记或取值，连线表示数据元素之间的关系。

（1）线性结构

线性结构是数据元素之间具有线性关系的数据结构。线性表 (a_0, a_1, L, a_{n-1}) 是由 n（≥ 0）个类型相同的数据元素 a_0, a_1, L, a_{n-1} 组成的有限序列，若 $n=0$，为空表；若 $n>0$，a_i（$0<i<n-1$）有且仅有一个前驱元素 a_{i-1} 和一个后继元素 a_{i+1}，a_0 没有前驱元素，a_{n-1} 没有后继元素。

数据元素可以是一个数、字符、字符串或其他复杂形式的数据。例如，整数序列{1,2,3,4,5,6}，字母序列{'A', 'B', 'C',…, 'Z'}，表1-1所示的学生序列都是线性表，数据元素之间具有顺序关系。

表1-1 学生信息表

学　号	姓　名	年　龄	学　号	姓　名	年　龄
20120001	王红	18	20120003	吴宁	18
20120002	张明	19	20120004	秦风	17

其中，学生数据元素由"学号"、"姓名"、"年龄"等多个数据项组成，"姓名"可以作为标识一个学生的关键字；"学号"是能够唯一标识一个学生的主关键字。

（2）树结构

树结构是数据元素之间具有层次关系的一种非线性结构，树中数据元素通常称为结点。树结构的层次关系是指，根（最顶层）结点没有前驱结点（称为父母结点），除根之外的其他结点有且仅有一个父母结点，所有结点可有零到多个后继结点（称为孩子结点）。在图1.1（b）中，A是树的根结点，B结点有一个父母结点A，有3个孩子结点E、F和G。家谱、Windows文件系统的组织方式、淘汰赛的比赛规则等都是树结构。具有树结构的淘汰赛比赛规则如图1.2所示，其中数据是2010年南非世界杯足球赛淘汰赛的比赛结果。

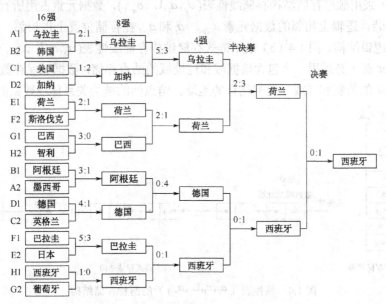

图1.2 淘汰赛的比赛过程是一棵满二叉树

（3）图

图也是非线性结构，每个数据元素可有多个前驱元素和多个后继元素。例如，交通道路图、飞机航班路线图等都具有图结构。图1.3是从南京飞往昆明的航班路线图，有直飞航班，也有经停重庆或长沙的航班，边上的数值表示两地间的千米数。

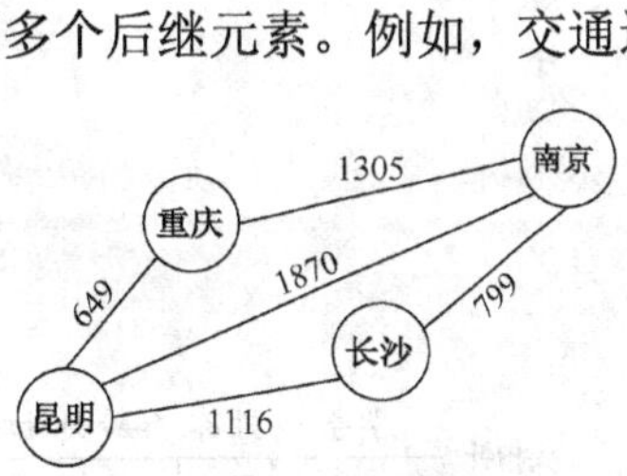

2. 数据的存储结构

数据元素及其关系在计算机中的存储表示或实现称为**数据的存储结构**，也称为物理结构。软件系统不仅要存储所有数据，还要正确地表示出数据元素之间的逻辑关系。

图1.3 南京飞往昆明的航班路线图

数据的逻辑结构是从逻辑关系角度观察数据，它与数据的存储无关，是独立于计算机的。而数据的存储结构是逻辑结构在计算机内存中的实现，它是依赖于计算机的。

数据存储结构的基本形式有两种：顺序存储结构和链式存储结构。

（1）顺序存储结构

顺序存储结构使用一组连续的内存单元依次存放数据元素，数据元素在内存的物理存储次序与它们的逻辑次序相同，即每个元素与其前驱及后继元素的存储位置相邻。这样，数据元素的物理存储次序体现了它们之间的逻辑关系。通常使用程序设计语言中的数组实现顺序存储结构。

（2）链式存储结构

链式存储结构使用若干地址分散的存储单元存储数据元素，逻辑上相邻的数据元素在物理位置上不一定相邻，数据元素间的关系需要采用附加信息特别指定。通常，采用指针变量记载前驱或后继元素的存储地址，由数据域和地址域组成的一个结点表示一个数据元素，通过地址域把相互直接关联的结点链接起来，结点间的链接关系体现数据元素间的逻辑关系。

线性表可采用上述两种存储结构。线性表（a_0, a_1, L, a_{n-1}）的两种存储结构如图 1.4 所示。

图 1.4（a）采用顺序存储结构存储线性表(a_0, a_1, L, a_{n-1})，数据元素占用所有存储空间，各元素 a_i 连续存储，逻辑上相邻的数据元素 a_{i-1}、a_i 和 a_{i+1} 在存储位置上也相邻，数据的存储结构体现数据的逻辑结构。图 1.4（b）采用链式存储结构存储线性表(a_0, a_1, L, a_{n-1})，各元素 a_i 分散存储，每个元素 a_i 必须用一个包含数据域和地址域的结点存储，数据域保存数据元素 a_i，地址域保存元素 a_i 的前驱和（或）后继结点的地址。结点间的链接关系体现数据的逻辑结构。

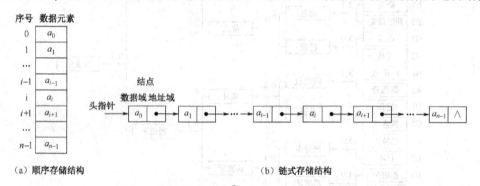

（a）顺序存储结构　　　　　　　　　　（b）链式存储结构

图 1.4　线性表（a_0, a_1, L, a_{n-1}）的两种存储结构

如果一个数据元素由多个数据项组成，则数据域有多个。例如，学生线性表的顺序和链式存储结构如图 1.5 所示。

（a）顺序存储结构

（b）链式存储结构

图 1.5　学生信息表的两种存储结构

顺序存储结构和链式存储结构是两种最基本、最常用的存储结构。除此之外，将顺序存储结构和链式存储结构进行组合，还可以构造出一些更复杂的存储结构。

3．对数据的操作

每种数据结构都需要一组对其数据元素实现特定功能的操作（运算或处理），包含以下一些基本操作，此外根据其自身特点，还需要一些特定操作。

① 初始化。
② 判断是否空状态。
③ 存取，指获得、设置指定元素值。
④ 统计数据元素个数。
⑤ **遍历**（Traverse），指按照某种次序访问一个数据结构中的所有元素，并且每个数据元素只被访问一次。遍历一种数据结构，将得到一个所有数据元素的线性序列。
⑥ **插入**（Insert）、**删除**（Remove）指定元素。
⑦ **查找**（Search），指在数据结构中寻找满足给定条件的数据元素。
⑧ **排序**（Sort），指对数据元素按照指定关键字值的大小递增（或递减）次序重新排列。

对数据的操作定义在数据的逻辑结构上，实现对数据的操作依赖于数据的存储结构。例如，线性表包含上述一组对数据的操作，采用顺序存储结构或链式存储结构，都可实现这些操作。

1.1.3 数据类型与抽象数据类型

1．数据类型

类型（Type）是具有相同逻辑意义的一组值的集合。**数据类型**（Data Type）是指一个类型和定义在这个类型上的操作集合。数据类型定义了数据的性质、取值范围以及对数据所能进行的各种操作。例如，C++语言的整数类型 int，除了数值集合$[-2^{31}, L, -2, -1, 0, 1, 2, L, 2^{31}-1]$之外，还包括在这个值集上的操作集合$[+, -, *, /, \%, =, ==, !=, <, <=, >, >=]$。

程序中的每个数据都属于一种数据类型，决定了数据的类型也就决定了数据的性质以及对数据进行的运算和操作，同时数据也受到类型的保护，确保对数据不能进行非法操作。

高级程序设计语言通常预定义一些基本数据类型和构造数据类型。基本数据类型的值是单个的、不可分解的，它可直接参与该类型所允许的运算。构造数据类型是使用已有的基本数据类型和已定义的构造数据类型按照一定的语法规则组织起来的较复杂的数据类型。构造数据类型的值由若干元素组合而成，这些元素按某种结构组织在一起。

C++语言的基本数据类型有整数类型、浮点数类型、字符类型等；构造数据类型有数组、结构体和文件等。

数据类型与数据结构两个概念的侧重点不同。数据类型研究的是每种数据所具有的特性，以及对这种特性的数据能够进行哪些操作；数据结构研究的是数据元素之间具有的相互关系，数据结构与数据元素的数据类型无关，也不随数据元素值的变化而改变。

2．抽象数据类型

抽象数据类型（Abstract Data Type，ADT）是指一个数学模型以及定义在该模型上的一组操作。例如，复数是数学中常用的一种类型，一个复数 $a+ib$ 由实部 a 和虚部 b 两部分组成，i 是虚部标记。复数抽象数据类型描述如下：

```
ADT Complex                              //复数抽象数据类型
{
    double real,imag;                    //复数的实部和虚部
    Complex(double real, double imag)    //指定实部和虚部构造一个复数
    Complex add(Complex c)               //加法，返回当前复数与 c 相加之后的复数
    Complex sub(Complex c)               //减法，返回当前复数与 c 相减之后的复数
}
```

大多数程序设计语言没有提供复数类型。程序员需要实现 ADT Complex 所声明的操作。

（1）数据抽象

抽象数据类型和数据类型本质上是一个概念，它们都表现数据的抽象特性，**数据抽象**是指"定义和实现相分离"，即将一个类型上的数据及操作的逻辑含义与具体实现分离。程序设计语言提供的数据类型是抽象的，仅描述数据的特性和对数据操作的语法规则，并没有说明这些数据类型是如何实现的。程序设计语言实现了它预定义数据类型的各种操作。程序员按照语言规则使用数据类型，只考虑对数据执行什么操作（做什么），而不必考虑怎样实现这些操作（怎样做）。

例如，赋值语句的语法定义为"变量 = 表达式"，表示先求得指定表达式的值，再将该值赋给指定变量。程序员需要关注所用数据类型的值能够参加哪些运算、表达式是否合法、表达式类型与变量类型是否赋值相容等；至于如何存储一个整数、变量的存储地址是什么、如何求得表达式值等实现细节则不必关注，这些操作由语言的实现系统完成。

数据抽象是研究复杂对象的基本方法，也是一种信息隐蔽技术，从复杂对象中抽象出本质特征，忽略次要细节，使实现细节相对于使用者不可见。抽象层次越高，其软件复用程度也越高。抽象数据类型是实现软件模块化设计思想的重要手段。一个抽象数据类型是描述一种特定功能的基本模块，由各种基本模块可组织和构造起来一个大型软件系统。

（2）声明抽象数据类型

声明抽象数据类型包括 ADT 名称定义、数据定义和操作集合，其中，数据定义描述数据元素的逻辑结构，操作集合描述该数据结构所能进行的各种操作声明，约定操作名、初始条件和操作结果等操作要求。例如，集合抽象数据类型描述如下：

```
ADT Set<T>                       //集合抽象数据类型
{
    数据：集合中有 n（≥0）个数据元素，元素类型为 T
    操作：
    bool empty()                 //判断集合是否为空
    int count()                  //返回集合的元素个数
    T* search(T key)             //查找并返回 key 元素地址，没找到返回 NULL
    bool contain(T x)            //判断集合是否包含元素 x，即 x 是否属于集合
    void add(T x)                //增加元素 x
    void remove(T key)           //删除关键字为 key 元素
```

```
    void removeAll()                          //删除集合所有元素
    void print()                              //遍历输出集合中所有元素

    //以下函数描述集合运算，参数是另一个集合
    bool operator==(Set<T> &set)              //比较当前集合与集合 set 是否相等
    bool containAll(Set<T> &set)              //判断是否包含 set 中的所有元素（是否子集）
    void operator+=(Set<T> &set)              //增加集合 set 中的所有元素，集合并
    Set<T> operator+(Set<T> &set)             //返回当前集合与 set 的并集
    Set<T> operator*(Set<T> &set)             //返回当前集合与 set 的交集
    void operator-=(Set<T> &set)              //删除那些也包含在集合 set 中的元素，集合差
    Set<T> operator-(Set<T> &set)             //返回当前集合与 set 的差集
    void retainAll(Set<T> &set)               //仅保留那些也包含在集合 set 中的元素
}
```

与使用数据类型描述数据特性一样，通常使用抽象数据类型描述数据结构，将线性表、树、图等数据结构分别定义为一种抽象数据类型，一种抽象数据类型描述一种数据结构的逻辑特性和操作，与该数据结构在计算机内的存储及实现无关。

在实际应用中，必须实现这些抽象数据类型，才能使用它们。而实现抽象数据类型依赖于数据的存储结构。例如，线性表可分别采用顺序存储结构或链式存储结构实现，详见第 2 章。

1.2 算法

1.2.1 什么是算法

1. 算法定义

曾获图灵奖的著名计算科学家 D.knuth 对算法做过一个为学术界广泛接受的描述性定义。一个**算法**（Algorithm）是一个有穷规则的集合，其规则确定一个解决某一特定类型问题的操作序列。算法的规则必须满足以下 5 个特性。

① 有穷性：对于任意一组合法的输入值，算法在执行有穷步骤之后一定能结束。即算法的操作步骤为有限个，且每步都能在有限时间内完成。

② 确定性：对于每种情况下所应执行的操作，在算法中都有确切的规定，使算法的执行者或阅读者都能明确其含义及如何执行。并且在任何条件下，算法都只有一条执行路径。

③ 可行性：算法中的所有操作都必须足够基本，都可以通过已经实现的基本操作运算有限次实现之。

④ 有输入：算法有零个或多个输入数据。输入数据是算法的加工对象，既可以由算法指定，也可以在算法执行过程中通过输入得到。

⑤ 有输出：算法有一个或多个输出数据。输出数据是一组与输入有确定关系的量值，是算法进行信息加工后得到的结果，这种确定关系即为算法的功能。

有穷性和可行性是算法最重要的两个特征。

2. 算法设计目标

算法设计应满足以下 5 个目标。

- ⊙ 正确性：算法应确切地满足应用问题的需求，这是算法设计的基本目标。
- ⊙ 健壮性：即使输入数据不合适，算法也能做出适当处理，不会导致不可控结果。
- ⊙ 高时间效率：算法的执行时间越短，时间效率越高。
- ⊙ 高空间效率：算法执行时占用的存储空间越少，空间效率越高。
- ⊙ 可读性：算法表达思路清晰，简洁明了，易于理解。

如果一个操作有多个算法，显然应该选择执行时间短和存储空间占用少的算法。但是，执行时间短和存储空间占用少有时是矛盾的，往往不可兼得，此时，算法的时间效率通常是首要考虑的因素。

3. 算法描述

算法是对问题求解过程的描述，它精确地指出怎样从给定的输入信息得到要求的输出信息，其中操作步骤的语义明确，操作序列的长度有限。

可以用自然语言描述算法。例如，查找是数据结构的一种基本操作，有多种查找算法。最简单的顺序查找（Sequential Search）算法采用伪码描述如下：

```
//在当前数据结构中，查找 key 元素；key 指定查找条件，包含元素关键字
元素  search(T key)
{
    for (elem：数据结构中的每个元素)        //遍历数据结构
        if (elem==key)                     //执行 T 的==运算，元素相等规则由 T 类型定义
            查找成功，返回元素或元素位置；
        查找不成功，返回查找不成功标记；
}
```

顺序查找算法基于遍历算法，在遍历当前数据结构的过程中，将每个元素与 key 比较，若相等，则查找成功，查找操作结束，返回查找成功信息；否则继续比较。若比较完所有元素，仍未有相等者，则查找不成功，给出查找不成功信息。查找结果有两种：查找成功或查找不成功，查找不成功是查找操作执行完成的一种结果。

顺序查找算法通常采用 == 运算比较两个元素是否相等，元素相等规则由 T 类型定义。例如，在图 1.5 所示的学生信息表中，以"姓名"为关键字进行查找，则学生类必须重载 == 运算符为比较姓名成员变量。

以上讨论的查找概念是抽象的，泛指寻找这一类操作。在实际应用中，需要根据各种应用需求，进一步明确查找操作的具体细节和返回值类型。若判断数据结构是否包含某个特定元素，则查找结果为是/否两种状态；若根据关键字查找以期获得特定元素的其他属性，则查找结果为包含关键字的元素；如果查找结果不唯一，还需约定返回首次出现的元素，或返回元素集合。

查找是其他一些操作的基础，如求最大值或最小值以及以指定元素为参数的删除、替换等操作，需要利用查找结果确定操作位置。

用自然语言或伪码描述算法能够抽象地描述算法设计思想，但是计算机无法执行。因此，数据结构和算法实现需要借助程序设计语言，将算法表达成基于一种程序设计语言的可执行程序。

4. 算法与数据结构

算法建立在数据结构之上，对数据结构的操作需要用算法来描述。例如，线性表和树都有遍历、插入、删除、查找、排序等操作。通过研究算法，能够更深刻地理解数据结构的操作。

算法设计依赖于数据的逻辑结构，算法实现依赖于数据的存储结构。例如，线性表的插入和删除操作，采用顺序存储结构，由于数据元素是相邻存储的，所以插入前和删除后都必须移动一些元素；采用链式存储结构，插入或删除一个元素，只需要改变相关结点的链接关系，无须移动元素。线性表(a_0, a_1, L, a_{n-1})两种存储结构的插入操作如图1.6所示，其中length表示数组容量。

实现一种抽象数据类型，需要选择合适的存储结构，使得以下两方面的综合性能最佳：对数据的操作所花费的时间短，占用的存储空间少。对线性表而言，当不需要频繁进行插入和删除操作时，可采用顺序存储结构；当插入和删除操作很频繁时，可采用链式存储结构。

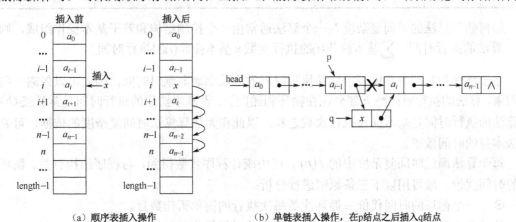

（a）顺序表插入操作　　　　（b）单链表插入操作，在p结点之后插入q结点

图1.6　线性表（a_0, a_1, L, a_{n-1}）两种存储结构的插入操作

1.2.2　算法分析

算法分析主要包含时间代价和空间代价两方面。

1. 时间代价分析

算法的时间代价是指算法执行时所花费的CPU时间量，它是算法中涉及的存、取、转移、加、减等各种基本运算的执行时间之和，与参加运算的数据量有关，很难事先计算得到。

算法的时间效率是指算法的执行时间随问题规模的增长而增长的趋势，通常采用**时间复杂度**（Time Complexity）来度量。当问题的规模以某种单位从1增加到n时，解决这个问题的算法在执行时所耗费的时间也以某种单位从1增加到$T(n)$，则称此算法的时间复杂度为$T(n)$。当n增大时，$T(n)$也随之增大。

采用算法渐进分析中的大O表示法作为算法时间复杂度的渐进度量值。大O表示法是

数据结构（C++版）（第3版）

指，当且仅当存在正整数 c 和 n_0，使得 $T(n) \leqslant c \times f(n)$ 对所有的 $n \geqslant n_0$ 成立时，称该算法的时间增长率与 $f(n)$ 的增长率相同，记为 $T(n) = O(f(n))$。

若算法的执行时间是常数级，不依赖于数据量 n 的大小，则时间复杂度为 $O(1)$；若算法的执行时间是 n 的线性关系，则时间复杂度为 $O(n)$；同理，对数级、平方级、立方级、指数级的时间复杂度分别为 $O(\log_2 n)$、$O(n^2)$、$O(n^3)$、$O(2^n)$。这些函数按数量级递增排列具有下列关系：$O(1) < O(\log_2 n) < O(n) < O(n \times \log_2 n) < O(n^2) < O(n^3) < O(2^n)$。

时间复杂度 $O(f(n))$ 随数据量 n 变化情况的比较如表 1-2 所示。

表 1-2 时间复杂度随数据量 n 变化情况的比较

时间复杂度	$n=8$（即 2^3）	$n=10$	$n=100$	$n=1000$
$O(1)$	1	1	1	1
$O(\log_2 n)$	3	3.322	6.644	9.966
$O(n)$	8	10	100	1000
$O(n \log_2 n)$	24	33.22	664.4	9966
$O(n^2)$	64	100	10000	10^6

如何估算算法的时间复杂度？一个算法通常由一个控制结构和若干基本操作组成，则

算法的执行时间 $= \sum_i$ 基本操作(i)的执行次数 $\times$ 基本操作(i)的执行时间

由于算法的时间复杂度表示算法执行时间的增长率而非绝对时间，因此可以忽略一些次要因素，算法的执行时间绝大部分花在循环和递归上。设基本操作的执行时间是常量级 $O(1)$，则算法的执行时间是基本操作执行次数之和，以此作为估算算法时间复杂度的依据，可表示算法本身的时间效率。

每个算法渐进时间复杂度中的 $f(n)$，可由统计程序步数得到，与程序结构有关。循环语句的时间代价一般可用以下三条原则进行分析：

⊙   一个循环的时间代价 = 循环次数每次执行的简单语句数目。
⊙   多个并列循环的时间代价 = 每个循环的时间代价总和。
⊙   多层嵌套循环的时间代价 = 每层循环的时间代价之积。

【例1.1】算法的时间复杂度分析。

本例讨论各种算法结构的时间复杂度。分析一个算法中基本语句的执行次数可求出该算法的时间复杂度。

① 一个简单语句的时间复杂度为 $O(1)$。例如：

```
int count=0;
```

② 执行 n 次的循环语句，时间复杂度为 $O(n)$。例如：

```
int n=8, count=0;
for (int i=1; i<=n; i++)
    count++;
```

③ 时间复杂度为 $O(\log_2 n)$ 的循环语句如下：

```
int n=8, count=0;
for (int i=1; i<=n; i*=2)
    count++;
```

i 取值为 1、2、4、8，循环执行 $1+\log_2 n$ 次，故循环语句的时间复杂度为 $O(\log_2 n)$。

④ 时间复杂度为 $O(n^2)$ 的二重循环如下：

```
int n=8, count=0;
for (int i=1; i<=n; i++)
    for (int j=1; j<=n; j++)
        count++;
```

外层循环执行 n 次，每执行一次外层循环时，内层循环执行 n 次。所以，二重循环中的循环体语句执行 $n \times n$ 次，时间复杂度为 $O(n^2)$。如果

```
int n=8, count=0;
for (int i=1; i<=n; i++)
    for (int j=1; j<=i; j++)
        count++;
```

则外层循环执行 n 次，每执行一次外层循环时，内层循环执行 i 次。此时，二重循环的执行次数为 $\sum_{i=1}^{n} i = \dfrac{n \times (n+1)}{2} = \dfrac{n^2}{2} + \dfrac{n}{2}$，时间复杂度仍为 $O(n^2)$。

⑤ 时间复杂度为 $O(n \times \log_2 n)$ 的二重循环如下：

```
int n=8, count=0;
for (int i=1; i<=n; i*=2)
    for (int j=1; j<=n; j++)
        count++;
```

外层循环执行 $1+\log_2 n$ 次，内层循环执行次数恒为 n，总循环次数为 $n \times (1+\log_2 n)$，时间复杂度为 $O(n \times \log_2 n)$。

⑥ 时间复杂度为 $O(n)$ 的二重循环如下：

```
int n=8, count=0;
for (int i=1; i<=n; i*=2)
    for (int j=1; j<=i; j++)
        count++;
```

外层循环执行 $1+\log_2 n$ 次，i 取值为 $1,2,4,\cdots$，内层循环执行 i 次，i 随着外层循环的增加

而成倍递增。总循环次数为 $\sum_{i=0}^{\log_2 n} 2^i = 1 + 2 + 4 + L + 2^{\log_2 n} = 2 \times n - 1$，时间复杂度为 $O(n)$。

2．空间代价分析

算法的空间代价是指算法执行时所占用的存储空间量。

执行一个算法所需要的存储空间包括三部分：输入数据占用的存储空间、程序指令占用的存储空间、辅助变量占用的存储空间。其中，输入数据和程序指令所占用的存储空间与算法无关，因此，辅助变量占用的存储空间就成为度量算法空间代价的依据。

当问题的规模以某种单位从 1 增加到 n 时，解决这个问题的算法在执行时所占用的存储空间也以某种单位从 1 增加到 $S(n)$，则称此算法的**空间复杂度**（Space Complexity）为 $S(n)$。当 n 增大时，$S(n)$ 也随之增大。空间复杂度用大 O 表示法记为 $S(n) = O(f(n))$，表示该算法的空间增长率与 $f(n)$ 的增长率相同。

例如，交换两个变量 i、j 算法，除了程序指令和 i、j 本身占用的存储空间之外，为了实现交换操作，还必须声明一个临时变量 temp，这个 temp 变量所占用的一个存储单元就是交换变量算法的空间复杂度 $O(1)$。

1.2.3 算法设计

表达数据结构和算法的设计思想不依赖于程序设计语言，实现数据结构和算法则依赖于程序设计语言。不仅如此，描述数据结构所采用的思想和方法还必须随着软件方法及程序设计语言的不断发展而发展。面向对象程序设计方法是目前软件设计的主流方法，C++语言是目前应用广泛的一种面向对象程序设计语言，具备了表达数据结构和算法的基本要素。

算法设计是软件设计的基础。数据结构课程是一门理论和实践紧密结合的课程，既要透彻理解抽象的理论知识，又要锻炼程序设计能力。因此，依托一种功能强大的程序设计语言，充分表达和实现复杂的设计思想，是提高程序设计能力的一种有效手段。

本书依托功能强大的 C++语言，不仅描述数据结构和实现算法，而且以面向对象程序设计思想贯穿始终，体现了软件模块化、可重用的设计思想。以下通过讨论查找、排序等典型问题，说明算法的必要性、算法实现及算法分析，为后续章节做准备；同时演示 C++语言基本成分（如函数、指针、引用、模板等）在算法设计中的作用。以 C++类实现各种数据结构参见后续章节。

【例 1.2】求两个整数的最大公约数。

本例以求最大公约数为例，说明算法的必要性。

（1）质因数分解法

记 gcd(a,b)为两个整数 a 和 b 的最大公约数。使用数学方法求两个整数的最大公约数是，分别将两个整数分解成若干质因数的乘积，再比较两者的公约数，从中选择最大者。例如，已知 $26460 = 2^2 \times 3^3 \times 5 \times 7^2$，$12375 = 3^2 \times 5^3 \times 11$，则 gcd($26460,12375$) $= 3^2 \times 5 = 45$。

质因数分解法基于算术基本定理，解决了公约数和公倍数问题。但它的理论成果很难应用于实际计算中，因为大数的质因数很难分解。

（2）更相减损术

在中国古代数学经典著作《九章算术》的方田章中，给出最大公约数的"更相减损"解法，"以少减多，更相减损，求其等也，以等数约之。等数约之，即除也，其所以相减者皆等数之重叠，故以等数约之。"其中等数即指两数的最大公约数。如求 91 和 49 的最大公约数，其逐步减损的步骤为：gcd(91,49)=gcd(42,49)=gcd(42,7)=7。

该法"寓理于算，不证自明"，不仅给出解题步骤，也说明了解题道理。

（3）辗转相除法

欧几里德（Euclid）给出两个整数 a 和 b 最大公约数 gcd(a,b) 的递归定义如下：

$$gcd(a,b) = gcd(b,a)$$
$$gcd(a,b) = gcd(-a,b)$$
$$gcd(a,0)=|a|$$
$$gcd(a,b)=gcd(b,a\%b)\quad 0\le a\%<b\quad 递推通式$$

例如，gcd(91,49)=gcd(49,42)=gcd(42,7)=gcd(7,0)=7。实际上，辗转相除法就是现代版的更相减损术。gcd(a,b) 函数声明如下，使用循环实现辗转相除法的递推通式：

```
int gcd(int a, int b)                    //返回 a 与 b 的最大公约数
{
    while (b!=0)
    {    int temp = a%b;
        a = b;
        b = temp;
    }
    return a;
}
```

求整数 26460 和 12375 的最大公约数，计算过程如下：

gcd(26460,12375)=gcd(12375,1710)=gcd(1710,405)=gcd(405,90)=gcd(90,45)=gcd(45,0)=45

求 3 个整数 a、b、c 最大公约数的调用语句如下：

gcd(gcd(a,b),c)

【思考题 1-1】① 求 n 个整数的最大公约数。② 采用递归算法求最大公约数。

【例 1.3】随机数序列。

本题目的：① 随机数序列；② C++函数模板；③ 重载输出流运算符<<；④ 头文件。

（1）随机数序列

以下函数（保存在 Array.h 文件中）将产生的 n 个随机数（范围是 0～size-1）存放于 value 数组前 n 个元素，其中随机数函数 rand() 定义在 stdlib.h 中。

```
#include <stdlib.h>                      //其中定义随机数函数 rand()
//将产生的 n 个随机数（范围是 0～size-1）存放于 value 数组前 n 个元素
void random(int values[], int n, int size)
{
    for (int i=0; i<n; i++)
        values[i] = rand() % size;        //产生一个 0～size-1 之间的随机数
}
```

（2）输出数组元素

以下函数输出指定数组前 n 个元素。函数采用模板形式表示，T 是模板参数，表示数组元素类型。T 的实际参数可以是基本数据类型，如 int、char 等；也可以是类。C++的基本数据类型已重载<<输出流运算符，而类默认没有重载<<。因此，T 的实际参数必须重载<<，才能调用以下函数。

```cpp
#include <iostream>
using namespace std;
template <class T>
void print(T values[], int n)                          //输出 value 数组前 n 个元素
{
    for (int i=0; i<n; i++)
        cout<<values[i]<<"  ";                         //T 必须重载<<输出流运算符
    cout<<endl;
}
```

主函数如下。

```cpp
#include "Array.h"
int main()
{
    const int N=7, SIZE=100;
    int values[N]={0};
    random(values, N, SIZE);
    cout<<"随机数序列：";
    print(values, N);
    system("pause");
    return 0;
}
```

程序运行结果如下：
随机数序列：67 34 0 69 24 78 58 62 64 5 45

1.3　Visual C++集成开发环境

本节以 Visual C++ 2008 集成开发环境（中文版）为例，介绍编辑、编译、运行和调试 C++程序的操作方法，重点是程序调试技术。

1.3.1　Visual C++ 2008 集成开发环境

Microsoft Visual Studio 2008 是 Microsoft 推出的支持 Windows 7 操作系统的集成开发环境，提供 C、C++、C#等多种语言程序的编辑、编译、运行和调试功能。

1. 安装时仅选择 C++

安装 Visual Studio 2008 时，"安装选项"选择"自定义"，再选中 C++，则可仅安装 C++ 集成开发环境。

2. Visual C++ 2008 集成开发环境组成

Visual C++ 2008 集成开发环境的图形用户界面如图 1.7 所示，其中已创建多个项目。

Visual C++ 2008 集成开发环境主要包括如下 6 部分。

① 菜单栏：包含文件（File）、编辑（Edit）、视图（View）、项目（Project）、生成（Build）、调试（Debug）、工具（Tools）、窗口（Window）、帮助（Help）等主菜单。

② 工具栏：包含标准（Standard）、生成（Build）、调试（Debug）等，每个工具栏由一组按钮组成，每个按钮执行一个菜单命令，按钮的状态表示该功能当前是否能执行。

③ 解决方案资源管理器：显示当前解决方案包含的项目（Project）结构，由文件视图（File View）和类视图（Class View）组成，文件视图显示各项目中的文件，类视图显示类和函数等。

④ 编辑器：编辑当前项目中的程序文件，可打开多个程序文件同时编辑，使用文件名标签切换多个程序文件；使用函数组合框选择函数，快速定位到指定函数。

⑤ 信息输出区：显示编译、调试时的系统输出信息。

⑥ 状态栏：显示光标当前位置等信息。

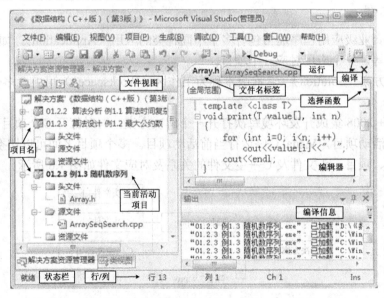

图 1.7　Visual C++ 2008 集成开发环境

Visual C++ 2008 的主菜单及功能说明如表 1-3 所示。

表 1-3　主菜单及功能说明

菜　单	功　能　说　明
File	提供新建、打开、保存等文件管理功能；提供打开、保存、关闭等工作区管理功能；提供打印、打印设置功能
Edit	提供撤销、恢复功能；提供剪切、复制、粘贴功能；提供查找、替换功能；提供设置、删除断点功能
View	设置窗口显示方式、激活窗口、检查源代码和调试信息等查看方式

数据结构（C++版）(第3版)

菜　　单	功 能 说 明
Project	提供增加、移去、选择等管理项目和工作区功能
Build	提供编译、运行应用程序功能
Debug	提供跟踪、单步等调试功能
Tools	提供选择或定制集成开发环境的实用工具，包括浏览程序符号、激活常用工具、更改选项设置、定制菜单与工具栏等
Window	控制集成开发环境中各种窗口的属性，包括排列窗口、打开或关闭窗口、使窗口分离或重组等操作
Help	提供帮助功能

3．项目

一个 C++应用程序由一个主文件（.cpp）和若干头文件（.h）组成，每个文件又由若干个函数组成，主文件中包含 main 函数，头文件中包含结构体、类、函数声明等。C++约定程序从 main 函数开始执行，因此，在由多个文件组成的一个 C++应用程序中，有且仅有一个main 函数，换言之，有且仅有一个主文件。

那么，Visual C++ 2008 集成开发环境如何知道一个 C++应用程序包含多少个文件呢？通用的做法是，由项目（Project）管理和控制应用程序所包含的多个文件，项目文件后缀后缀名是.vcproj，一个应用程序中至少有一个项目文件。

4．解决方案

一个大型企业级应用程序通常包含多个不同种类的应用（Application），如 Windows 应用、Web 应用等。一个应用对应一个项目。

一个**解决方案**（Solution）（之前版本称为工作区（Workspace））可包含多个项目，文件后缀名是.sln。

Visual C++ 2008 集成开发环境每次打开一个解决方案，同时打开多个项目，其中只有一个项目是当前活动项目，Visual C++运行当前活动项目。多个项目之间可以切换活动状态。

解决方案、项目、头文件及 C++主文件的关系及对应文件如图 1.8 所示。

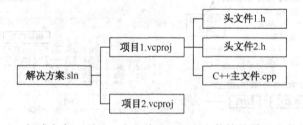

图 1.8　解决方案、项目、头文件及 C++主文件的关系及对应文件

1.3.2　新建、编辑、编译和运行 C++程序

1．新建、添加、移除项目

执行"文件 → 新建 → 项目"菜单命令，在"新建项目"对话框中，项目类型选择"Win32"，模板选择"Win32 控制台应用程序"（Win32 Console Application），在"名称"编辑框中输

入项目名,如图 1.9 所示。创建首个项目时,需要在位置(Location)编辑框中选择项目路径,解决方案选择创建新解决方案,在解决方案名称编辑框中输入方案名,单击"确定"按钮;在"Win32 应用程序向导"对话框中,附加选项选择"空项目",单击"完成"按钮,创建指定项目及其文件夹。

再次创建项目时,解决方案选择"添入解决方案",则将创建的新项目添加到当前方案中。也可执行"文件 → 添加 → 现有项目"菜单命令,在当前方案中添加已有项目。

若要将项目移除,则先选中项目,再执行"移除"快捷菜单命令,此时,并未删除项目的文件夹及其中文件,还可再次添加现有项目。

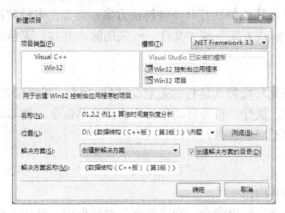

图 1.9   新建 Win32 控制台应用程序项目

2.新建、添加、移除文件

选中当前项目,执行"添加 → 新建项"快捷菜单命令,在"添加新项"对话框中,选择头文件(.h)或 C++文件(.cpp),在"名称"编辑框中输入文件名,如图 1.10 所示,单击"添加"按钮,则在当前项目中添加一个文件。双击指定文件则打开它,在文件编辑区输入 C++程序,见图 1.7,执行"文件 → 保存"菜单命令,保存文件。

图 1.10   新建文件

若要将文件添加到当前项目中,则先选中项目,再执行"添加 → 现有项"快捷菜单命令,在"添加现有项"对话框中,选择一个或多个文件,单击"添加"按钮。

若要移除项目中文件,则先选中文件,再执行"移除"快捷菜单命令,此时,并未删除该文件,还可再次通过添加现有项添加该文件。

3．编译、运行

执行"生成 → 生成解决方案"菜单命令或单击工具栏上的"生成"按钮，可编译当前项目。如果编译时发现错误，系统将在输出信息区给出错误信息。编译通过将生成可执行文件（.exe）。

执行"调试 → 启动调试"菜单命令或单击工具栏上的"启动调试"按钮，可运行当前启动项目。没有错误时，系统将运行结果显示在 DOS 窗口中。

4．打开、关闭解决方案

Visual C++ 集成开发环境每次打开一种解决方案，若要在多种解决方案之间切换，则执行"文件 → 打开 → 解决方案"或"文件 → 关闭解决方案"菜单命令。

5．设置启动项目

Visual C++ 集成开发环境每次运行的是启动项目。因此，需要设置指定项目为启动项目。操作是，选中一个项目，执行"设为启动项目"快捷菜单命令，使其成为当前启动项目，同时改变先前启动项目为不启动状态。

6．设置环境属性

（1）设置文本字体和颜色

执行"工具 → 选项"菜单命令，在"选项"对话框中，选中"环境"下的"字体和颜色"，可设置编辑器显示文本的字符和颜色。

（2）设置用户头文件的查找路径

一个 C++程序可以使用多条 include 语句声明包含多个头文件。例如：

```
#include <iostream>
#include "Array.h"
```

关键字 include 之后给出头文件名（可包含路径）。如果省略文件路径，则文件路径是默认的。C++提供两种方式区别不同头文件的默认路径。以<>括起来的是系统定义的头文件，默认的是 Visual C++安装路径；以""括起来的是用户定义的头文件，默认路径是当前文件夹。

由于用户定义头文件的默认路径是当前文件夹，当头文件与主文件存放在同一个文件夹时，就不需要特别指定头文件的路径。但是，头文件的特性是保存通用的类和函数，一个头文件只有被多个应用程序引用，才有其存在的意义。所以，头文件通常存放在约定的文件夹中，而不是复制多个备份与每个应用程序存放在一起。那么，如何寻找不在当前文件夹中的头文件呢？

可以借鉴系统定义头文件的保存方法，即将用户定义的头文件全部存放在一个约定的文件夹中，并在 Visual C++ 2008 集成开发环境中指定用户定义头文件的查找路径。例如，设置"D:\……\例题\Include"为一个头文件路径，将例 1.3 的 Array.h 文件存放在此文件夹中，再声明当前项目包含该头文件，编译时系统就能找到用户定义的头文件。这样做的好处是，使一个头文件被多个应用程序共享，并尽可能使每个项目的操作更加方便。

设置方法是：执行"工具 → 选项"菜单命令，在"选项"对话框中，左窗选中"项目和解决方案"下的"VC++目录"，右边将"显示以下内容的目录"选择为"包含文件"，单击"新行"工具按钮，再单击新行最右边的"…"浏览按钮，如图 1.11 所示；在"替换目录"对话框中，选择头文件所在的文件夹。

图 1.11　设置用户头文件路径

7. Visual C++ 2008 对 C++程序的要求

不同于 Visual C++ 6.0 集成开发环境，Visual C++ 2008 对 C++程序的要求说明如下。

（1）不能声明以下包含 iosteam.h 头文件：

```
#include <iosteam.h>
```

应改为：

```
#include <iosteam>
using namespace std;
```

（2）main()函数增加暂停语句，以查看运行结果。

```
int main( )
{   ……
    system("pause");                                    //暂停语句
    return 0;
}
```

（3）模板类中重载输出流运算符的语法声明增加<>，隐式模板参数，<>省略 T。例如：

```
template <class T>
class SeqList                                           //顺序表类，T指定元素类型
{
    friend ostream& operator<<<>(ostream& out, SeqList<T> &list);   //重载输出流，增加<>
};
template <class T>
```

ostream& operator<<<>(ostream& out, SeqList<T> &list)   //重载输出流，增加<>，算法不变

1.3.3　程序调试技术

在软件系统的开发研制过程中，程序出现错误是不可避免的。应用程序的开发过程实际上是一个不断排除错误的过程，只有最大程度地排除了错误才能保证应用程序的正确性。

程序调试技术是发现错误的一项必不可少的工具。通过调试能够确定错误语句所在位置、错误性质以及出错原因，为及时改正错误提供帮助。

程序调试能力是程序员必须掌握的一项重要基本技能，与程序设计能力相辅相成。仅仅能写出程序而不能将程序调试正确，则无异于纸上谈兵。因此，只有具备较强的程序调试能力，才能拥有强大的程序开发能力，才能算是一个合格的程序员。

Visual C++ 2008 集成开发环境提供程序调试功能，允许程序逐条语句地单步运行，也允许设置断点后分段运行。同时在执行每条语句后，提供所有变量值的动态变化情况。

1. 程序错误、发现时刻及错误处理原则

程序中的错误有不同的性质，有些错误能够被系统在编译时或在运行时发现，有些错误不能被系统发现。程序员必须及时发现并改正错误，不同的错误需要采用不同的处理方式。

程序写错了，是很正常的事，就像每个人都会犯错误一样。但是，聪明的程序员必须知道程序有错，错在哪里，必须有能力改正错误，并且吃一堑长一智，避免下次再犯同样错误。

当程序不能正常运行或者运行结果不正确时，表明程序中有错误。按照错误的性质可将程序错误分成 3 类：语法错、语义错、逻辑错。这 3 种错误的发现时刻不同，处理错误方式也不同。

（1）语法错

违反语法规范的错误称为**语法错**（Syntax Error），这类错误通常在编译时发现，又称编译错。例如，标识符未声明，表达式中运算符与操作数类型不兼容，变量赋值时的数据类型与声明时的数据类型不匹配，语句末尾缺少分号，else 没有匹配的 if 语句等都是语法错。

编译系统在输出信息区的 Build 页上给出错误信息。当鼠标双击某错误信息行时，光标将停留在程序中相应的出错语句行上。

注意：编译系统指出的错误位置是它发现错误时的位置，与之前的某些错误有关联，有时并不一定是程序真正的错误所在。

编译系统能够发现所有语法错，根据编译系统的出错提示，程序员必须及时发现和改正语法错，并重新编译程序。为避免产生语法错误，应严格按照语法定义编写程序，注意书写细节。

（2）语义错

如果程序在语法上正确，但在语义上存在错误，则这类错误称为**语义错**（Semantic Error）。例如，数据输入格式错、除数为 0 错、指针指向已释放的存储单元等都是语义错。

语义错不能被编译系统发现，只有到程序运行时才能被系统发现，所以含有语义错的程序能够通过编译。语义错又称为运行错（Run-time Error）。运行时一旦发现了语义错，将停止程序运行，给出错误信息。

有些语义错虽然导致程序运行停止，但运行系统给出的错误信息不能说明错误位置和性质。例如，当指针指向已释放的存储单元时，产生语义错，导致程序运行停止，但运行系统给出的错误地址并不能帮助程序员确定错误性质和出错位置，此时，需要采用程序调试技术查找错误位置并确定错误性质。

（3）逻辑错

如果程序通过编译，可运行，但运行结果与期望值不符，则这类错误称为**逻辑错**（Logic Error）。例如，循环次数不对等因素导致计算结果不正确等都是逻辑错。

与语法错和语义错不同的是，逻辑错是系统无法发现的。因此，逻辑错是最难发现、最难解决的一种错误。其中，找到错误所在位置和出错的原因是解决逻辑错的关键。此时，程序员必须凭借自身的程序设计经验，并运用 Visual C++的调试功能，尽快发现程序错误，确定错误位置和性质，从而及时改正错误。

2．调试运行

在 Visual C++ 2008 集成开发环境中，程序有 3 种运行方式：正常运行、单步运行、分段运行。正常运行执行"调试 → 启动调试"菜单命令，按次序逐条执行语句直至程序运行结束。如果遇到运行错，则终止程序运行，给出错误信息。

（1）设置断点

在调试程序之前，首先确定需要跟踪调试的程序段，将一条语句或一个函数调用语句设置为断点行，单步运行执行到断点行将暂停。

设置断点的方法是：将光标停在程序段的某行语句上，单击行之前的空白区域，则在该行之前出现一个红色圆点，表示断点行标记，如图 1.12 所示。再次单击断点标记，则取消该断点标记。在编辑状态或调试状态下，都可以设置断点行。

（2）调试界面

设置断点行之后，执行"调试 → 启动调试"菜单命令，则进入调试状态，当前待执行语句行左边有一个黄色箭头，调试界面如图 1.12 所示，增加了调试（Debug）工具栏、自动窗口（Variables）视图和监视（Watch）视图。执行工具栏的"调试"快捷菜单命令，将显示或隐藏调试工具栏。调试工具栏如图 1.13 所示。

（3）单步运行

逐条执行语句的程序运行方式称为单步运行。单步运行有以下 3 种方式：

① 逐语句（Step Into），跟踪进入函数内部，逐条执行函数内部语句。

② 逐过程（Step Over），将函数调用作为一条语句，一次执行完，不跟踪进入函数内部。

③ 跳出（Step Out），在函数内部，一次执行完函数体余下的语句序列，并返回到函数调用语句。

逐语句和逐过程方式对于函数调用语句有差别，对于其他语句则没有差别。当遇到函数调用语句时，需要选择单步运行方式。如果需要调试一个函数，则执行 Step Into 跟踪进入函数内部，调试其中的每条语句；如果一个函数已调试通过，则执行 Step Over 直接一次执行完函数调用语句，不会跟踪进入函数内部，从而加快调试进程。

注意：当遇到系统函数调用时，Step Into 也会跟踪进入函数内部。不要跟踪进入系统函数内部，如 cout 等。

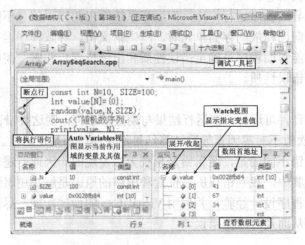

图 1.12　调试界面

图 1.13　调试工具栏

（4）分段运行

单步运行时一次只执行一条语句，调试速度较慢。如果希望加快调试程序的速度，一次运行若干条语句，则可以将程序分段运行。根据需要设置多个断点行，执行"调试"命令，运行至下一个断点。

（5）查看变量的当前值

调试状态时，每执行到一个断点，当前作用域中所有变量值的变化情况将由以下两个视图显示，随着当前执行语句的变化，这两个视图中所显示变量的取值将随之改变。

① 自动窗口（Auto Variables）视图，显示当前作用域内所有变量的当前值。当作用域改变时，该视图中所显示的变量将不同。该视图中的变量由 Visual C++环境自动改变。

② 监视（Watch）视图，显示用户指定变量的当前值。当变量超出作用域时，将没有取值。该视图中的变量由用户在程序运行时添加。

在上述视图中，数组、结构体等构造类型变量之前有＋、－号标记，单击＋号，展开该变量包含的元素；单击－号，则收起。展开指定数组查看其中元素见图 1.12；查看由结构体和指针变量构成的单链表结构如图 1.14 所示。

图 1.14 所示以单链表求解约瑟夫环问题。程序运行至断点处时，已创建了一条带头结点的单链表 list，结点值为(A, B, C, D, E)。展开 list 对象，可见头指针 head 变量保存的地址；展开 head，可见头结点中的 data 数据域和 next 指针域；逐个展开 next 指针，可见由这些指针域所连接起来的一条单链表，以及各结点 data 和 next 值，其中地址值"0x00000000"表示指针空值。

（6）跟踪运行析构函数

如果类中析构函数非空，当执行完一个函数体中的所有语句，当前待执行语句是"}"时，执行"Step Into"菜单命令，将进入析构函数内部跟踪执行语句，如图 1.15 所示。

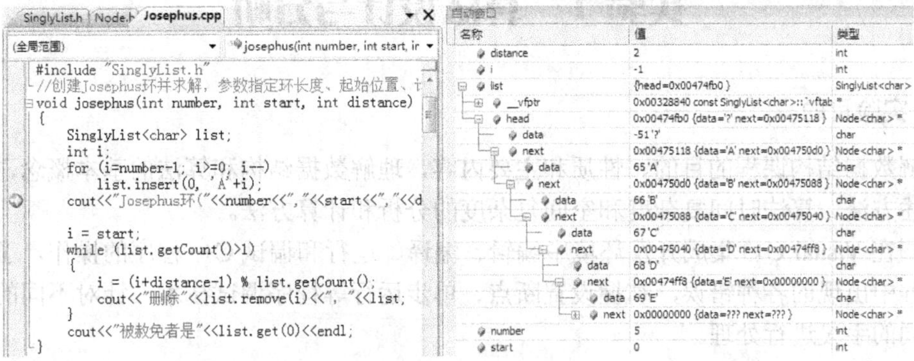

图 1.14   查看单链表结构

图 1.15   跟踪运行析构函数

习 题 1

1-1   什么是数据、数据元素、数据项和关键字？它们之间是怎样的关系？

1-2   什么是数据结构？数据结构的概念包括哪三部分？

1-3   数据结构与数据类型的概念有什么区别？为什么要将数据结构设计成抽象数据类型？

1-4   数据的逻辑结构主要有哪三种？各有何特点？三者之间存在怎样的联系？

1-5   数据的存储结构有哪两种？各有何特点？

1-6   什么是算法？怎样描述算法？怎样衡量算法的性能？

1-7   确定下列算法中语句的执行次数，并给出算法的时间复杂度。

```
int n=10, count=0;
for (int i=1; i<=n; i++)
    for (int j=1; j<=i; j++)
        for (int k=1; k<=j; k++)
            count++;
```

1-8 程序中的错误有哪几种？分别在什么时刻被发现？

1-9 在Visual C++集成开发环境中，怎样进行编辑、编译、运行和调试程序的操作？

实验1 算法设计与分析

1. 实验目的

了解数据结构课程的目的、性质和主要内容，理解数据结构和算法的基本概念，熟悉算法的描述方法、算法时间复杂度和空间复杂度的分析和计算方法。

掌握在Visual C++集成开发环境中编辑、编译、运行和调试C++程序的操作，了解程序运行过程中出现的各种错误，掌握设置断点、单步运行等程序调试技术，针对不同的错误，采取不同的手段进行处理。

2. 实验内容

1-1 ① 采用递归算法求最大公约数。② 求 n 个整数的最大公约数。

1-2 实现以下对数组的操作，并给出算法的时间复杂度和空间复杂度。

```
int index(T values[], int n, T key)          //在 values 数组前 n 个元素中查找 key，顺序查找
T max(T values[], int n)                      //返回 values 数组元素最大值
T min(T values[], int n)                      //返回 values 数组元素最小值
void min(T values[], int n, T &min1, T &min2) //求 values 数组的最小值和次最小值
bool isSorted(T values[], int n)             //判断 values 数组元素是否已排序（升序或降序）
void reverse(T values[], int n)              //将数组元素 a_0,a_1,L ,a_{n-1} 逆置为 a_{n-1},L ,a_1,a_0
void insert(T values[], int n, T key)        //将 key 插入到 values 排序数组前 n 个元素
```

1-3 判断一个字符串是否为 C++关键字。

1-4 用 C++的类实现复数抽象数据类型。

1-5 杨辉三角。中国南宋数学家杨辉在《详解九章算法》（1261年）中给出以下三角形（后世称为杨辉三角），其中每行数值个数为其行序号（≥1），各行两端数值为1，其他数值等于它肩膀上的两个数值之和。$n=5$ 的杨辉三角如下：

$$
\begin{array}{ccccccccc}
 & & & & 1 & & & & \\
 & & & 1 & & 1 & & & \\
 & & 1 & & 2 & & 1 & & \\
 & 1 & & 3 & & 3 & & 1 & \\
1 & & 4 & & 6 & & 4 & & 1 \\
\end{array}
$$
$$1 \quad 5 \quad 10 \quad 10 \quad 5 \quad 1$$

杨辉三角的重要意义在于，其各行是二项式 $(a+b)^n$ 展开式（$n=0,1,2L$）的系数表。$n=2,3$ 的展开式如下：

$$(a+b)^2 = a^2 + 2ab + b^2$$
$$(a+b)^3 = a^3 + 3a^2b + 3ab^2 + b^3$$

分别采用一维数组、二维数组输出杨辉三角。

第 2 章

线 性 表

　　线性表是其组成元素间具有线性关系的一种线性结构，对线性表的基本操作主要有获得元素值、设置元素值、遍历、插入、删除、查找、替换和排序等，插入和删除操作可以在线性表的任意位置进行。线性表可以采用顺序存储结构和链式存储结构表示。

　　本章介绍线性表抽象数据类型，将线性表的顺序存储结构和链式存储结构实现分别封装成顺序表类和链表类，比较这两种实现的特点，以及各种基本操作算法的效率。重点是设计顺序表类和单链表类；难点是使用指针实现单链表和双链表的各种基本操作。

2.1　线性表抽象数据类型

　　线性表（Linear List）是由 n（$\geqslant 0$）个类型相同的数据元素 a_0, a_1, L, a_{n-1} 组成的有限序列，记作：

$$LinearList = (a_0, a_1, L, a_{n-1})$$

　　其中，元素 a_i 的数据类型可以是整数、浮点数、字符或类；n 是线性表的元素个数，称为线性表长度。若 $n=0$，LinearList 为空表；若 $n>0$，a_i（$0<i<n-1$）有且仅有一个**前驱**（Predecessor）元素 a_{i-1} 和一个**后继**（Successor）元素 a_{i+1}，a_0 没有前驱元素，a_{n-1} 没有后继元素。

　　线性表抽象数据类型 List 声明如下，描述线性表的获取元素值、设置元素值、插入、删除等基本操作。线性表逻辑结构的特点是，能够使用序号约定数据元素在线性表中的位置，即表示数据元素之间具有的顺序关系，因此，线性表抽象数据类型提供对指定序号元素进行操作的函数。

```
ADT List<T>                        //线性表抽象数据类型，T 表示数据元素的数据类型
{
    bool empty()                   //判断线性表是否为空，若空返回 true
    int count()                    //返回线性表元素个数（长度）
    T& get(int i)                  //返回第 i（0≤i<n）个元素引用
    void set(int i, T x)           //设置第 i（0≤i<n）个元素为 x
    void insert(int i, T x)        //插入 x 作为第 i 个元素
    void insert(T x)               //在线性表最后插入 x 元素
    T remove(int i)                //删除第 i（0≤i<n）个元素，返回被删除元素
    void removeAll()               //删除线性表所有元素
    int search(T key)              //查找关键字为 key 的元素，返回元素序号
```

```
    void print()                        //遍历输出线性表所有元素
    bool operator==(List<T> &list)      //比较两个线性表是否相等
    void operator+=(List<T> &list)      //在*this 当前线性表之后合并连接 list
    List<T> operator+(List<T> &list)    //返回*this 与 list 合并连接的对象
}
```

2.2 线性表的顺序存储和实现

2.2.1 线性表的顺序存储结构

线性表的顺序存储结构使用一组连续的内存单元依次存放线性表的数据元素，数据元素在内存的物理存储次序与其在线性表中的逻辑次序相同。顺序存储的线性表也称为**顺序表**（Sequential List）。

1. 一维数组

数组（Array）是顺序存储的随机存取结构，它占用一组连续的存储单元，通过下标（序号）识别元素，一个下标能够唯一确定一个元素。在程序设计语言中，数组已被实现为一种构造数据类型。

在 C++语言中，根据不同的内存分配方式，数组分为静态数组和动态数组两种。

① 静态数组（Static Array）：声明数组变量时指定数组长度（常量）。例如：

```
const int N=10;                         //常量
int table[N]={1,2,3,4,5,6,7,8,9};       //静态数组，声明时可赋初值，初值不足时补 0
int *p = table;                         //p 指针获得数组首地址
p = &table[0];                          //p 指针获得数组首个元素地址，即数组首地址
```

编译系统为静态数组预分配存储空间，并为数组元素计算其存储地址。所以，声明时必须指定数组长度，且数组长度必须为常量。

静态数组占用的内存空间由系统自动管理，当程序开始运行时，数组即获得系统分配的一块地址连续的内存空间；程序运行结束时，系统自动释放数组的存储空间。

② 动态数组（Dynamic Array）：声明指针变量，用 new 运算符申请数组占用的存储空间，使用指针记住数组首地址；用 delete 运算符向系统归还数组占用的内存空间。例如：

```
int n=10;
int *p = new int[n];                    //动态一维数组，数组长度为变量，未初始化
delete[] p;                             //释放动态数组占用的内存空间
```

静态数组和动态数组的存储结构是相同的。数组变量存储数组首地址，本质同指针变量，静态数组变量存储的是地址常量。例如，上述声明的一维数组元素及地址的关系如图 2.1（a）所示。

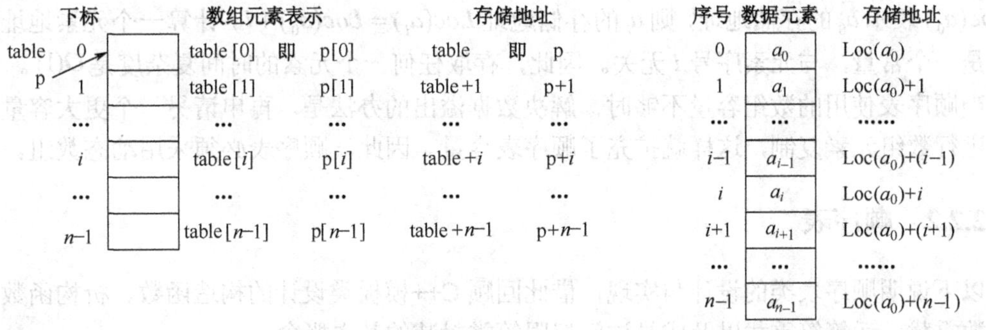

下标	数组元素表示		存储地址	
table 0	table[0] 即	p[0]	table 即	p
p 1	table[1]	p[1]	table+1	p+1
...	...	...	...	...
i	table[i]	p[i]	table+i	p+i
...	...	...	...	...
n−1	table[n−1]	p[n−1]	table+n−1	p+n−1

序号	数据元素	存储地址
0	a_0	Loc(a_0)
1	a_1	Loc(a_0)+1
...	...	......
i−1	a_{i-1}	Loc(a_0)+(i−1)
i	a_i	Loc(a_0)+i
i+1	a_{i+1}	Loc(a_0)+(i+1)
...	...	......
n−1	a_{n-1}	Loc(a_0)+(n−1)

（a）一维数组元素及其地址　　　　　　　　（b）顺序表采用一维数组存储数据元素

图 2.1　一维数组与顺序表

数组元素地址是下标的线性函数，table[i]元素地址为 table+i；用 p 指针指向一个一维数组，第 i 个元素表示格式为 p[i]或*(p+i)。因此，存取任何一个数组元素所花费的时间是 $O(1)$。

若数组作为函数参数，传递的是数组首地址。例如，以下两种声明等效：

```
void print(int p[], int n)          //p 指定数组，n 指定数组长度
void print(int *p, int n)           //参数传递，p 获得实际参数数组首地址
```

在函数体中可改变实际参数的数组元素值；但数组参数不包括数组长度，所以，函数必须增加一个参数表示数组长度。

函数不能声明返回数组。函数能够声明返回指针，用于当已知数组长度时返回动态数组首地址（函数体中不能释放数组存储空间）。例如：

```
int[] create(int n)                 //语法错，函数不能声明返回数组
int* create(int n)                  //函数声明返回指针，n 指定数组长度
{
    //int table[10];                //声明局部静态数组，函数运行结束将释放数组存储空间
    int *p = new int[n];            //创建动态一维数组
    return p;                       //返回数组首地址，不能释放数组存储空间
}
```

无论静态数组或动态数组，数组一旦占用一片存储空间，这片存储空间的地址和长度就是确定的，不能更改。因此，数组只能进行赋值、取值两种随机存取操作，不能进行插入、删除操作。当数组容量不够时，不能就地扩容。

2．顺序表采用一维数组存储数据元素

线性表的数据元素属于同一种数据类型。顺序表采用一维数组存储数据元素，如图 2.1（b）所示，将线性表元素 a_i（$0 \leqslant i < n$）存放在一维数组的第 i 个元素，使得元素 a_i 与其前驱 a_{i-1} 及后继 a_{i+1} 的存储位置相邻，即数据元素在内存的物理存储次序与其在线性表中的逻辑次序相同。所以，数据元素的物理存储次序体现数据元素间的逻辑关系。

顺序表是随机存取结构。顺序表元素 a_i 的存储地址是它在线性表中序号 i 的线性函数。

设 $Loc(a_0)$ 表示 a_0 的存储地址，则 a_i 的存储地址 $Loc(a_i)=Loc(a_0)+i$，计算一个元素地址所需时间是一个常量，与元素序号 i 无关。因此，存取任何一个元素的时间复杂度是 $O(1)$。

当顺序表使用的数组容量不够时，解决数据溢出的办法是，再申请另一个更大容量的数组并进行数组元素复制，这样就扩充了顺序表容量。因此，顺序表必须采用动态数组。

2.2.2　顺序表

以下说明顺序表类的设计与实现，借此回顾 C++模板类设计的构造函数、析构函数、成员函数重载、运算符重载以及成员访问权限等类封装的基本概念。

1. 顺序表的基本操作及效率分析

SeqList 顺序表类声明如下，它有 3 个保护权限的成员变量 element、length 和 n，element 数组用于存放线性表元素，元素类型为 T，T 可以是 int、char 等基本数据类型，也可以是 struct 或类；length 表示数组容量；n 表示顺序表元素个数，$0 \leqslant n < length$。文件名为 SeqList.h，文件名同类名，本书下同。

```
#include <iostream>
using namespace std;
#include <exception>                  //包含 C++ STL（标准类库）异常类

template <class T>
class SeqList                         //顺序表类，T 指定元素类型，T 必须重载==、!=运算符
{
  protected:                         //保护成员，子类可见
    T *element;                      //动态数组存储顺序表的数据元素
    int length;                     //顺序表的数组容量
    int n;                          //顺序表元素个数（长度）

  private:                          //私有成员，只在本类可见
    void init(T values[], int n);   //初始化顺序表

  public:                          //公有成员，所有类可见
    SeqList(int length=32);         //构造空表，length 指定（默认）容量
    SeqList(int length, T x);       //构造顺序表，length 个元素值为 x
    SeqList(T values[], int n);     //构造顺序表，由 values 数组提供元素
    ~SeqList();                     //析构函数

    bool empty();                   //判断顺序表是否为空
    int count();                    //返回顺序表元素个数
    T& operator[](int i);           //重载下标运算符
    friend ostream& operator<<<>(ostream&, SeqList<T>&);   //输出顺序表所有元素
    void printPrevious();           //反序输出，从后向前
    void insert(int i, T x);        //插入 x 作为第 i 个元素
    virtual void insert(T x);       //在顺序表最后插入 x；虚函数
    T remove(int i);                //删除第 i 个元素，返回被删除元素
```

```
        void removeAll();                                   //删除顺序表所有元素
        virtual int search(T key, int start=0);             //从 start 开始查找 key 元素，返回元素序号
        virtual void removeFirst(T key);                    //删除首次出现关键字为 key 元素；虚函数

        SeqList(SeqList<T> &list);                          //拷贝构造函数
        SeqList<T>& operator=(SeqList<T> &list);            //重载=赋值运算符，深拷贝
        bool operator==(SeqList<T> &list);                  //比较两个顺序表对象的值是否相等
        bool operator!=(SeqList<T> &list);
        void operator+=(SeqList<T> &list);                  //在*this 当前顺序表之后合并连接 list
        SeqList<T> operator+(SeqList<T> &list);             //返回*this 与 list 合并连接的对象
};
```

（1）顺序表的构造和析构

SeqList 类声明的构造函数（重载）和析构函数实现如下：

```
template <class T>
SeqList<T>::SeqList(int length)                 //构造空顺序表，length 指定数组容量（默认）
{
    this->element = new T[length];              //若 length<0，则 C++将中止运行
    this->length = length;
    this->n = 0;                                //元素个数为 0
}
template <class T>
SeqList<T>::SeqList(int length, T x)            //构造顺序表，length 个元素值为 x，构造函数重载
{
    this->element = new T[length];
    this->length = this->n = length;
    for (int i=0; i<this->n; i++)
        this->element[i] = x;                   //执行 T 的=赋值，T 的默认=赋值必需
}
template <class T>
SeqList<T>::SeqList(T values[], int n)          //构造顺序表，由 values 数组提供元素，n 指定元素个数
{   this->init(values, n);
}
template <class T>
void SeqList<T>::init(T values[], int n)        //初始化顺序表
{
    this->length = n*2;
    this->element = new T[this->length];
    this->n = n;
    for (int i=0; i<n; i++)
        this->element[i] = values[i];           //执行 T 的=赋值，T 的默认=赋值必需
}
template <class T>
SeqList<T>::~SeqList()                           //析构函数
{   delete []this->element;                     //释放数组 element 占用的存储空间
}
```

程序设计说明如下。

① C++语言提供默认构造函数。当一个类没有声明构造函数时，C++为其提供一个无参数的默认构造函数，函数体为空，没有对各成员变量进行初始化；当一个类声明了构造函数时，C++不再提供默认构造函数。所以，一个类需要声明构造函数，初始化实例的各成员变量值；构造函数需要重载，提供多种参数的构造函数。

注意： 若使用 new 申请存储空间失败，则产生内存溢出错误，这种运行错误不是异常，程序无法处理。

② C++语言提供默认析构函数，析构函数不能重载。析构函数用于释放动态申请的存储空间。当一个类没有声明析构函数时，C++为其提供默认析构函数，析构函数没有参数，只有一个不能重载。

（2）顺序表的判空、求长度和随机访问函数

SeqList 类声明的判空、求长度和随机访问函数实现如下，时间复杂度都是 $O(1)$。

```
template <class T>
bool SeqList<T>::empty()                              //判断顺序表是否为空，若空返回 true
{    return this->n==0;
}
template <class T>
int SeqList<T>::count()                               //返回顺序表元素个数（长度）
{    return this->n;
}
//重载下标运算符，引用第 i（0≤i<n）个元素。若 i<0 或 i≥n，则抛出异常
template <class T>
T& SeqList<T>::operator[](int i)
{
    if (i>=0 && i<this->n)
        return this->element[i];                      //返回元素引用
    throw out_of_range("参数 i 指定元素序号超出范围");  //抛出 C++ STL 范围越界异常
}
```

其中，operator[]运算表示顺序表的随机访问特性。当参数 i 指定的序号不正确时，operator[]运算抛出 C++ STL（标准模板库）中声明的 out_of_range 范围越界异常，表示运行错误。

（3）顺序表的遍历输出

C++语言没有为一个类提供默认输入流、输出流运算符，如果需要，可以重载>>、<<运算符。SeqList 类重载<<输出流运算符声明如下，遍历输出顺序表，时间复杂度为 $O(n)$。

```
//输出顺序表所有元素，重载<<输出流运算符，形式为 "(,)"，空表返回()
//Visual C++ 2008 增加<>，<>省略 T，隐式模板参数，T 必须重载<<输出流运算符
template <class T>
ostream& operator<<<>(ostream& out, SeqList<T> &list)
{
    out<<"(";
    if (list.n>0)
        out<<list.element[0];
```

```
    for (int i=1; i<list.n; i++)
        out<<", "<<list.element[i];                    //执行 T 的<<，T 必须重载<<
    out<<")"<<endl;
    return out;
}
```

（4）顺序表的插入操作

顺序表的插入和删除操作都要移动数据元素。插入 x 作为顺序表的第 i 个元素，首先必须将元素 a_i, a_{i+1}, L, a_{n-1} 向后移动，空出第 i 个位置，然后将 x 插入。如果数组已满，则不能插入，称为数据溢出（overflow）。解决数据溢出的办法是，申请另一个更大容量的数组并复制全部数组元素，这样就扩充了顺序表的容量。插入过程如图 2.2 所示。

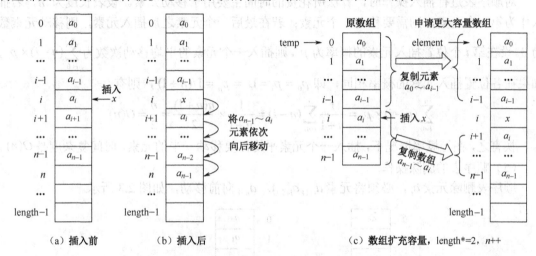

（a）插入前　　　　（b）插入后　　　　（c）**数组扩充容量**，length*=2，n++

图 2.2　顺序表插入 x 作为第 i 个元素

SeqList 类声明的 insert(int, T) 和 insert(T) 函数实现如下，提供顺序表扩充容量功能。

```
//插入 x 作为第 i 个元素。若 i 指定序号越界，采取容错措施，插入在最前或最后。
template <class T>
void SeqList<T>::insert(int i, T x)
{
    if (i<0) i=0;                                //插入位置 i 容错，插入在最前
    if (i>this->n) i=this->n;                    //插入在最后
    T *temp = this->element;
    if (this->n==this->length)                   //若数组满，则扩充顺序表的数组容量
    {   this->length *=2;
        this->element = new T[this->length];     //重新申请一个容量更大的数组
        for (int j=0; j<i; j++)                   //复制当前数组前 i-1 个元素
            this->element[j] = temp[j];          //执行 T 的=赋值运算
    }
    for (int j=this->n-1; j>=i; j--)             //从 i 开始至表尾的元素向后移动，次序是从后向前
        this->element[j+1] = temp[j];
    if (temp!=this->element)
```

```
        delete[] temp;                         //释放原数组空间
    this->element[i] = x;
    this->n++;
}
template <class T>
void SeqList<T>::insert(T x)                    //在顺序表最后插入 x 元素，成员函数重载
{    insert(this->n, x);
}
```

其中，insert(i,x)函数采取序号容错措施，当 $i<0$ 时，将元素插入在顺序表最前；当 $i>n$ 时，将元素插入在顺序表最后。即无论 i 为何值，总执行插入操作。

对顺序表进行插入操作时，算法所花费的时间主要用于移动元素。设表长度为 n，若插入作为第 0 个元素，则需要移动 n 个元素；若在最后一个元素之后插入元素，则移动元素数为 0。设在第 i 个位置插入元素的概率为 p_i，则插入一个元素的平均移动次数为 $\sum_{i=0}^{n}(n-i)\times p_i$，如果在各位置插入元素的概率相同，即 $p_0=p_1=L=p_n=1/(n+1)$，则有

$$\sum_{i=0}^{n}(n-i)\times p_i = \frac{1}{n+1}\sum_{i=0}^{n}(n-i) = \frac{1}{n+1}\times\frac{n(n+1)}{2} = \frac{n}{2} = O(n)$$

换言之，在等概率情况下，插入一个元素平均需要移动一半的元素，时间复杂度是 $O(n)$。

（5）顺序表的删除操作

顺序表删除元素 a_i，必须将元素 $a_{i+1},a_{i+2},L,a_{n-1}$ 向前移动，如图 2.3 所示。

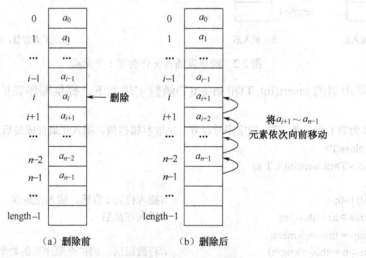

（a）删除前　　　　（b）删除后

图 2.3　删除顺序表第 i 个元素

SeqList 类声明的 remove(int i) 和 removeAll() 函数实现如下：

```
//删除第 i（0≤i<n）个元素，返回被删除元素；若 i<0 或 i≥n，则抛出异常
template <class T>
T SeqList<T>::remove(int i)
{
```

```
    if (this->n>0 && i>=0 && i<n)
    {    T old = this->element[i];                              //old 中存储被删除元素
         for (int j=i; j<this->n-1; j++)                        //元素前移，平均移动 n/2
              this->element[j] = element[j+1];
         this->n--;
         return old;                    //返回 old 局部变量存储的对象，先执行拷贝构造函数，再析构 old
    }
    throw out_of_range("参数 i 指定元素序号超出范围");          //抛出 C++ STL 范围越界异常
}
template <class T>
void SeqList<T>::removeAll()                                    //删除顺序表所有元素，未释放数组空间
{    this->n=0;
}
```

（6）顺序表的查找操作

SeqList 类的 search(T)声明如下，采用顺序查找算法（描述见 1.2.1 节）实现查找操作。

```
//从 start 开始顺序查找首次出现的关键字为 key 元素，返回元素序号 i（0≤i<n），
//若查找不成功返回-1。start≥0，默认 0；T 必须重载==
template <class T>
int SeqList<T>::search(T key, int start)
{
    for (int i=start; i<this->n; i++)
         if (this->element[i]==key)                             //T 必须重载==
              return i;
    return -1;
}
```

说明：由于查找操作需要比较两个元素是否相等，所以 T 的实际参数必须重载==关系运算符。C++的基本数据类型已重载 6 种关系运算符（==、!=、>、>=、<、<=），比较两个变量值；而类默认没有重载关系运算符，需要时必须重载指定的关系运算符。

顺序查找的比较次数取决于元素位置。设顺序表元素个数为 n，各元素的查找概率相等，第 i（$0 \leqslant i<n$）个元素查找成功的比较次数为 i+1，平均比较次数为 n/2；查找不成功比较 n 次。因此，顺序查找的时间复杂度为 $O(n)$。

综上所述，顺序表的静态特性很好，动态特性很差，具体说明如下。

① 顺序表元素的物理存储顺序直接反映线性表元素的逻辑顺序，顺序表是一种随机存取结构。顺序表实现了线性表抽象数据类型所要求的基本操作，不仅存取任何一个元素 a_i 的时间复杂度是 $O(1)$，而且获得 a_i 的前驱元素 a_{i-1} 和后继元素 a_{i+1} 的时间复杂度也是 $O(1)$。

② 插入和删除操作效率很低。每插入或删除一个元素，可能需要移动大量元素，其平均移动次数是顺序表长度的一半。再者，数组容量不可更改，存在因容量小造成数据溢出，或因容量过大造成内存资源浪费的问题。解决数据溢出的办法是，申请另一个更大容量的数组，并进行数组元素复制，但插入操作效率更低。

【例 2.1】求解 Josephus 环问题。

本例目的：① 声明顺序表对象存储数据元素集合，线性表的插入、删除操作及效率分析，需要返回删除元素。

② 线性表模板参数 T 的实际参数是基本数据类型。

③ 逻辑结构环形设计，顺序表采用线性结构实现环形结构。

Josephus 环问题：古代某法官要判决 number 个犯人的死刑，他有一条荒唐的法律，将犯人站成一个圆圈，从第 start 个人开始数起，每数到第 distance 个犯人，就拉出来处决，然后再从下一个开始数 distance 个，数到的人再处决……直到剩下最后一个犯人予以赦免。当 number=5，start=0，distance=2 时，Josephus 环问题执行过程如图 2.4 所示。

使用 SeqList 顺序表类求解 Josephus 环问题，算法描述如下：

① 创建一个具有 number 个元素的顺序表对象 list。

② 从第 start 个元素开始，依次计数，每数到 distance，就将对应元素删除。

③ 重复计数并删除元素，直到剩下一个元素。

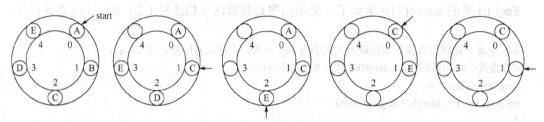

(a) n=5，s=0，d=2　(b) s=1，B出环后，n=4　(c) s=2，D出环后，n=3　(d) s=0，A出环后，n=2　(e) s=1，E出环后，n=1

图 2.4　求解 Josephus 环问题的执行过程

前述 SeqList<T> 以类模板形式声明，T 表示线性表元素的数据类型。当声明 SeqList<T> 类的一个对象时，指定 T 为一个确定的数据类型，可以是 int、char、struct 或类。例如，下列语句声明并创建一个顺序表对象 list，如果向 list 添加指定类型以外的元素，则出现编译错。

```
SeqList<char> list;
```

顺序表对象 list 的存储结构如图 2.5 所示。

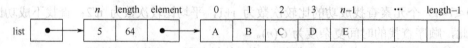

图 2.5　顺序表对象 list 的存储结构

设 i 表示顺序表元素序号，计数时使 i 按照以下规律变化，则顺序表可看作是环形结构：

```
i = (i+1) % list.length;                    //计数时按循环规律变化
```

程序如下：

```
#include "SeqList.h"                         //顺序表类
//创建 Josephus 环并求解，参数指定环长度、起始位置、计数
```

```
void josephus(int number, int start, int distance)
{
    SeqList<char> list;                    //创建顺序表对象，执行无参构造函数，指定顺序表默认容量
    int i=0;
    for (i=0; i<number; i++)
        list.insert('A'+i);                //在顺序表最后添加元素，O(1)
    cout<<"Josephus 环("<<number<<","<<start<<","<<distance<<"), "<<list<<endl;
    i = start;                             //计数起始位置
    while (list.count()>1)                 //多于一个元素时循环，O(1)
    {   i = (i+distance-1) % list.count(); //计数时按循环规律变化，顺序表可看作是环形结构
        cout<<"删除"<<list.remove(i)<<", "<<list;   //删除指定位置元素，O(n)
    }
    cout<<"被赦免者是"<<list[0]<<endl;     //list[0]获得元素，O(1)
}
int main()
{   josephus(5,0,2);
    system("pause");
    return 0;
}
```

其中，SeqList.h 文件存放在约定的头文件路径 "…\Include" 中，在 Visual C++ 集成开发环境中设置用户头文件查找路径的操作说明见 1.3.2 节。程序运行结果如下：

```
Josephus 环(5,0,2), (A, B, C, D, E)
删除 B, (A, C, D, E)
删除 D, (A, C, E)
删除 A, (C, E)
删除 E, (C)
被赦免者是 C
```

【例 2.2】对象信息分类统计与查找。
本题目的：① 线性表模板参数 T 的实际参数是类；② 对线性表操作的全局函数。
包含学生成绩的 Student 结构体声明如下，文件名为 Student.h。

```
#include <iostream>
using namespace std;
#include "string.h"

struct Student
{
    char name[20];                         //姓名
    double score;                          //某门课程成绩
    friend ostream& operator<<(ostream& out, Student &stu)   //重载输出流对象
    {
        out<<"("<<stu.name<<","<<stu.score<<")";
        return out;
    }
```

```
//重载==关系运算符，比较两个 Student 对象是否相等定义为仅比较 name，意为按 name 查找
bool operator==(Student &stu)
{    return strcmp(this->name, stu.name)==0;            //调用 string.h 中函数比较两串是否相等
                                    //不能 this->name==stu.name，意为比较字符数组首地址是否相等
    }
};
```

对某种元素类型的顺序表进行特定操作，不能作为顺序表类的成员函数，可以声明全局函数，以顺序表类作为函数参数。例如，以下程序使用一个顺序表存储学生集合，groupCount() 函数提供分类统计功能。

```
#include "Student.h"                                //学生信息结构
#include "SeqList.h"                                //顺序表类

//分类统计 list 线性表元素信息，分段信息存于 grade 数组，n 指定 grade 数组长度，统计
//结果存于 result 数组
void groupCount(SeqList<Student> &list, int grade[], int n, int result[])
{
    for (int i=0; i<list.count(); i++)
    {    Student stu = list[i];                         //获得 list 的第 i 个元素，执行 Student 默认的=
        for (int j=0; j<n-1; j++)
            if (stu.score>=grade[j] && stu.score<grade[j+1])      //判断 stu 范围
            {    result[j]++;
                break;
            }
    }
}
int main()
{
    Student group[]={{"王红",85},{"张明",75},{"李强",90},{"郑小春",80},{"陈新诺",60},
                {"吴宁",65},{"崔小兵",70}};
    SeqList<Student> list(group,7);                //由指定数组构造顺序表
    int grade[]={0,60,70,80,90,100};              //指定分段信息
    const int N=5;
    int result[N]={0};                             //存放统计结果
    char* str[]={"不及格","及格","中等","良好","优秀"};   //字符串数组指定分类名称
    groupCount(list, grade, 6, result);            //分类统计
    cout<<"学生集合: "<<list;                      //执行 Student 的<<
    cout<<"共"<<list.count()<<"人，成绩统计: ";
    for (int i=0; i<N; i++)
        cout<<str[i]<<result[i]<<"人, ";
    cout<<endl;
    Student key={"郑小春",0};                      //包含关键字值的数据元素，提供查找条件
    cout<<"查找"<<key<<"结果: "<<list[list.search(key)]<<endl;
    return 0;
}
```

程序运行结果如下：

学生集合：((王红,85), (张明,75), (李强,90), (郑小春,80), (陈新诺,60), (吴宁,65), (崔小兵,70))
共 7 人，成绩统计：不及格 0 人，及格 2 人，中等 2 人，良好 2 人，优秀 1 人，
查找(郑小春,0)结果：(郑小春,80)

2．顺序表的浅拷贝与深拷贝

（1）一个类的默认拷贝构造函数和默认=赋值运算

C++约定一个类的**拷贝构造函数**声明格式如下，函数名同类名，函数参数为本类对象引用。

```
类::类(类 &对象)                              //默认拷贝构造函数
{
    对象的成员变量逐域对应赋值;               //浅拷贝
}
```

拷贝构造函数的功能是复制对象，以形式参数的实例值初始化当前新创建对象。与此功能相同的是=赋值运算。

C++为每个类提供默认拷贝构造函数和默认=赋值运算，实现为逐域拷贝，即将当前对象的各成员变量赋值为实际参数实例对应的各成员变量值，通常称为**浅拷贝**。

例如，SeqList 类的默认拷贝构造函数和默认=赋值运算声明如下，参数是当前对象引用：

```
template <class T>
SeqList<T>::SeqList(SeqList<T> &list)          //默认拷贝构造函数（浅拷贝），复制对象
{
    this->length = list.length;                //int 整数赋值，复制整数值
    this->n = list.n;
    this->element = list.element;              //指针赋值，只复制了数组首地址，析构时出错
}
SeqList<T>& SeqList<T>::operator=(SeqList<T> &list)     //*this=list，重载=赋值运算符
```

（2）何时执行拷贝构造函数和赋值运算

① 当声明对象时，构造函数的参数是该类对象或赋值。例如：

```
int values[5]={1,2,3,4,5};
SeqList<int> lista(values,5), listd(5);        //执行指定参数列表的构造函数
SeqList<int> listb(lista), listc=lista;        //声明时两者都执行拷贝构造函数
listd=lista;                                   //赋值时执行=赋值运算
```

② 当对象作为函数参数或返回值时，传递参数时执行拷贝构造函数。

函数参数的传递规则同赋值。例如，当 SeqList 的 T 实际参数是类时，调用以下 search(T

key, int start)函数时，默认执行 T 的拷贝构造函数，将实际参数复制一份给形式参数 key。

```
int SeqList<T>::search(T key, int start)    //当 T 的实际参数是类时，对象作为函数参数
{                                           //此处默认执行 T 的拷贝构造函数，使形式参数 key 获得实际参数的复制实例
}
```

函数返回值的传递规则同赋值。例如，调用以下 remove()函数返回对象：

```
T SeqList<T>::remove(int i)                 //当 T 的实际参数是类时，对象作为函数返回值
{
    T old = this->element[i];               //old 中存储被删除元素，i 越界将抛出异常，其他语句省略
    return old;                             //返回 old 局部变量存储的对象，先执行拷贝构造函数，再析构 old
}
```

其中，执行 return 语句，将默认执行 T 的拷贝构造函数，复制 old 对象一份给返回值的实际参数，再释放 old 局部变量。

（3）顺序表浅拷贝存在问题

浅拷贝实现为成员变量逐域赋值，当成员变量的数据类型是基本数据类型时，赋值能够实现数值复制功能；当成员变量的数据类型是指针或引用时，浅拷贝只复制了指针变量值（即变量地址），并没有实现对象复制功能。例如，顺序表浅拷贝如图 2.6（a）所示，lista.n 和 lista.length 复制了整数，但 listb.element 只复制了 lista.element 数组首地址，使得两个对象的 element 变量只拥有一个数组，listb 对象没有申请自己的数组空间。

两个对象拥有同一个数组，造成修改、插入、删除等操作结果相互影响，这是错误的。例如，当调用 lista.remove(0)语句删除 lista 的一个元素时，实际上也删除了 listb 的元素，但 listb 的长度 n 并没有改变，如图 2.6（b）所示，再输出 listb 时，将产生运行错。不仅如此，执行析构函数时还会因为两次释放同一个数组空间而产生运行错，使得程序运行非正常终止，这是致命错误。

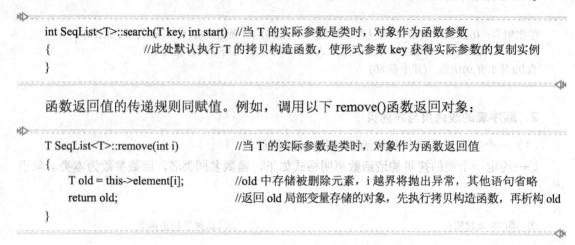

（a）浅拷贝，lista.n和lista.length复制整数，lista.element复制地址，
使得lista.element与listb.element指向同一个数组

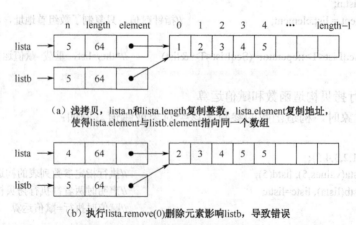

（b）执行lista.remove(0)删除元素影响listb，导致错误

图 2.6　顺序表的浅拷贝及其错误

因此，对于指针或引用类型，不能仅赋值指针，而要重新申请空间。

（4）顺序表的深拷贝

当一个类包含指针类型或引用类型的成员变量时，该类需要重新声明拷贝构造函数，不仅要复制对象的所有非指针和非引用成员变量值，还要重新申请指针指向的或引用的动态存储空间，并复制其中的所有元素，这种复制方式称为**深拷贝**。

SeqList 类深拷贝构造函数的执行结果如图 2.7 所示，listb.element 申请新的数组空间，使得 lista.element 与 listb.element 分别指向一个数组，再进行修改、插入、删除等操作，两者将不会相互影响。

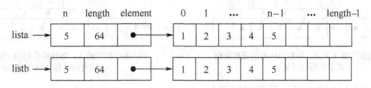

图 2.7　顺序表的深拷贝（顺序表元素是基本数据类型）

SeqList 类的深拷贝构造函数和=赋值运算声明如下：

```
template <class T>
SeqList<T>::SeqList(SeqList<T> &list)              //深拷贝构造函数，复制 list
{    this->init(list.element, list.n);              //初始化当前对象，由 list 数组提供元素
}
template <class T>
SeqList<T>& SeqList<T>::operator=(SeqList<T> &list) //重载=运算符，返回对象引用，深拷贝
{
    if (this->length <= list.n)
    {    this->n = list.n;
         for (int i=0; i<this->n; i++)              //复制 list 数组所有元素，O(n)
             this->element[i] = list.element[i];    //执行 T 的=赋值运算，T 默认=赋值必需
         return *this;                              //返回当前对象引用
    }
    //当前对象的数组容量较小时，扩充数组容量
    this->~SeqList();                               //调用析构函数，释放 element 数组空间
    this->init(list.element, list.n);              //初始化当前对象，由 list 的数组提供元素
    return *this;                                   //返回当前对象引用
}
```

其中，两个数组元素赋值执行 T 的=赋值运算，因此，一个类的默认=赋值是必需的；并且，也应该实现为深拷贝。

（5）模板参数 T 的实际参数必须支持深拷贝

再讨论，SeqList<T>深拷贝的执行结果还取决于 T 的实际参数执行浅拷贝还是深拷贝。

当 T 的实际参数是指针或引用类型时，例如：

```
SeqList<int*> lista, listb(lista);                 //SeqList 元素类型是 int*
SeqList<int&> lista, listb(lista);                 //SeqList 元素类型是 int&
```

执行 SeqList<T>深拷贝，listb 重新申请数组的存储空间，如果 T 的赋值运算执行浅拷贝，则 lista.element 和 listb.element 两个数组对应元素仍然指向或引用相同变量，如图 2.8（a）所示；此时，lista 和 listb 执行插入、删除操作将不会影响对方，但修改操作仍将影响对方，如图 2.8（b）所示。如果 T 的赋值运算执行深拷贝，则能够实现深度拷贝功能，如图 2.8（c）所示。

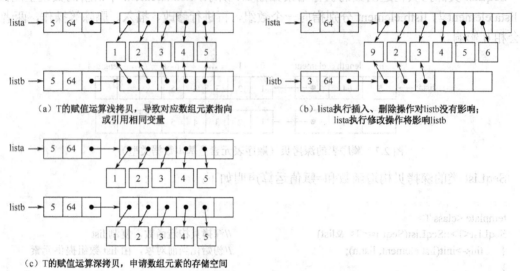

（a）T的赋值运算浅拷贝，导致对应数组元素指向　　　　（b）lista执行插入、删除操作对listb没有影响；
　　　 或引用相同变量　　　　　　　　　　　　　　　　　　 lista执行修改操作将影响listb

（c）T的赋值运算深拷贝，申请数组元素的存储空间

图 2.8　顺序表的深拷贝（顺序表元素是指针或引用类型）

所以，T 的实际参数类必须支持深拷贝。

3. 顺序表重载运算符

C++语言不提供默认的关系运算符、复合赋值运算符等，一个类如果需要，可以重载==、!=、>、>=、<、<=关系运算符或+=、+等运算符。

SeqList 类重载==、!=关系运算符声明如下，T 必须重载!=运算符，时间复杂度为 O(n)。

```
//比较两个顺序表对象是否相等。两个线性表相等是指，它们各对应元素相等并且长度相同。
template <class T>
bool SeqList<T>::operator==(SeqList<T> &list)
{
    //以下比较指针，当两个对象引用同一个实例，或顺序表浅拷贝，两个对象引用同一个数组时
    if (this==&list || this->element==list.element)
        return true;
    if (this->n!=list.n)                        //比较两者长度是否相等，不比较数组容量
        return false;
    for (int i=0; i<n; i++)                      //比较两个顺序表的所有元素是否相等
        if (this->element[i] != list.element[i])   //T 必须重载!=运算符
            return false;
    return true;
}
template <class T>
bool SeqList<T>::operator!=(SeqList<T> &list)     //比较两个顺序表对象是否不相等
```

```
{    return !(*this==list);
}
```

2.2.3 排序顺序表

排序线性表是指,各数据元素按照关键字值递增或递减排列。排序线性表与无序线性表操作的主要区别是,插入操作不指定插入位置,而是由各数据元素关键字值的大小确定,确定插入位置的算法是顺序查找。

以下讨论排序顺序表,借此回顾 C++语言类的继承和多态原则。

SortedSeqList 排序顺序表类(升序)声明如下,它继承顺序表类,T 必须重载==、!=、>、>= 运算符。

```
#include "SeqList.h"                      //顺序表类
template <class T>
class SortedSeqList : public SeqList<T>    //排序顺序表类(升序),公有继承顺序表类
{
  public:
    SortedSeqList(){}                      //构造空排序顺序表,默认执行 SeqList<T>()
    SortedSeqList(T values[], int n);      //构造排序顺序表,由 values 数组提供元素
    SortedSeqList(SeqList<T> &list);       //重载拷贝构造函数,由顺序表构造排序顺序表
    int search(T key, int start=0);        //从 start 开始查找关键字为 key 元素;覆盖
    void insert(T x);                      //插入,根据元素 x 大小确定插入位置;覆盖
    void removeFirst(T key);               //删除首次出现的关键字为 key 元素;覆盖
    void insertUnrepeatable(T x);          //插入不重复元素
};
```

1. 子类继承原则

子类不能继承基类的构造函数、拷贝构造函数、赋值运算和析构函数,子类能够继承除此之外的成员变量和成员函数,包括重载的关系运算符和输入输出流等运算符。

子类对从基类继承来的成员的访问权限,取决于基类成员声明的访问权限以及继承方式。子类能够访问基类的公有和保护成员,不能访问基类的私有成员。例如,上述 SortedSeqList 类公有继承 SeqList 类,继承来的成员变量仍然是私有权限,不可见,没有访问权限。

子类不能删除从基类继承来的成员。当子类从基类继承来的成员不能满足子类需要时,子类不能删除它们,但可以重定义它们,修改或扩充基类成员函数的功能,使基类成员能够适应子类新的需求。

子类重定义基类成员包括:

① 重定义基类的成员变量,则隐藏基类的成员变量;

② 重定义基类的成员函数,则覆盖(Override)基类的成员函数,无论参数列表和返回值是否相同。

子类重定义基类成员表现出多态性,基类对象引用基类成员,子类对象引用子类成员。

重定义的同名成员之间不会产生冲突和混乱。子类可使用类限定符"::"调用被覆盖的基类成员函数。

2. 子类对象中包含一个基类对象

面向对象继承的"即是"原则：子类是基类的一个子类型，子类对象即是基类对象，反之则不然。在通过指针或引用方式操作时，子类对象可被当作是基类的对象看待和处理。

C++语言实现继承"即是"原则的方式是，子类对象中包含一个基类对象。例如，以下声明 SortedSeqList 类的对象 lista，lista 中包含一个基类 SeqList 对象，存储结构如图 2.9 所示。

```
SortedSeqList<int> slist1(values, N), slist2(slist1);
```

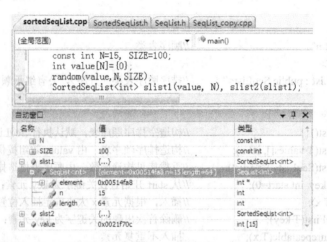

图 2.9　SortedSeqList 子类对象 lista 中包含一个 SeqList 基类对象

3. 子类不能继承基类的构造函数

由于构造函数用于创建类的实例，使用类名区别实例所属的类。所以，构造函数不能继承，子类必须声明自己的构造函数。而对子类对象所包含的基类对象的初始化应该由基类完成，所以，子类构造函数将执行基类的一个构造函数。至于执行基类的哪一个构造函数，由子类选择。例如，SortedSeqList(T values[], int n)构造函数声明如下，声明执行基类指定参数列表的构造函数。

```
//构造排序顺序表，声明执行基类的 SeqList<T>(int)构造函数
template <class T>
SortedSeqList<T>::SortedSeqList(T values[], int n): SeqList<T>(n*2)
{
    for (int i=0; i<n; i++)
        this->insert(values[i]);              //调用本类成员函数，排序插入
}
```

当子类构造函数没有声明调用基类哪个构造函数时，C++自动执行基类无参数的构造函

数。例如，SortedSeqList()构造函数声明如下：

```
SortedSeqList(){}                          //构造空排序顺序表，默认执行 SeqList<T>()
```

等价于以下声明：

```
SortedSeqList():SeqList<T>(){}
```

因此，基类必须提供无参数的构造函数供子类调用，否则默认构造函数将产生编译错。

4．子类不能继承基类的析构函数

C++提供默认析构函数，子类析构函数自动执行基类析构函数。例如：

```
SortedSeqList<T>::~SortedSeqList()          //析构函数
{
    ……                                     //先执行子类析构函数操作
}                                           //此处 C++自动执行基类析构函数~SeqList<T>()
```

5．子类不能继承基类的拷贝构造函数

由于子类对象中包含一个基类对象，子类的默认拷贝构造函数自动执行基类的拷贝构造函数。C++提供的默认拷贝构造函数功能如下，若有基类，先执行基类的拷贝构造函数，将基类对象的成员变量赋值，深拷贝与否取决于基类是否深拷贝，否则不执行；再将子类对象新增成员变量逐域对应赋值，浅拷贝。

```
类::类(类 &对象)：基类(对象)
{
    对象的成员变量逐域对应赋值;             //浅拷贝
}
```

已知 SeqList 类声明深拷贝构造函数，且 SortedSeqList 子类没有增加成员变量，所以，SortedSeqList 类可使用 C++提供的默认拷贝构造函数，即：

```
SortedSeqList(SortedSeqList<T> &list):SeqList<T>(list){}   //默认拷贝构造函数
```

注意：如果 SortedSeqList 类要声明拷贝构造函数，则必须显式调用基类的拷贝构造函数 SeqList<T>(list)；否则 C++将自动执行无参数的构造函数 SeqList<T>()。

6．子类不能继承基类的=赋值运算

子类不能继承基类的=赋值运算，子类的默认=赋值运算自动执行基类的=赋值运算。C++提供的默认=赋值运算功能如下，若有基类，先执行基类的=赋值运算，将基类对象的成员变

量赋值，深拷贝与否取决于基类，否则不执行；再将子类对象新增成员变量逐域对应赋值，进行浅拷贝。

```
类& 类::operator=(类 &对象)                    //默认=赋值
{
    基类::operator=(对象)                      //自动执行基类的=赋值运算，深拷贝与否取决于基类
    对象的成员变量逐域对应赋值;                //浅拷贝
    return *this;
}
```

已知 SeqList 类的=赋值运算重载为深拷贝，且 SortedSeqList 子类没有增加成员变量，所以，SortedSeqList 类可使用 C++提供的默认=赋值，即：

```
template <class T>
SortedSeqList<T>& SortedSeqList<T>::operator=(SortedSeqList<T> &list)
{
    SeqList<T>::operator=(list);              //调用基类的=赋值，深拷贝，参数类型赋值相容
    return *this;
}
```

7. 多态原则，子类覆盖基类同名成员函数

子类能够继承基类的除了构造函数、拷贝构造函数、赋值运算和析构函数之外的成员函数，包括重载的运算符（前提是基类重载了某个运算符）。例如，SeqList 类重载了<<、==、!=、[]等运算符，则 SortedSeqList 子类继承它们。

如果从基类继承来的成员函数不能满足子类需要时，子类可以重定义它们，覆盖基类的成员函数，无论参数列表和返回值是否相同。子类可使用类限定符 "::" 调用被覆盖的基类成员函数。

例如，SortedSeqList 类继承来的查找、插入、删除函数不能满足需要，声明覆盖如下：

```
//从 start 开始顺序查找首次出现的关键字为 key 元素，返回元素序号 i（0≤i<n），若查找不成功
//返回-1。start≥0，默认 0。覆盖基类的同名成员函数，参数列表相同，返回值相同。
//T 必须重载==关系运算符，用于查找时识别对象；T 必须重载>=，约定对象排序规则。
template <class T>
int SortedSeqList<T>::search(T key, int start)
{
    for (int i=0; i<this->n && key>=this->element[i]; i++)    //T 必须重载>=
        if (this->element[i]==key)                            //T 必须重载==
            return i;
    return -1;
}
//插入，根据 x 元素大小顺序查找 x 确定插入位置。插入在等值结点之前，T 必须重载>运算符。
//覆盖了基类的 insert(int i, T x)和 insert(T x)函数，无论参数列表是否相同，返回值相同
```

```
template <class T>
void SortedSeqList<T>::insert(T x)
{
    int i=0;
    while (i<this->n && x > this->element[i])        //T 必须重载>
        i++;
    SeqList<T>::insert(i, x);                         //插入 x 作为第 i 个元素，调用被覆盖的基类成员函数
}
```
//删除首次出现的关键字为 key 元素。覆盖基类的 removeFirst(T key)函数，参数列表相同
//算法要先调用 search(key)函数，查找确定删除元素位置，因此，要求 T 必须重载==和>=
```
template <class T>
void SortedSeqList<T>::removeFirst(T key)
{    remove(this->search(key));                       //调用函数 remove(i)
}
```

说明如下。

① 排序序列的顺序查找算法。在排序序列（升序，即元素按关键字值从小到大的次序排列）中，采用顺序查找，从数组的第 0 个元素开始依次比较元素，查找成功的比较次数是元素的序号 i（$0 \leq i < n$）；只要遇到一个关键字大于 key 的元素，则确定查找不成功，不需要再比较其他元素，因此，查找不成功的平均比较次数也是 $n/2$。这说明排序序列能够减少查找操作的比较次数，提高查找算法效率。

② 对排序序列进行查找、插入、删除操作，不仅要比较相等，还要比较两个变量（对象）的大小。因此，T 的实际参数类必须重载==、!=和>、>=关系运算符。

③ 插入和删除指定关键字的元素都要先查找确定操作位置，再操作。removeFirst(T key)调用 search(key)查找函数，而 insert(T x)则不能调用 search(key)查找函数。因为，removeFirst(T key)函数当查找不成功时，不能删除，由 search(key)函数结果可知查找是否成功，确定是否进行删除操作。而 insert(T x)函数，无论查找是否成功，都要插入，查找成功时插入的是关键字相同的元素；当查找不成功时，search(key)函数返回-1，没有为插入操作提供操作位置，因此不能调用。

排序顺序表查找、插入、删除一个元素操作的时间复杂度都是 $O(n)$。

④ 成员函数的多态有覆盖或重载关系，到底执行多态版本中的哪一个？何时才能确定？

编译时多态，指在编译时，编译器根据实例类型确定执行多态的哪种实现，对于覆盖成员函数，取决于调用者是哪个类的实例，基类实例调用基类成员函数，子类实例调用子类成员函数；对于重载成员函数，取决于调用函数的参数列表。例如：

```
SeqList<int> lista(values, N);
lista.insert(0, -1);                                 //基类对象调用基类函数，顺序表插入
lista.insert(50);                                    //基类对象调用基类函数，顺序表尾插入
SortedSeqList<int> slist1(values, N), slist2(slist1);
slist1.insert(50);                                   //子类对象调用子类函数，排序顺序表插入
slist1.insert(0, -1);                                //编译错，子类对象不能调用被覆盖的函数
```

lista 和 slist1 一种运行结果如下：
lista: (-1,41, 67, 34, 24, 78, 58, 5, **50**)　　　//顺序表尾插入 50
slist1: (5, 24, 34, 41, **50**, 58, 67, 78)　　　//排序顺序表插入 50

8. 子类不能删除基类成员

子类不能删除从基类继承来的成员。例如，SortedSeqList 类继承了基类重载的下标运算符 [], [] 包含两层含义：取值和赋值。SortedSeqList 类需要[]的含义是只读的，只能取值，不能赋值，因为，直接对第 i 个元素赋值将影响其排序特性，产生逻辑错误。但是，SortedSeqList 类不能删除[]运算。

解决问题方法是，SeqList 类声明 get(int i) 和 set(int i, T x)函数分别表示[]的取值和赋值功能；SortedSeqList 类继承它们，覆盖不需要的 set(int i, T x)函数，通过抛出异常告知调用者不可操作。详见 2.3 节 SinglyList 单链表类与 SortedSinglyList 排序单链表类。

9. 类型的多态，子类对象即是基类对象，赋值相容

由于存在"子类对象即是基类对象"的类型多态原则，使得基类对象能够赋值为子类实例，称为赋值相容。此外，函数参数和返回值的传递原则也要求赋值相容，当函数形式参数或返回值声明为基类对象时，它获得的实际参数可为子类实例。例如：

SeqList<T>::SeqList(SeqList<T> &list)　　　//拷贝构造函数，list 可获得子类实例
SeqList<T>& SeqList<T>::operator=(SeqList<T> &list)　　//=赋值，参数 list 可获得子类实例

调用语句如下：

SeqList<int> listb(slist1), listc;　　　//listb(slist1)执行基类拷贝构造函数，由排序顺序表构造顺序表
listc = slist1;　　　//执行基类=，基类对象=子类对象，即是，赋值相容

其中，listb(slist1)、listc=slist1 分别执行 SeqList 基类的拷贝构造函数和=赋值，list 参数获得子类实例，参数类型赋值相容。

实际上，前述讨论 SortedSeqList 类声明以下拷贝构造函数，调用 SeqList(list)，传递基类拷贝构造函数的实际参数就是 SortedSeqList 子类实例，参数类型赋值相容。

SortedSeqList(SortedSeqList<T> &list):SeqList<T>(list){} //默认拷贝构造函数，参数类型赋值相容

子类对象即是基类对象，反之则不然。例如，以下调用产生编译错误，拷贝构造函数参数类型不匹配，SortedSeqList 类没有声明 SeqList 参数的拷贝构造函数：

SortedSeqList<int> slist3(lista);　　　//编译错，拷贝构造函数参数类型不匹配

SortedSeqList 类声明以下重载的拷贝构造函数，则上述调用正确。

```
template <class T>
SortedSeqList<T>::SortedSeqList(SeqList<T> &list)        //由顺序表构造排序顺序表
{                                                        //此处自动执行 SeqList<T>()基类构造函数
    for (int i=0; i<list.count(); i++)
        this->insert(list[i]);                           //排序顺序表插入元素
}
```

同理，SeqList 类重载==运算符的参数 list 也可获得子类实例，声明如下：

```
bool SeqList<T>::operator==(SeqList<T> &list)    //比较相等，参数 list 可获得子类实例
```

由于==运算符具有继承性，子类对象可调用从基类继承来的==如下，比较规则相同。

```
listc == slist1                    //基类对象执行基类==，基类对象==子类对象
slist1 == listc                    //子类对象执行继承的基类==，子类对象==基类对象
slist1 == slist2                   //子类对象执行继承的基类==，子类对象==子类对象
```

如果子类的比较相等规则与基类不同，则子类需要覆盖==运算符。

10. 虚函数与滞后联编

SeqList 类声明重载+=运算符函数如下：

```
//在*this 当前顺序表之后合并连接 list；改变*this 对象，不改变 list 对象
template <class T>
void SeqList<T>::operator+=(SeqList<T> &list)
{
    for (int i=0; i<list.n; i++)
        this->insert(list[i]);                    //执行哪个类的 insert(x)函数
}
```

【问题】在 SeqList 类声明中，① 没有采用 virtual 关键字声明 insert(T x)函数；② 采用 virtual 关键字声明 insert(T x)函数。以下语句的运行结果将会怎样？有什么不同？

```
SeqList<int> lista(values1, N);
SortedSeqList<int> slist1(values2, N);
slist1 += lista;
cout<<"slist1 += lista;\nslist1："<<slist1;
```

【答】① 将两序列首尾连接合并成顺序表输出；② 将两序列合并成排序顺序表输出。

为什么会这样？关键字 virtual 有什么作用？

（1）编译时多态解决不了的问题

设 SeqList 类没有采用 virtual 关键字声明 insert(T x)函数，以下声明 p 是指向顺序表对象的指针，*p 表示一个顺序表对象，通过 p 可调用 SeqList 类的成员函数如下：

```
SeqList<int> *p = new SeqList<int>(values, N);    //p 指针指向顺序表对象
p->insert(50);                                     //执行 SeqList 类的 insert(x)函数，顺序表尾插入
```

由于子类对象即是基类对象，*p 也可表示一个排序顺序表对象，即：

```
p = new SortedSeqList<int>(values, N);    //p 指针指向排序顺序表对象，赋值相容
p->insert(50);                             //执行 SeqList 类或子类哪个类的 insert(x)函数？
```

那么，p->insert(50)究竟执行 SeqList 类或子类哪个类的 insert(x)函数？

编译时，编译器根据*p 声明的类型确定调用 SeqList 类的 insert(T x)函数，顺序表尾插入。显然，这不是我们所想要的结果。我们希望根据 p 指向对象的类型对顺序表或排序顺序表对象进行其所属类定义的操作，即当 p 指向 SeqList 基类对象时，p->insert(50)执行 SeqList 类的 insert(x)函数；当 p 指向 SortedSeqList 子类对象时，p->insert(50)执行子类的 insert(x)函数，进行排序顺序表插入。

这种操作要求编译器做不到。因为，编译器在编译时，只能根据对象声明的类型确定调用对象所属类中的成员函数。编译器不可能知道对象在运行时到底引用基类还是子类实例。如果希望在运行时根据对象所引用的实例类型来确定调用哪个函数，只能交由运行系统处理。

（2）运行时多态，滞后联编与虚函数

运行时多态，指运行时运行系统根据实例的类型确定执行基类或子类的那个成员函数。

C++采用**滞后联编**（Late Bind）方式实现运行时多态，也称动态联编。基类采用关键字**virtual** 声明指定成员函数为虚函数，编译时对虚函数只进行语法检查，运行时根据调用实例的类型是基类还是子类，确定执行那个类的成员函数。子类覆盖虚函数的成员函数，必须与虚函数的参数列表和返回值相同。相对地，编译时多态也称早期联编。

所以，SeqList 类需要声明 insert(T x)为虚函数如下，表示该函数在运行时可被子类成员函数覆盖。

```
virtual void insert(T x);    //在顺序表最后插入 x，虚函数
```

调用语句如下：

```
p = new SortedSeqList<int>(values, N);    //p 指针指向排序顺序表对象，赋值相容
p->insert(50);                             //滞后联编，子类对象执行子类覆盖的 insert(x)函数，排序顺序表插入
```

p->insert(x)语句滞后联编意味着，编译时只进行语法检查，由于*p 语法所属 SeqList 类中声明了 insert(T x)函数，编译通过。运行时，运行系统根据 p 指向实例的类型确定执行基类或子类的成员函数，即当 p 指向 SeqList 基类对象时，执行 SeqList 基类的 insert(x)函数，顺序表尾插入；当 p 指向 SortedSeqList 子类对象时，执行子类的 insert(x)函数，排序顺序表插入元素。这样，insert(T x)函数在基类和子类之间表现出运行时多态性。

由此可知，上述 SeqList 类的+=(&list)函数，对于子类对象的运行结果取决于其中 insert(x)是否为虚函数，说明如下。

① 若 SeqList 基类没有声明 insert(T x)为虚函数，则 insert(x)语句早期联编，编译时确定语句执行基类的 insert(x)函数，无论调用者是基类或子类对象。对于子类对象而言，insert(x)函数没有实现运行时覆盖。

```
lista.insert(slist1);              //调用者是基类对象，执行基类的 insert(T x)，顺序表尾插入
```

② 若 SeqList 基类声明 insert(T x)为虚函数，则 insert(x)语句滞后联编，运行时根据调用者是基类或子类对象，分别确定执行基类或子类的 insert(x)函数如下。

```
slist1.insert(lista);              //调用者是子类对象，执行子类的 insert(T x)，排序顺序表插入
```

推而广之，SeqList 类的 search(T key, int start)和 remove(int i)等函数也需要声明为虚函数。实际上，一个类除构造函数以外的成员函数在语义上都应该是虚函数，包括析构函数。由于构造函数不能继承，所以不能声明构造函数为虚函数。

注意：此时*p 调用的函数必须是在基类中声明且在子类中被覆盖的成员函数。如果调用子类增加的成员函数而非基类成员函数时，则产生编译错。例如，以下是 SortedSeqList 子类增加的成员函数：

```
void insertUnrepeatable(T x);      //插入不重复元素
```

如果*p 调用该函数如下，则产生编译错，编译器检查*p 所属的类中没有声明该函数。

```
p->insertUnrepeatable(50);                    //编译错，insertUnrepeatable 不是 SeqList 的成员
```

【思考题 2-1】SeqList 类声明重载+运算符函数如下：

```
template <class T>
SeqList<T> SeqList<T>:: operator+(SeqList<T> &list)     //返回*this 与 list 合并连接的对象
{
    SeqList<T> temp(*this);    //执行拷贝构造函数，复制*this 当前对象给 temp
    temp += list;
    return temp;               //返回 temp 局部变量存储的对象，先执行拷贝构造函数，再析构 temp
}
```

SortedSeqList 子类继承该函数，当子类对象 slist1 调用(slist1+lista)时，能否执行子类覆盖的 insert(T key)函数，得到排序的运行结果？为什么？

2.3　线性表的链式存储和实现

2.3.1　线性表的链式存储结构

线性表的链式存储是用若干地址分散的存储单元存储数据元素，逻辑上相邻的数据元素

在物理位置上不一定相邻，必须采用附加信息表示数据元素之间的顺序关系。因此，存储一个数据元素的存储单元至少包含两部分——数据域和地址域或链（Link），称为结点（Node），数据域存储数据元素，地址域存储前驱或后继元素地址。一个结点表示一个数据元素，通过结点中的地址域把结点链接起来，结点间的链接关系体现了线性表中数据元素间的顺序关系。采用链式存储结构表示的线性表称为**线性链表**（Linked List）。每个结点只有一个地址域的线性链表称为**单链表**（Singly Linked List），该地址域通常指向后继结点，如图 2.10 所示。

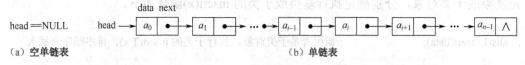

图 2.10　单链表

其中，每个结点包含 data 数据域和 next 地址域。head 存储单链表第 0 个结点地址，称为头指针；最后一个结点的地址域为空（NULL，图中用"∧"表示），表示其后不再有结点。在 C/C++语言中，采用指针类型存储地址可实现链式存储结构，地址域也称为指针域。

2.3.2　单链表

单链表是由一个个结点链接而成的，以下定义单链表结点类和单链表类描述单链表。

1. 单链表结点

单链表结点类 Node<T>声明如下，成员变量 data 表示结点的数据域，保存数据元素，数据类型是 T；next 表示结点的指针域，保存后继结点的地址。文件名为 Node.h。

```
template <class T>
class Node                                    //单链表结点类，T 指定结点的元素类型
{
  public:
    T data;                                   //数据域，保存数据元素
    Node<T> *next;                            //地址域（指针域），指向后继结点

    Node()                                    //构造结点，data 域未初始化
    {   this->next = NULL;                    //指针赋值
    }
    //构造结点，data 指定数据元素；next 指定后继结点地址，默认空值
    Node(T data, Node<T> *next=NULL)
    {
        this->data = data;                    //执行 T 的=赋值运算
        this->next = next;                    //指针赋值
    }
};
```

Node 类的一个对象表示单链表中的一个结点。通过 next 链，将两个结点"链接"起来，如图 2.11 所示。

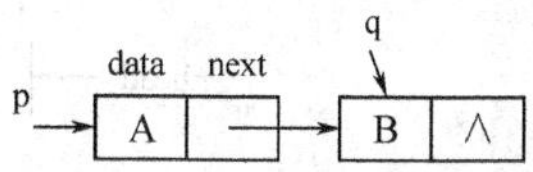

在 C++语言中，用 new 运算符创建对象并为之分配内存空间，返回存储单元地址；用 delete 运算符释放内存空间。建立并链接两个结点的语句如下：

图 2.11　链接起来的两个结点

```
Node<char> *p = new Node<char>('A');          //创建元素值为'A'的结点，由 p 指针指向
Node<char> *q = new Node<char>('B');          //链接，使 q 结点成为 p 结点的后继结点
p->next = q;
或
Node<char> *q = new Node<char>('B');
Node<char> *p = new Node<char>('A', q);       //创建结点并指定 q 结点为其后继结点
```

若干个结点通过 next 链指定相互之间的顺序关系，形成一条单链表。为了方便更改结点间的链接关系，将 Node 类中的两个成员变量声明为公有的（public），允许其他类访问。

单链表的头指针 head 也是一个指针，声明如下：

```
Node<T> *head = NULL;
```

当 head == NULL 时，表示空单链表。

2. 单链表的基本操作

（1）单链表的遍历操作

遍历单链表是指从第 0 个结点开始，沿着结点的 next 链，依次访问单链表中的每个结点，并且每个结点只访问一次。

遍历单链表操作不能改变头指针 head，因此，需要声明一个指针变量 p 指向当前访问结点。p 从第 0 个结点（由 head 指向）开始访问，沿着 next 链到达后继结点，逐个访问，直到最后一个结点，完成一次遍历操作。单链表遍历算法描述如下，如果单链表为空，则循环不执行。

```
Node<T> *p=head;                  //p 从第 0 个结点（由 head 指向）开始
while (p!=NULL)                   //当单链表未结束时
{    cout<<p->data;               //访问 p 结点，输出数据元素，执行 T 的<<
     p = p->next;                 //p 到达后继结点
}
```

【思考题 2-2】如果上述 p=p->next 语句写成 p->next=p，将会怎样？

（2）单链表的插入操作

对单链表进行插入操作，只要改变结点间的链接关系，不需要移动数据元素。在单链表中插入一个结点，根据不同的插入位置，分下列 4 种情况讨论，如图 2.12 所示。

① 空表插入。若单链表为空，插入值为 x 结点的语句如下：

```
head = new Node<T>(x);            //head 指向创建的值为 x 结点
```

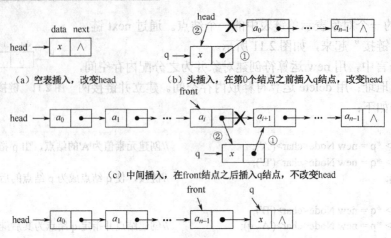

（a）空表插入，改变head   （b）头插入，在第0个结点之前插入q结点，改变head

（c）中间插入，在front结点之后插入q结点，不改变head

（d）尾插入，在原最后一个结点front之后插入q结点，不改变head

图 2.12　单链表插入操作

② 头插入。若单链表非空，在 head 结点之前插入值为 x 结点的语句如下：

```
Node<T> *q = new Node<T>( x );      //q 指针指向插入的值为 x 结点
q->next = head;                     //使 head 结点成为 q 的后继结点
head = q;                           //head 指向插入结点，使插入结点成为第 0 个结点
```

空表插入和头插入两种情况都将改变单链表的头指针 head。合并上述两段如下：

```
head = new Node<T>(x, head);        //创建值为 x 结点，其后继为 head，head 指向该结点
```

③ 中间插入/尾插入。设 front 指向非空单链表中的某个结点，在 front 结点之后插入值为 x 结点的语句如下：

```
Node<T> *q = new Node<T>(x);        //q 指针指向插入的值为 x 结点
q->next = front->next;              //q 的后继结点应是 front 的原后继结点
front->next = q;                    //q 作为 front 的后继结点
```

当 front 指向最后一个结点时，有 front->next==NULL，也可执行上述程序段，所以，尾插入是中间插入的特例。中间插入或尾插入都不会改变单链表的头指针 head。合并上述 3 句如下：

```
front->next = new Node<T>(x, front->next);
          //创建值为 x 结点，其后继为 front 的原后继结点，再使该结点成为 front 的后继结点
```

【思考题 2-3】图 2.12（b）、（c）中，如果①②两句次序颠倒，将会怎样？

（3）单链表的删除操作

在单链表中删除指定结点，只要改变结点的 next 域，就可改变结点间的链接关系，不需要移动元素。要释放被删除结点占用的存储单元。根据被删除结点的位置不同，分以下两种情况讨论，如图 2.13 所示。

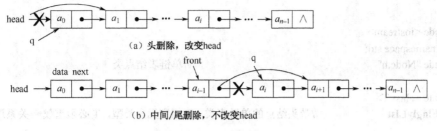

（a）头删除，改变head

（b）中间/尾删除，不改变head

图 2.13　单链表删除操作

① 头删除。删除单链表的第 0 个结点并释放结点，语句如下：

```
Node<T> *q=head;                          //q 指针指向被删除结点
head = head->next;                        //使 head 指向其后继结点
delete q;                                 //释放 q 结点占用的存储单元
```

如果单链表只有一个结点，删除该结点后单链表为空，执行上述语句后，head 为 NULL。
② 中间/尾删除。设 front 指向单链表中的某个结点，删除 front 的后继结点并释放结点，
语句如下：

```
Node<T> *q=front->next;                   //q 指针指向被删除结点（front 的后继结点）
if (q!=NULL)                              //如果被删除结点存在
{    front->next = q->next;               //使 q 的后继结点成为 front 的后继结点
     delete q;                            //释放 q 结点占用的存储单元
}
```

3. 带头结点的单链表

带头结点的单链表是指，在单链表的第 0 个结点之前增加一个特殊的结点，称为头结点，
忽略其数据域。此时，空单链表就只有一个头结点，如图 2.14（a）所示；遍历的起始位置是
p=head->next，如图 2.14（b）所示；头插入和头删除操作则不会改变 head 指针，如图 2.14
（c）、（d）所示。头结点的作用是，使所有链表（包括空表）的头指针非空，则对单链表的插
入、删除操作不需要区分操作位置。

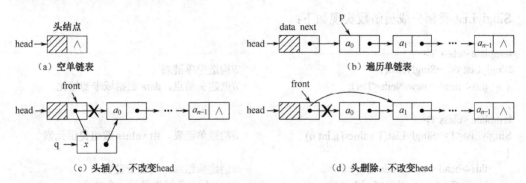

（a）空单链表

（b）遍历单链表

（c）头插入，不改变head

（d）头删除，不改变head

图 2.14　带头结点单链表的插入和删除操作

带头结点的单链表类 SinglyList 声明如下，其中成员变量 head 表示单链表的头指针。

```cpp
#include <iostream>
using namespace std;
#include "Node.h"                               //单链表结点类

template <class T>
class SinglyList              //带头结点的单链表类，T 指定元素类型，T 必须重载==关系运算符
{
    public:
        Node<T> *head;                          //头指针，指向单链表的头结点

        SinglyList();                           //构造空单链表
        SinglyList(T values[], int n);          //构造单链表，由 values 数组提供元素
        ~SinglyList();                          //析构函数

        bool empty();                           //判断单链表是否为空
        int count();                            //返回单链表长度
        T& get(int i);                          //返回第 i（≥0）个元素引用
        virtual void set(int i, T x);           //设置第 i（≥0）个元素为 x；虚函数
        friend ostream& operator<<>(ostream&, SinglyList<T>&);      //输出单链表所有元素
        Node<T>* insert(int i, T x);            //插入 x 作为第 i 个结点，返回插入结点地址
        virtual Node<T>* insert(T x);           //在单链表最后插入 x 元素；虚函数
        T remove(int i);                        //删除第 i（≥0）个结点，返回被删除元素
        void removeAll();                       //清空单链表
        Node<T>* search(T key);        //顺序查找首次出现的关键字为 key 元素，返回结点地址；
                //若未找到，返回 NULL。T 必须重载==运算符，约定比较两个元素相等（==）的规则
        void insertUnrepeatable(T x);           //尾插入不重复元素
        virtual void removeFirst(T key);        //删除首次出现的元素值为 key 的结点

        bool operator==(SinglyList<T> &list);   //比较两条单链表是否相等
        bool operator!=(SinglyList<T> &list);   //比较两条单链表是否不相等
        SinglyList(SinglyList<T> &list);        //拷贝构造函数，深拷贝
        SinglyList<T>& operator=(SinglyList<T> &list);  //重载=赋值运算符，深拷贝
        virtual void operator+=(SinglyList<T> &list);   //将 list 链接在当前单链表之后；虚函数
};
```

SinglyList 类部分成员函数实现如下：

```cpp
template <class T>
SinglyList<T>::SinglyList()                     //构造空单链表
{   this->head = new Node<T>();                 //创建头结点，data 数据域未初始化
}
template <class T>
SinglyList<T>::SinglyList(T values[], int n)    //构造单链表，由 values 数组提供元素
{
    this->head = new Node<T>();                 //创建头结点，构造空链表
    Node<T> *rear = this->head;                 //rear 指向单链表最后一个结点
    for (int i=0; i<n; i++)                      //若 n>0，构造非空链表
    {   rear->next = new Node<T>(values[i]);     //创建结点链入 rear 结点之后，尾插入
```

```
            rear = rear->next;                           //rear 指向新的链尾结点
    }
}
template <class T>
SinglyList<T>::~SinglyList()                             //析构函数
{
    this->removeAll();                                  //清空单链表
    delete this->head;                                  //释放头结点
}
template <class T>
bool SinglyList<T>::empty()                              //判断单链表是否为空，O(1)
{   return this->head->next==NULL;
}
//输出单链表所有元素，形式为 "(,)"，T 必须重载<<，单链表遍历算法，O(n)
template <class T>
ostream& operator<<<>(ostream& out, SinglyList<T> &list)
{
    out<<"(";
    for (Node<T> *p=list.head->next;   p!=NULL;   p=p->next)    //p 遍历单链表
    {   out<<p->data;                                   //执行 T 的<<，T 必须重载<<
        if (p->next!=NULL)
            out<<", ";
    }
    out<<")\n";
    return out;
}
template <class T>
T& SinglyList<T>::get(int i)      //返回第 i（≥0）个元素。若 i<0 或大于表长则抛出异常，O(n)
{
    Node<T> *p=this->head->next;
    for (int j=0;   p!=NULL && j<i;   j++)              //遍历部分单链表，寻找第 i 个结点（p 指向）
        p=p->next;
    if (i>=0 && p!=NULL)                               //若单链表不空且 i 指定元素序号有效
        return   p->data;                              //返回第 i 个元素，执行 T 的拷贝构造函数
    throw out_of_range("参数 i 指定元素序号超出范围"); //抛出 C++ STL 范围越界异常
}
//插入 x 作为第 i（≥0）个元素，返回插入结点地址。若 i<0，插入 x 作为第 0 个元素；
//若 i 大于表长，插入 x 作为最后一个元素。O(n)
template <class T>
Node<T>* SinglyList<T>::insert(int i, T x)
{
    Node<T> *front=this->head;                         //front 指向头结点
    for (int j=0; front->next!=NULL && j<i; j++)       //遍历部分单链表寻找插入位置
        front=front->next;                             //循环停止时，front 定位到第 i-1 个结点或最后一个结点
    front->next = new Node<T>(x, front->next);
                                                       //在 front 之后插入 x 结点，包括头插入（i≤0）、中间/尾插入（i>0）
    return front->next;                                //返回插入结点地址
}
//删除第 i（≥0）个结点，返回被删除元素。若 i<0 或大于表长则抛出异常，O(n)
```

```
template <class T>
T SinglyList<T>::remove(int i)
{
    Node<T> *front=this->head;                            //front 指向头结点
    for (int j=0; front->next!=NULL && j<i;   j++)        //遍历部分单链表，front 定位到第 i-1 个结点
        front=front->next;
    if (i>=0 && front->next!=NULL)                        //当 front 的后继结点存在时，删除之
    {   Node<T> *q=front->next;                           //q 结点为 front 的后继结点
        T old = q->data;
        front->next = q->next;
        delete q;
        return old;                                       //执行 T 的拷贝构造函数
    }
    throw out_of_range("参数 i 指定元素序号超出范围");
}
```

【思考题 2-4】① 实现单链表 SinglyList 类声明的 count()等成员函数。

② 怎样在单链表的 p 结点之前插入一个结点？怎样删除 p 结点自身？

③ 用单链表实现例 2.1、例 2.2，分析各操作效率。对顺序表操作的函数，对单链表操作的效率如何？怎样修改才能使对单链表操作的效率最佳？

4. 单链表操作的效率分析

empty()函数的时间复杂度是 $O(1)$；count()函数要遍历单链表，时间复杂度是 $O(n)$。

单链表是一种顺序存取结构，不是随机存取结构。虽然可以直接访问第 0 个结点，但要访问其他结点，必须从 head 开始，沿着链的方向逐个结点寻找，直到所需的结点。访问第 i（$0 \leqslant i < n$）个结点必须进行 i 次 p=p->next 操作，因此，get(i)和 set(i, x)函数的时间复杂度是 $O(n)$。

设 front 指针指向在单链表中的一个结点，在 front 之后插入一个结点，或删除 front 的后继结点，时间复杂度都是 $O(1)$。插入或删除第 i 个结点，寻找第 i 个结点的时间复杂度是 $O(n)$，所以，insert(i, x)和 remove(i)函数的时间复杂度都是 $O(n)$。

如果声明在单链表最后插入元素的 insert(T x)函数，实现如下：

```
template <class T>
Node<T>* SinglyList<T>::insert(T x)                       //在单链表最后插入 x 元素结点
{   return insert(this->count(), x);                      //需两次遍历单链表，效率较低
}
```

执行 insert(this->count(), x)将两次遍历单链表，效率较低。改为如下，i 的实际参数取大于单链表长度的整数，则只需遍历一次。这就要求 insert(i, x)对于 i 提供容错功能，当 $i \geqslant$ count()时，遍历一次就将 x 结点插入在单链表最后。

```
return insert(9999, x);                                   //遍历一次
```

前述讨论的单链表插入和删除操作，都是在 front 指向的结点之后操作。如果要在 p 结点之前插入 q 结点，必须修改 p 前驱结点 front 的 next 域，如图 2.15 所示。由于单链表的结点没有存储前驱结点的地址，寻找 p 结点的前驱结点 front，必须从 head 开始再次遍历部分单链表，比较次数取决于 p 结点位置，时间复杂度是 $O(n)$。

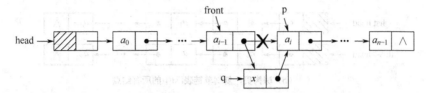

图 2.15　在 p 结点之前插入 q 结点，要寻找 p 的前驱结点 front

如果要删除单链表中指定的 p 结点，同样要从 head 开始查找 p 的前驱结点 front，再执行删除 front 后继结点的操作，如图 2.16 所示，时间复杂度是 $O(n)$。

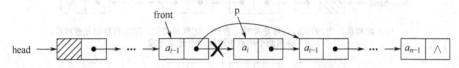

图 2.16　删除 p 结点，要寻找 p 的前驱结点 front

对单链表进行插入和删除操作只要改变少量结点的链，不需要移动数据元素。单链表中结点的存储空间是在插入和删除过程中动态申请和释放的，不需要预先给单链表分配存储空间，从而避免了顺序表因存储空间不足需要扩充空间和复制元素的过程，提高了运行效率和存储空间的利用率。

如果在单链表类中增加某些私有成员变量，则可提高某些操作效率。例如，增加成员变量 n 表示单链表长度，当插入一个元素时，n++；当删除一个元素时，n--，则可使 count() 函数的时间复杂度是 $O(1)$。同理，如果增加成员变量 rear 作为单链表的尾指针，指向单链表的最后一个结点，则在单链表最后进行插入操作的时间复杂度是 $O(1)$。这些措施虽然能够提高效率，但也增加了程序维护的困难，特别是在子类中。

5. 单链表的浅拷贝与深拷贝

C++语言为 SinglyList 类提供的默认拷贝构造函数声明如下，默认赋值运算亦然。

```
template <class T>
SinglyList<T>::SinglyList(SinglyList<T> &list)   //默认拷贝构造函数，浅拷贝
{    this->head = list.head;                     //指针赋值，导致两个对象指向同一条单链表，析构出错
}
```

两个单链表的头指针之间赋值，this->head 获得 list.head 存储的地址，导致两条单链表的两个头指针指向同一个结点，如图 2.17（a）所示，这是浅拷贝，它没有复制单链表，导致两个对象共用一条单链表，执行两次析构函数将因两次释放同一个结点而出现运行错误。

复制一条单链表，意为当前单链表对象复制参数单链表 list 中的所有结点，称为深拷贝，如图 2.17（b）所示。当 T 的实际参数是类时，构造结点将执行 T 的赋值运算，是否复制元

素对象，取决于 T 的赋值运算是浅拷贝或深拷贝，如图 2.17（c）～（d）所示。

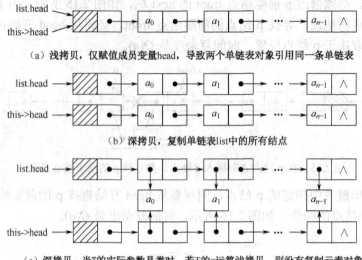

（a）浅拷贝，仅赋值成员变量head，导致两个单链表对象引用同一条单链表

（b）深拷贝，复制单链表list中的所有结点

（c）深拷贝，当T的实际参数是类时，若T的=运算浅拷贝，则没有复制元素对象，
导致两个结点引用同一个元素对象

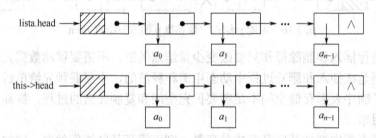

（d）深拷贝，当T的实际参数是类时，若T的=运算深拷贝，则复制元素对象

图 2.17　单链表的浅拷贝与深拷贝

SinglyList 类声明深拷贝构造函数、重载=赋值运算符的函数实现省略。

【例 2.3】连接两条单链表。

本题目的：① 理解对象（单链表）的浅拷贝与深拷贝。② 理解对象参数与引用参数的区别。③ 理解两个指针指向同一个结点，析构时存在重复释放存储单元问题。

SinglyList 类声明重载+=运算符函数如下：

```
//将 list 链接在当前单链表之后，首尾相接合并成一条单链表
template <class T>
void SinglyList<T>::operator+=(SinglyList<T> &list)
{
    Node<T> *rear=this->head;
    while (rear->next!=NULL)                 //找到当前单链表的最后一个结点
        rear = rear->next;
    rear ->next = list.head->next;           //两条单链表首尾相接连接合并成一条单链表
    list.head->next = NULL;                  //设置 list 单链表为空，否则运行错
}
```

调用程序如下：

```
#include "SinglyList.h"                                    //单链表类
int main()
{
    SinglyList<char> lista("abc",3), listb("xy",2);       //创建单链表
    lista += listb;                                        //将 listb 链接在 lista 之后
    cout<<"lista: "<<lista<<"listb: "<<listb;              //输出单链表
    return 0;
}
```

程序运行结果如下：

```
lista: (a, b, c, x, y)
listb: ()
```

【问题】① +=(list)函数在连接操作后将 list 单链表设置为空，为什么？

② 如果+=(list)函数的 list 声明为对象参数，而非引用参数，将会怎样？

【答】（1）引用参数，必须设置 list 参数单链表为空。当+=(&list)函数的 list 声明为引用参数时，参数传递原则是"引用参数传递对象引用"。设已创建两个单链表对象 lista 和 listb，如图 2.18 所示。

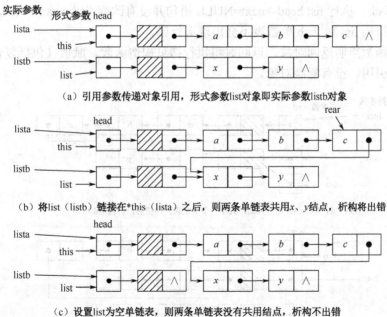

（a）引用参数传递对象引用，形式参数list对象即实际参数listb对象

（b）将list（listb）链接在*this（lista）之后，则两条单链表共用x、y结点，析构将出错

（c）设置list为空单链表，则两条单链表没有共用结点，析构不出错

图 2.18　引用参数时连接单链表

① 调用 lista += listb 函数，形式参数 list 引用实际参数 listb 对象，list 就是 listb。

② 将 list（listb）链接在*this（lista）之后，使得 lista、listb 两条单链表共用 x、y 等结

点。当 main()函数运行结束时，先析构 listb 单链表，再析构 lista 时将出现运行错。因为此时，x 结点已被 listb 对象释放了，lista 对象再试图释放 x 结点，产生运行错。这是一个普遍性问题，例如，当两个指针 p、q 指向同一个地址时，通过一个指针 p 释放了存储单元，而另一个指针 q 仍然保存原地址，再通过 q 指针访问或释放，将产生运行错。

③ 如果执行 list.head->next=NULL 语句将 list 设置为空单链表，则两条单链表 lista 和 listb 没有共用结点，析构不会产生运行错。

（2）对象参数，对象浅拷贝和深拷贝的差别。当+=(list)函数的 list 声明为如下对象参数时，参数传递原则是"值参数传递值"，即执行对象参数的拷贝构造函数，形式参数获得实际参数复制的对象。

```
void SinglyList<T>:: operator+=(SinglyList<T> list)                //对象参数
```

设已创建两个单链表对象 lista 和 listb，调用 lista += listb 函数，形式参数 list 获得实际参数 listb 复制对象，如图 2.19 所示。

① 浅拷贝，list.head=listb.head，指针赋值，形式参数 list 的 head 获得实际参数对象 listb 的 head 指针值，导致两个对象共用一条单链表；连接后，虽然设置 list 为空单链表，没有共用结点问题。但是，析构时仍然会产生运行错。因为，当+=(list)函数运行结束时，析构 list 单链表，释放了头结点；当 main()函数运行结束时，再析构 listb 单链表，还要释放同一个头结点，将出现运行错。

② 深拷贝，形式参数 list 获得实际参数 listb 的复制单链表，此时，连接在 lista 之后的是 list，而非 listb，执行 list.head->next=NULL 语句并没有改变 listb.head->next，输出 listb，仍然是原值，析构 list 和 listb 单链表不会出现运行错。

同理，若函数声明返回对象，返回时将执行拷贝构造函数。赋值（包括复合赋值）函数声明返回对象引用，没有复制对象。

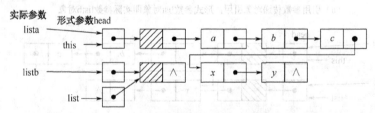

（a）浅拷贝，list.head=listb.head，共享一条单链表；连接后，析构listb出错

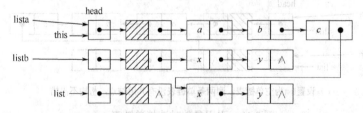

（b）深拷贝，形式参数list获得实际参数listb的复制，*this连接的是list单链表，而不是listb，析构不出错

图 2.19 对象参数时连接单链表

6．排序单链表

在一条排序单链表中插入一个元素值为 x 结点，插入位置由 x 的关键字值与单链表中各结点比较 data 域值大小后决定。确定插入位置的算法是顺序查找，即从单链表的第 0 个结点开始，将元素 x 依次与当前结点的 data 值比较大小，一旦找到一个比 x 值大的结点 p，则应将 x 插入在 p 结点之前，此时需要记住 p 的前驱结点 front，将 x 插入在 front 结点之后。由 {41,5,67,41,97,1,26,19} 序列元素构造排序单链表的过程如图 2.20 所示。

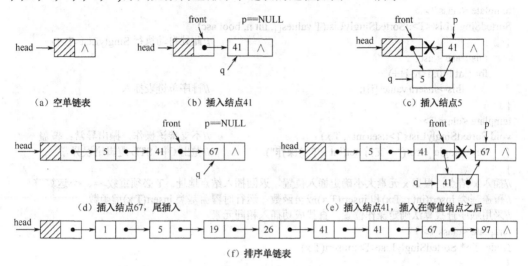

图 2.20　构造排序单链表

排序单链表类 SortedSinglyList 声明如下，继承单链表类。其中，成员变量 asc 约定排序次序特性，状态为升序或降序。类型参数 T 必须重载==、!=、>、>=、<、<=关系运算符，提供比较对象大小的功能。

```
#include "SinglyList.h"                //单链表类
//排序单链表类，继承单链表类，T 必须重载==、!=、>、>=、<、<=关系运算符
template <class T>
class SortedSinglyList : public SinglyList<T>
{
  private:
    bool asc;                          //排序次序约定，取值为 true（升序）、false（降序）

  public:
    SortedSinglyList(bool asc=true);                //构造空排序单链表，asc 指定升序（true）或降序（false）
    SortedSinglyList(T values[], int n, bool asc=true);    //构造排序单链表，由数组提供元素
    SortedSinglyList(SinglyList<T> &list, bool asc=true);   //由单链表构造排序单链表

    void set(int i, T x);              //不支持该操作，抛出异常；覆盖
    Node<T>* insert(T x);              //插入，根据 x 元素大小确定插入位置；覆盖
    void insertUnrepeatable(T x);      //插入不重复元素，返回插入结点地址；覆盖
    Node<T>* search(T key);            //顺序查找首次出现的关键字为 key 元素；覆盖
    void removeFirst(T key);           //删除首次出现的关键字为 key 元素的结点；覆盖
};
```

SortedSinglyList 类部分成员函数实现如下：

```
template <class T>
SortedSinglyList<T>::SortedSinglyList(bool asc)        //构造空排序单链表，asc 指定升序或降序
{                                                      //此处自动执行 SinglyList<T>()，创建头结点
    this->asc = asc;
}
//构造排序单链表，由 values 数组提供元素，n 指定 values 数组长度，asc 指定升序、降序
template <class T>
SortedSinglyList<T>::SortedSinglyList(T values[], int n, bool asc)
{                                                      //此处自动执行 SinglyList<T>()
    this->asc = asc;
    for (int i=0; i<n; i++)
        this->insert(values[i]);                       //排序单链表插入
}
template <class T>
void SortedSinglyList<T>::set(int i, T x)              //不支持该操作，抛出异常；覆盖
{   throw logic_error("不支持 set(int i, T x)操作");    //抛出 C++ STL 逻辑错误异常
}
//插入 x 结点，根据 x 元素大小确定插入位置，返回插入结点地址。T 必须重载>=、<=运算符
//覆盖基类 insert(int i, T x)和 insert(T x)成员函数；运行时覆盖基类 insert(T x)虚函数
//采用顺序查找算法确定操作位置，查找成功插入相同元素。
template <class T>
Node<T>* SortedSinglyList<T>::insert(T x)
{
    Node<T> *front=head, *p=head->next;                //front 是 p 的前驱结点
        //以下循环先寻找 x 的插入位置，插入 x 在等值结点之后。升序时比较>=；降序时比较<=
    while (p!=NULL && (asc ?  x>=p->data : x<=p->data))
    {   front = p;                                     //记住 p 的前驱 front
        p = p->next;
    }
    Node<T> *q = new Node<T>(x, p);
    front->next = q;                                   //插入在 front 结点之后
    return q;
}
//删除首次出现的关键字为 key 元素的结点。覆盖基类 removeFirst(T key)成员函数。
//采用顺序查找算法确定操作位置，查找成功删除，否则不删除。T 必须重载==、>、<运算符
template <class T>
void SortedSinglyList<T>::removeFirst(T key)
{
    Node<T> *front=head, *p=head->next;                //front 是 p 的前驱结点
    while (p!=NULL && (asc ?  key>p->data : key<p->data))  //T 必须重载>或<
    {   front = p;
        p = p->next;
    }
    if (p!=NULL && key==p->data)                       //T 必须重载==，用于识别对象
    {   front->next = p->next;                         //删除 p 结点
        delete p;
    }
}
```

【思考题 2-5】实现排序单链表类的 search(key)等其他成员函数，search(key)查找，升序时，一旦遍历到大于 key 的结点，则可确定查找不成功。

7. 循环单链表

如果单链表最后一个结点的 next 链保存单链表的头指针 head 值，则该单链表成为环形结构，称为**循环单链表**（Circular Singly Linked List），如图 2.21 所示。

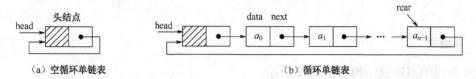

（a）空循环单链表　　　　　　　　　　（b）循环单链表

图 2.21　循环单链表

循环单链表的结点同单链表结点类 Node，当 head->next==head 时，循环单链表为空。其他操作算法与单链表相同。差别是，插入结点时，执行下列语句，使之成为一条循环单链表，设 rear 指针指向单链表最后一个结点。

```
rear->next = head;
```

2.3.3　双链表

每个结点有两个地址域的线性链表称为**双链表**（Doubly Linked List），两个地址域分别指向前驱结点和后继结点。

在单链表中，每个结点只有一个指向后继结点的链。若要查找前驱结点，必须从单链表的头指针开始沿着链表方向逐个检测，操作效率很低。此时，需要采用双链表。

1. 双链表结点

双链表结点类 DoubleNode 声明如下：

```
template <class T>
class DoubleNode                        //双链表结点类，T 指定结点的元素类型
{
  public:
    T data;                             //数据域，保存元素
    DoubleNode<T> *prev, *next;         //地址域（指针域），分别指向前驱结点和后继结点

    DoubleNode()                        //构造结点，data 域未初始化
    {   this->prev = this->next = NULL;
    }
    //构造结点，data 指定数据元素；prev 指定前驱结点地址；next 指定后继结点地址，默认空
    DoubleNode(T data, DoubleNode<T> *prev=NULL, DoubleNode<T> *next=NULL)
    {
        this->data = data;              //执行 T 的=赋值运算
        this->prev = prev;
        this->next = next;
```

```
    }
};
```

注意：DoubleNode 构造函数有两个缺省参数，当只有一个参数时，意为后一个参数缺省。例如：

```
DoubleNode<T> *p = new DoubleNode<T>(x, front);      //front 指定前驱结点，后继结点为空
```

2. 双链表

带头结点的双链表结构如图 2.22 所示。

（a）空双链表

head

（b）双链表

图 2.22　双链表

① 空双链表，只有头结点，head->next==NULL 且 head->prev==NULL。
② 非空双链表，设 p 指向双链表中非两端的某个结点，有下列关系成立：

p->next->prev==p 且 p->prev->next==p

　　虽然双链表比单链表在结点结构上增加了一个指向前驱结点的链，但给链表的操作带来很大的方便，能够直接获得一个结点的前驱结点和后继结点，能够沿着向前、向后两个方向对双链表进行遍历操作。双链表的判空、遍历等操作与单链表类似，在此不重复讨论，以下讨论双链表的插入和删除操作。

（1）双链表的插入操作

在双链表中插入一个结点，可在指定结点之前或之后插入，如图 2.23 所示。

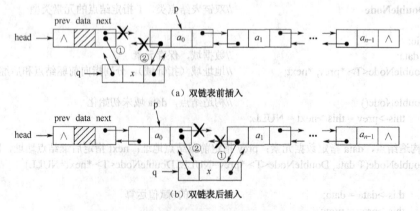

（a）双链表前插入

（b）双链表后插入

图 2.23　双链表在 p 结点之前插入值为 x 结点

设 p 指向双链表的某个结点，在 p 结点之前插入值为 x 结点语句如下：

```
DoubleNode<T> *q = new DoubleNode<T>(x, p->prev, p);    //插入在 p 结点之前
p->prev->next = q;                                      //因有 p->prev!=NULL
p->prev = q;
```

【思考题2-6】图 2.23（a）、（b）中，如果①②两句次序颠倒，将会怎样？

（2）双链表的删除操作

设 p 指向双链表中的某个结点，删除由 p 指向结点的语句如下，操作如图 2.24 所示。

```
p->prev->next = p->next;                                //因有 p->prev!=NULL
if (p->next!=NULL)
    p->next->prev = p->prev;
delete p;
```

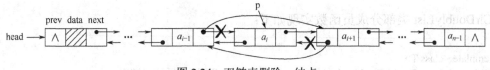

图 2.24　双链表删除 p 结点

3. 循环双链表

如果双链表最后一个结点的 next 链指向头结点，头结点的 prev 链指向最后一个结点，则构成**循环双链表**（Circular Doubly Linked List），如图 2.25 所示。

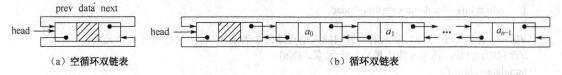

（a）空循环双链表　　　　　　　　　　　（b）循环双链表

图 2.25　循环双链表

空循环双链表有 head->next==head 且 head->prev==head。

循环双链表类 CirDoublyList 声明如下，其中 T 必须重载＝＝运算符

```
#include <iostream>
using namespace std;
#include "DoubleNode.h"                    //双链表结点类

template <class T>
class CirDoublyList                        //循环双链表类
{
  public:
    DoubleNode<T> *head;                   //头指针

    CirDoublyList();                       //构造空循环双链表
```

```
        CirDoublyList(T values[], int n);                    //构造循环双链表，由 values 数组提供元素
        ~CirDoublyList();                                    //析构函数

        bool empty();                                        //判断循环双链表是否为空
        int count();                                         //返回循环双链表长度
        T& get(int i);                                       //返回第 i（≥0）个元素
        virtual void set(int i, T x);                        //设置第 i（≥0）个元素为 x；虚函数
        friend ostream& operator<<<>(ostream& out, CirDoublyList<T>&);  //输出循环双链表
        void printPrevious();                                //输出循环双链表，从后向前，沿着前驱链
        DoubleNode<T>* insert(int i, T x);                   //插入 x 作为第 i（≥0）个结点
        virtual DoubleNode<T>* insert(T x);                  //在最后插入 x 元素结点；虚函数
        T remove(int i);                                     //删除第 i（≥0）个结点
        void removeAll();                                    //清空循环双链表
        DoubleNode<T>* search(T key);                        //查找关键字为 key 元素，返回结点，T 重载==
        virtual void operator+=(CirDoublyList<T> &list);     //将 list 链接在当前循环双链表之后；虚函数
    };
```

CirDoublyList 类部分成员函数实现如下：

```
    template <class T>
    CirDoublyList<T>::CirDoublyList()                        //构造空循环双链表
    {
        this->head = new DoubleNode<T>();                    //创建头结点
        this->head->prev = this->head->next = this->head;
    }
    template <class T>
    bool CirDoublyList<T>::empty()                           //判断循环双链表是否为空
    {   return this->head->next==this->head;
    }
    //插入 x 作为第 i（≥0）个元素，返回插入结点地址。若 i<0，插入 x 作为第 0 个元素；
    //若 i 大于表长，插入 x 作为最后一个元素。O(n)
    template <class T>
    DoubleNode<T>* CirDoublyList<T>::insert(int i, T x)
    {
        DoubleNode<T> *front=this->head;                     //front 指向头结点
        for (int j=0; front->next!=head && j<i; j++)         //遍历寻找插入位置
            front = front->next;                 //循环停止时，front 定位到第 i-1 个结点或最后一个结点
                //以下在 front 之后插入 x 结点，包括头插入（i≤0）、中间/尾插入（i>0）
        DoubleNode<T> *q = new DoubleNode<T>(x, front, front->next);
        front->next->prev = q;
        front->next = q;
        return q;                                            //返回插入结点地址
    }
    //在最后插入 x 元素结点，返回插入结点地址，O(1)
    template <class T>
    DoubleNode<T>* CirDoublyList<T>::insert(T x)
    {
        DoubleNode<T> *q = new DoubleNode<T>(x, this->head->prev, this->head);
        this->head->prev->next = q;                          //插入在头结点之前，相当于尾插入
```

```
        this->head->prev = q;
        return q;
}
//删除第 i (≥0) 个结点，返回被删除元素。若 i<0 或大于表长则抛出异常，O(n)
template <class T>
T CirDoublyList<T>::remove(int i)
{
        DoubleNode<T> *p=this->head->next;
        for (int j=0;   p!=this->head && j<i;   j++)            //遍历寻找第 i 个结点，p 指向第 i 个结点
            p=p->next;
        if (i>=0 && p!=this->head)                              //删除 p 结点自己
        {   T old = p->data;
            p->prev->next = p->next;
            p->next->prev = p->prev;
            delete p;
            return old;                                         //执行 T 的拷贝构造函数
        }
        throw out_of_range("参数 i 指定元素序号超出范围");
}
```

【思考题 2-7】实现循环双链表类的 count() 等其他成员函数。

4．排序循环双链表

在排序循环双链表中插入一个值为 x 结点，首先要查找插入位置，从双链表的第 0 个结点开始，将元素 x 依次与当前结点的 data 值比较大小，一旦找到一个比 x 值大或等值结点 p，则将 x 插入在 p 结点之前。构造排序循环双单链表的过程如图 2.26 所示。

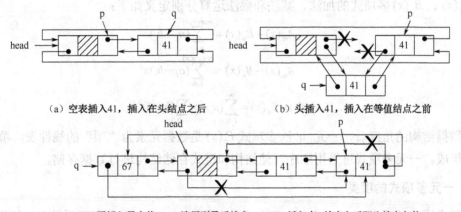

（a）空表插入41，插入在头结点之后　　　　（b）头插入41，插入在等值结点之前

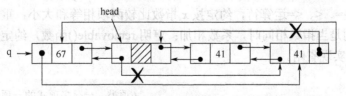

（c）尾插入最大值67，p 遍历到最后结点，$O(n)$，插入在 p 结点之后即头结点之前

（d）插入最大值67，不遍历，直接插入在头结点之前，$O(1)$

图 2.26　构造排序循环双链表

按照插入在较大值或等值结点之前的规则，当插入最大值结点时，如果 p 指针从头结点开始沿着 next 链寻找插入位置，在比较了链表中所有结点元素之后则又回到头结点 head，如图 2.26（c）所示，寻找插入位置所花时间为 $O(n)$。此时，可直接将 x 与最大值结点（head 的前驱）比较，则寻找插入位置所花时间为 $O(1)$，如图 2.26（d）所示。

2.4 线性表的应用：多项式的表示及运算

本节以多项式的表示及运算为例，讨论线性表的实际应用问题。多项式包括一元多项式和多元多项式。

2.4.1 一元多项式的表示及运算

一元 n 次多项式（Polynomial）数学表示形式如下，其中 n 是最高阶数，$P_n(x)$ 最多有 $n+1$ 项，a_i 是指数（exponent）为 i（$0 \leqslant i \leqslant n$）项（term）的系数（coefficient），各项按指数升幂排列。

$$P_n(x) = a_0 + a_1x + a_2x^2 + \Lambda + a_{n-1}x^{n-1} + a_nx^n = \sum_{i=0}^{n} a_ix^i$$

设多项式 $A_m(x)$ 和 $B_n(x)$ 表示如下：

$$A_m(x) = a_0 + a_1x + a_2x^2 + \Lambda + a_mx^m = \sum_{i=0}^{m} a_ix^i$$

$$B_n(x) = b_0 + b_1x + b_2x^2 + \Lambda + b_nx^n = \sum_{i=0}^{n} b_ix^i$$

$A_m(x)$、$B_n(x)$ 多项式的加法、减法和乘法运算分别定义如下：

$$A_m(x) + B_n(x) = \sum_{i=0}^{\max(m,n)} (a_i + b_i)x^i$$

$$A_m(x) - B_n(x) = \sum_{i=0}^{\max(m,n)} (a_i - b_i)x^i$$

$$A_m(x) \times B_n(x) = \sum_{i=0}^{m} (a_ix^i \times \sum_{i=0}^{n} (b_ix^i))$$

从数据结构的角度看，一元 n 次多项式 $P_n(x)$ 是数据元素为"项"的线性表，项由系数和指数组成。一元多项式可采用顺序存储结构和链式存储结构进行数据存储。

1. 一元多项式的项类

一元多项式的项类 TermX 声明如下，成员变量 coef、xexp 分别表示系数和 x 的指数；重载==、!=、>、>=、<、<=运算符，约定按 x 指数比较两项相等和大小；重载+=运算符，约定两项相加的规则是当指数相同时，系数相加；声明 removable() 函数，约定删除元素的条件是系数为 0。函数实现省略。

```
class TermX                                    //项类，一元多项式的一项
{
  public:
    double coef;                               //系数
```

```
        int xexp;                                                //x 变量指数，可为正、0
        TermX(double coef=0, int xexp=0);                        //构造一项，指定默认值
        TermX(char* termstr);                                    //以"系数 x^指数"形式字符串构造一项

        friend ostream& operator<<(ostream& out, const TermX& term);        //重载<<输出流运算符
        bool operator==(TermX& term);                            //按 x 指数比较两项是否相等
        bool operator!=(TermX& term);
        bool operator<(TermX& term);                             //按 x 指数比较两项大小
        bool operator<=(TermX& term);
        bool operator>(TermX& term);
        bool operator>=(TermX& term);
        void operator+=(TermX& term);                            //重载+=，约定两元素相加规则
        bool removable();                                        //约定删除元素条件
    };
```

其中，各项输出规则是，当系数为 1 或–1 且指数>0 时，省略 1，–1 只写负号 "–"；当指数为 0 时，省略 x^0；当指数为 1 时，省略^1，只写 x。

2. 一元多项式的顺序存储结构

为便于进行多项式运算，使用排序顺序表对象存储多项式，各项按指数升序顺序排列。多项式 $A_n(x) = 2 - x + x^2 - 9x^4 + 2x^7 - 7x^9$ 的顺序表存储表示如图 2.27 所示。在顺序表中，按指数查找项，插入和删除操作需要移动其他项，查找、插入和删除操作的时间复杂度为 $O(n)$。

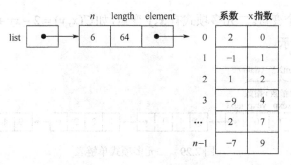

图 2.27　多项式顺序表

3. 一元多项式的链式存储结构

采用多项式的链表表示可以克服上述困难：多项式的项数可以动态地增长，不存在存储溢出问题；插入、删除方便，不需要移动元素。

采用一条排序单链表表示一个一元多项式，结点 data 数据域的数据类型是项类 TermX，各结点按项的 x 指数递增顺序链接。多项式 $A_n(x) = 2 - x + x^2 - 9x^4 + 2x^7 - 7x^9$ 的单链表存储结构如图 2.28 所示。

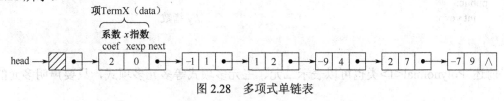

图 2.28　多项式单链表

多项式排序单链表类 Polynomial 声明如下，它继承排序单链表类，提供多项式相加含义的两条排序单链表的合并运算(+=、+)，函数实现省略。要求模板参数 T 必须重载==、!=、>、>=、<、<=、+=运算符，并提供 removable()函数，约定相加后元素的删除条件。其中，>、>=、<、<=运算符约定比较对象大小的排序规则，==、!==约定排序序列的查找条件。

```
#include "SortedSinglyList.h"                    //排序单链表
template <class T>
class Polynomial : public SortedSinglyList<T>    //多项式排序单链表类，继承排序单链表类
{
  public:
    Polynomial(){}                               //构造函数，自动执行基类构造函数 SortedSinglyList<T>()
    Polynomial(T terms[], int n): SortedSinglyList(terms, n){}    //构造函数，由项数组提供各项值
                                                 //声明调用基类构造函数 SortedSinglyList<T>(T[], int)
    Polynomial(char* polystr);                   //由字符串构造多项式
    void print();                                //输出多项式
    void operator+=(Polynomial<T> &poly);        //*this 与 poly 多项式相加
    Polynomial<T> operator+(Polynomial<T> &poly);    //返回*this 与 poly 相加后的多项式
};
```

2.4.2　二元多项式的表示及运算

多元多项式有多个变量。二元多项式有 x、y 变量，如 $C(x,y) = 2 - xy + x^2 y^2 - 9x^4 y^3 + 2x^8 y^3$，其单链表如图 2.29 所示。

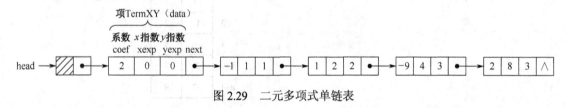

图 2.29　二元多项式单链表

三元多项式有 x、y、z 变量，如：

$$P(x,y,z) = x^{10} y^3 z^2 + 2x^6 y^3 z^2 - 6x^5 y^3 z^2 + 3x^4 y^3 z + 6x^3 y^4 z + 5yz + 21$$

二元多项式的项类 TermXY 声明如下，它继承一元多项式的项类 TermX，继承了 TermX 类的关系运算、+=运算和 removable()函数，但需要重载==运算符。

```
#include "TermX.h"
class TermXY : public TermX               //二元多项式的一项
{
  public:
    int yexp;                             //y 指数
};
```

前述 Polynomial<T>类也可以表示二元、三元多项式等多元多项式，只要声明多元的项

类。声明一个 Polynomial<TermXY>对象可存储一个二元多项式。

习 题 2

2-1　什么是线性表？线性表主要采用哪两种存储结构？它们是如何存储数据元素的？各有什么优缺点？它们是否是随机存取结构？为什么？

2-2　顺序表与数组有何不同？

2-3　为什么顺序表的插入和删除操作必须移动元素？平均需要移动多少元素？

2-4　以下声明有什么错误？为什么？

```
template <class T>
bool SeqList<T>::operator==(SeqList<T> &list)         //比较两个顺序表对象是否相等
{    return (this->n==list.n && this->element==list.element)
}
```

2-5　写出图 2.30 中数据结构的声明。

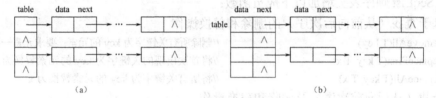

图 2.30　两种数据结构

2-6　Node 和 DoubleNode 类是否需要声明析构函数？为什么？

2-7　Node 和 DoubleNode 类的默认拷贝构造函数是怎样的？是否需要？为什么？

2-8　在（循环）单/双链表中，头结点有什么作用？

2-9　能否使用以下语句创建循环单链表的头结点？为什么？

```
head = new Node<T>(NULL, head);                       //创建循环单链表的头结点
```

2-10　双链表结点类 DoubleNode 能否声明为如下继承单链表结点类 Node？为什么？

```
template <class T>
class DoubleNode : public Node<T>                      //双链表结点类，继承单链表结点类
{    DoubleNode<T> *prev;                              //指向前驱结点的指针域
};
```

2-11　循环双链表类能否声明为如下继承单链表类，继承 head 成员变量？为什么？

```
template <class T>
class CirDoublyList : public SinglyList<T>             //循环双链表类，继承单链表类
```

实验 2　线性表的基本操作

1．实验目的和要求

理解和掌握线性表的概念、存储结构及操作要求，体会顺序和链式两种存储结构的特点；根据操作的不同要求，选择合适的存储结构，设计并实现算法，对算法进行时间复杂度和空间复杂度分析。通过实现对线性表各种操作的算法设计，达到掌握数据结构的研究方法、算

法设计和分析方法的目的。

要求熟练运用 C++语言实现数据结构设计和算法设计，了解程序运行过程中出现的各种错误。不仅要掌握在 Visual C++ 集成开发环境中编辑、编译和运行程序的基本技能，还要掌握设置断点、单步运行等程序调试技术，及时发现错误，针对不同的错误，采取不同的手段进行处理。

2. 重点与难点

本章程序设计训练的重点是单链表，要求掌握单链表的遍历、插入和删除等操作算法，通过指针表达和改变结点间的链接关系；熟悉循环单链表、双链表和循环双链表的结构和基本操作。

本章难点是，采用动态数组实现顺序存储结构；使用指针实现链式存储结构，动态分配结点占用的存储单元，通过指针操作改变结点间的链接关系。

3. 实验内容

2-1　SeqList 顺序表类增加以下成员函数：

① 基于查找（从前向后次序）的删除和替换操作

void removeAll(T key)	//删除所有关键字为 key 的元素；要求元素一次移动到位
void replaceFirst(T key, T x)	//将首次出现的关键字为 key 的元素替换为 x
void replaceAll(T key, T x)	//将所有关键字为 key 的元素替换为 x

② 查找（从后向前次序）及删除和替换操作

int searchLast(T key, int start)	//从 start 开始顺序查找最后出现的关键字为 key 的元素
void removeLast(T key)	//删除最后出现的关键字为 key 的元素
void replaceLast(T key, T x)	//将最后出现的关键字为 key 的元素替换为 x

③ SeqList 类增加以下对子表进行操作的成员函数，要求元素一次移动到位。

SeqList<T> sub(int i, int n)	//返回从第 i 个结点开始、长度为 n 的子表
bool contain(SeqList<T> &list)	//判断*this 线性单链表是否包含 list 所有结点
void insert(int i, SeqList<T> &list)	//复制 list 所有结点插入到*this 第 i 个结点前
void append(SeqList<T> &list)	//将 list 中所有结点复制添加到*this 最后
SeqList<T> operator+(SeqList<T> & list)	//返回*this 与 list 合并连接后的线性表
void remove(int i, int n)	//删除从第 i 个结点开始、长度为 n 的子表
SeqList<T> operator*(SeqList<T> & list)	//返回*this 与 list 的所有共同元素，交集
void operator-=(SeqList<T> & list)	//删除那些也包含在 list 中的元素，差集
SeqList<T> operator-(SeqList<T> & list)	//返回*this 与 list 的差集
void retainAll(SeqList<T> & list)	//仅保留那些也包含在 list 中的元素
int search(SeqList<T> &list)	//判断*this 是否包含与 list 匹配的子表
void removeAll(SeqList<T> &list)	//删除*this 中所有与 list 匹配的子表
void replaceAll(SeqList<T> &listkey, SeqList<T> &listx)	//将所有与 listkey 匹配子表替换为 listx
void random()	//将线性表元素随机排列

2-2　SortedSeqList 排序顺序表类增加以下成员函数：

SortedSeqList<T> operator+(SeqList<T> &list)	//返回将 list 顺序表元素插入到*this 的排序顺序表
SortedSeqList<T> operator+(SortedSeqList<T> &list)	//返回*this 与 list 合并后的排序顺序表

2-3　实现 SinglyList 单链表类的成员函数：

① 实现 SinglyList 单链表类声明的 count()等本章未给出的成员函数。

② 实现 2-1①题声明的基于查找的删除和替换操作。

③ SinglyList 类增加下列成员函数，按迭代方式遍历单链表。

Node<T>* first()	//返回单链表第 0 个元素结点（非头结点）
Node<T>* next(Node<T> *p)	//返回 p 的后继结点
Node<T>* previous(Node<T> *p)	//返回 p 的前驱结点
Node<T>* last()	//返回单链表最后一个元素结点

④ SinglyList 类增加以下操作：

bool isSorted(bool asc=true)	//判断是否已排序，asc 指定升序或降序
T max(SinglyList<T> &list)	//返回 list 单链表最大值，T 必须重载>
void reverse(SinglyList<T> &list)	//将单链表逆转

⑤ SinglyList 类增加对子单链表的操作，函数声明见实验题 2-1③。

2-4　整数单链表的计算。

double average(SinglyList<int> &list)	//返回整数单链表的平均值
double averageExceptMaxMin(SinglyList<int> &list)	//去掉最高分和最低分，再求平均值

2-5　SortedSinglyList 排序单链表类增加以下函数：

SortedSinglyList(SinglyList<T> &list, bool asc=true);　　//由 list 单链表构造排序单链表

2-6　分别声明循环单链表类 CirSinglyList、双链表类 DoublyList，实现操作同单链表。

2-7　分别声明排序循环单链表类 SortedCirSinglyList、排序双链表类 SortedDoublyList、排序循环双链表类 SortedCirDoublyList，实现操作同排序单链表。

2-8　使用线性表的一种存储结构（顺序表、单链表、循环单链表、双链表、循环双链表）作为成员变量实现以下声明的随机数序列类。

class Random	//随机数序列类
{	
Random(int n, int size, bool diff)	//生成 n 个随机数（范围 0～size-1），diff 指定互异否
int next()	//返回下一个随机数
void append(int n)	//添加 n 个随机数
}	
class SortedRandom:public Random	//排序随机数序列类，继承随机数序列类

2-9　☆Student 类增加重载<、>等功能，使用线性表的一种链式存储结构存储和管理学生成绩表，实现以下功能。（☆表示课程设计题，多颗表示难度等级）

① 存储和管理学生的多门课程成绩。

② 提供学生对象的插入、删除、查找操作。

③ 提供学生各门成绩的查询操作。

④ 提供统计指定课程的平均值功能。

⑤ 提供指定课程按优秀、良好、中等、及格、不及格五个等级统计人数功能。

⑥ 指定学生成绩表按学号排序，或按成绩排序。

⑦ 能够从文件中读取学生信息，并将学生信息的各种修改结果写入文件。

2-10　☆多项式运算。使用线性表的一种链式存储结构，实现一元、二元、三元多项式运算。

2-11　☆计算多边形面积。声明以下多个类：

① 坐标点类 Point。

② 直线类 Line，求直线的长度，点与直线的距离。

③ 三角形类 Triangle，求三角形的周长和面积，判断点是否在三角形内。

④ 多边形类 Polygon，使用线性表的一种链式存储结构存储多边形的多个坐标点，求多边形的周长和面积，合并共用边的两个多边形。其中求凸多边形面积的算法是，将多边形分割成若干个不重叠的三角形，再求这些三角形面积之和。

⑤ 声明正五边形、五角星、正六边形、六角星等继承 Polygon 类，计算周长和面积。

第3章

串

字符串（String，简称串）是由字符组成的有限序列，它是计算机中最常用的一种非数值数据。从逻辑结构看，串是一种特殊的线性表，其特殊性在于线性表中的每个元素是一个字符。作为一种抽象数据类型，串有自己的一组操作，其操作特点与线性表不同。

本章首先介绍字符串的基本概念，描述串抽象数据类型，分析顺序和链式两种存储结构存储串的特点；介绍采用顺序存储结构设计的字符串类 MyString 及其各种操作算法；最后介绍解决串的模式匹配问题的两种算法：Brute-Force 算法和 KMP 算法。本章重点是串类对子串的各种操作实现，以及两种串的模式匹配算法；难点是 KMP 模式匹配算法。

3.1 串抽象数据类型

1. 串的基本概念

（1）串定义

一个串是由 n（$\geqslant 0$）个字符组成的有限序列，记为 $s="s_0s_1 \text{L} \ s_{n-1}"$，其中 s 是串名，一对双引号括起来的字符序列 $s_0s_1 \text{L} \ s_{n-1}$ 是串值，$s_i(i=0,1,\text{L},n-1)$ 为特定字符集中的一个字符。一个串中包含的字符数称为串的长度。例如，字符串"data"的长度是 4，双引号不计入长度。长度为 0 的串称为空串，记作""。由多个空格字符构成的字符串" "称为空格串。

注意： 在 C/C++语言中，由单引号括起来的是字符常量，如'a'，数据类型是 char，占用 1 字节；由双引号括起来的是字符串常量，如"a"，数据类型是 char*，采用字符数组存储，以'\0'结束。两者存储结构不同，如图 3.1 所示。因此，只有空串""，没有''（两个连续的单引号）。

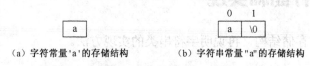

（a）字符常量'a'的存储结构　　　（b）字符串常量"a"的存储结构

图 3.1　字符常量和字符串常量的存储结构

一个字符在串中的位置称为该字符在串中的**序号**（Index），用一个整数表示。约定串中第一个字符的序号为 0，-1 表示该字符不在指定串中。

（2）子串

由串 s 中任意连续字符组成的一个子序列 sub 称为 s 的**子串**（Substring），s 称为 sub 的主串。例如，"at"是"data"的子串。特别地，空串是任意串的子串。任意串 s 都是它自身的子串。除自身外，s 的其他子串称为 s 的真子串。

　　子串的序号是指该子串的第一个字符在主串中的序号。例如，"dat"在"data"中的序号为 0。

（3）串比较

　　串的比较规则与字符比较规则有关，字符比较规则由所属字符集的编码决定，通常在字符集中同一字母的大小写形式有不同的编码。

　　两个串可比较是否相等，也可比较大小。两个串（子串）相等的充要条件是两个串（或子串）的长度相同，并且各对应位置上的字符也相同。

　　两个串的大小由对应位置的第一个不同字符的大小决定，字符比较次序是从头开始依次向后。当两个串长度不等而对应位置的字符都相同时，较长的串定义为较"大"。

2. 串抽象数据类型

　　串与线性表是不同的抽象数据类型，两者的操作不同。串抽象数据类型 String 声明如下，包括创建一个串、求串长度、读取/设置字符、求子串、插入、删除、连接、判断相等、查找、替换等操作，其中求子串、插入、查找等操作以子串为单位，一次操作可处理若干字符。

```
ADT String                                      //串抽象数据类型
{
    bool empty()                                //判断串是否为空
    int count()                                 //返回串长度
    char& operator[](int i)                     //重载下标运算符，引用第 i（≥0）个字符
    bool operator==(String &str)                //重载==运算符，比较两串是否相等
    bool operator<(String &str)                 //重载<运算符，比较两串大小
    String substring(int i, int len)            //返回从第 i 个字符开始长度为 len 的子串
    void insert(int i, String &str)             //在第 i 个字符处插入串 str
    void operator+=(String &str)                //重载+=运算符，在*this 之后连接 str 串
    void remove(int i, int len)                 //删除从第 i 个字符开始长度为 len 的子串
    int search(String &pattern)                 //返回首个与模式串 pattern 匹配的子串序号
    void removeAll(String &pattern)             //删除所有与 pattern 匹配的子串
    void replaceAll(String &pattern, String &str) //替换所有与 pattern 匹配的子串为 str
}
```

3.2　串的存储和实现

　　本节先讨论串的存储结构，再说明字符串类的实现方法。

3.2.1　串的存储结构

　　串有顺序存储和链式存储两种存储结构。

1. 串的顺序存储结构

　　串的顺序存储结构采用字符数组将串中的字符序列依次连续存储在数组的相邻单元中，如图 3.2 所示，通常数组容量 length 大于串长度 n。

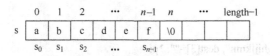

图 3.2 串的顺序存储结构

顺序存储的串具有随机存取特性，存取指定位置字符的时间复杂度为 $O(1)$；缺点是插入和删除元素时需要移动元素，平均移动数据量是串长度的一半；当数组容量不够时，需要重新申请一个更大的数组，并复制原数组中的所有元素。插入和删除操作的时间复杂度为 $O(n)$。

2. 串的链式存储结构

串的链式存储结构有单字符链表和块链表两种。单字符链表是每个结点的数据域只包含一个字符的单链表，块链表是每个结点的数据域包含若干个字符的单链表。两种单链表的结构如图 3.3 所示。

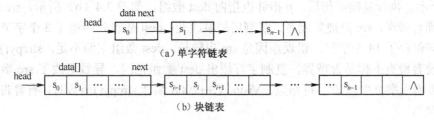

图 3.3 串的链式存储结构

链式存储的串，存取指定位置字符的时间复杂度为 $O(n)$；单字符链表虽然插入/删除操作不需要移动元素，但占用存储空间太多；块链表的插入和删除操作需要移动元素，效率较低。

3.2.2 使用 char*表示字符串存在错误

C/C++语言采用字符数组表示字符串，以 str[i]和字符指针形式对字符串 str 的第 i 个字符进行存取操作，并在 string.h 库文件中提供了实现字符串操作的函数，主要有：

```
unsigned strlen(const char *s);              //返回字符串 s 的长度（不包括'\0'）
char* strchr(const char *s, int c);          //返回 c 字符在 s 串中首次出现位置的地址
int strcmp(const char *s1, const char *s2);  //比较两个字符串是否相等及大小
                                             //若 s1 较小，返回-1；若 s1 与 s2 相等，返回 0；若 s1 较大，返回 1
char* strcpy(char *dest, const char *src);   //复制 src 串（包括'\0'）到 dest，返回 dest 地址
char* strcat(char *dest, const char *src);   //将 src 串（包括'\0'）连接到 dest 之后
char* strstr(const char *s1, const char *s2);//返回子串 s2 首字符在主串 s1 中的位置
```

【例 3.1】C/C++语言的 string.h 中 strcpy()和 strcat()函数存在下标越界错误。

本题目的：strcpy()和 strcat()函数存在下标越界错误；设计字符串类的必要性。

```
#include <iostream>
using namespace std;
#include <string.h>
```

```
int main()
{
    char src[]="abcdefghijlkmn", dest[3]="", *p;
    p = strcpy(dest, src);                          //复制 src 串（包括'\0'）到 dest，返回 dest 地址
    cout<<"src=\""<<src<<"\", dest=\""<<dest<<"\", p=\""<<p<<"\""<<endl;
    return 0;
}
```

程序运行结果如下，复制前后 src 和 dest 两个字符串占用的存储单元如图 3.4 所示。

src="mn", dest="abcdefghijklmn", p="abcdefghijklmn"   //有错误

程序运行时，系统为 src 和 dest 字符数组分配了存储空间，dest 空串的元素为 0，如图 3.4（a）所示。执行复制语句后，p 指针也指向 dest 数组，如图 3.4（b）所示，src 和 dest 的复制结果都有错误，src 是被复制者，复制后却被改变；dest 数组只声明了 3 个字节的存储空间，实际却保存了 14 个字符。错误原因是 src 串较长，dest 数组空间不足，strcpy()函数复制过程中，没有检查下标是否越界，复制字符超出 dest 数组范围，导致更改了 src 数组内容。printf()函数输出字符串以'\0'字符结束。Visual C++2008 编译 strcpy()函数时，有警告："strcpy 函数不安全"。

以字符数组方式表示字符串是不健壮、不安全的，它没有对数组所使用的存储空间进行控制，也没有对数组下标进行越界检查，会产生更改字符串结束符"\0"等错误，strcpy(char *, char *)函数甚至可以将一个长字符串复制到一个短字符串的字符数组中，字符数组使用超出其预定范围的存储空间，非法占用本不属于它的存储空间，导致随意更改其他变量值等严重错误，strcat(char *, char *)函数同样存在下标越界错误。

字符串不等同于字符数组，字符串只是采用字符数组作为其存储结构，它要实现字符串抽象数据类型所要求的操作。应该将字符串及其操作封装成字符串类，实现字符串抽象数据类型。

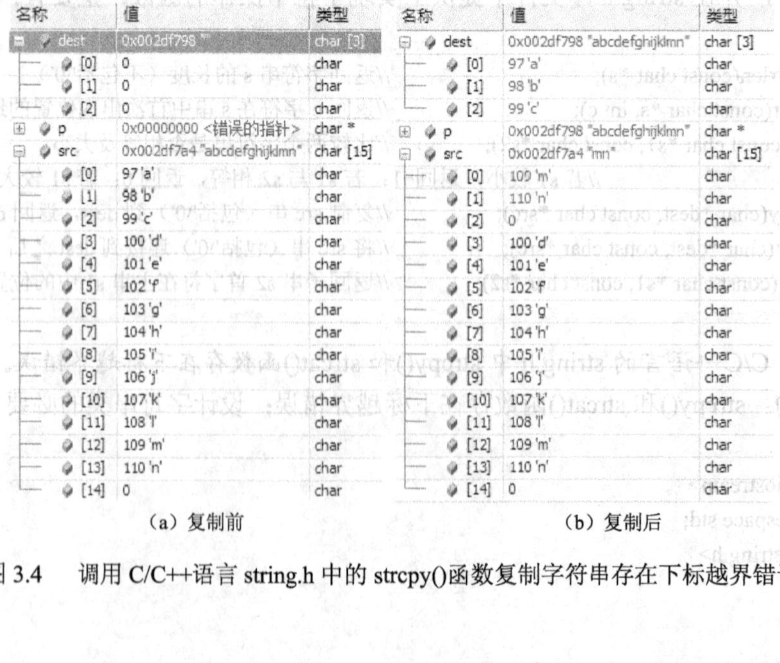

图 3.4   调用 C/C++语言 string.h 中的 strcpy()函数复制字符串存在下标越界错误

3.2.3 字符串类

将字符串及其操作封装成 MyString 字符串类声明如下，采用顺序存储结构表示变量串，存储结构见图 3.2。MyString 类有 3 个私有成员变量 element、length 和 n，分别表示字符数组、数组容量和串长度，0≤n≤length。为了与 C++字符串常量兼容，MyString 串的字符数组中也以'\0'作为串结束符。文件名为 MyString.h。

```cpp
#include <iostream>
using namespace std;
#include <string.h>

class MyString                                    //字符串类
{
  private:                                        //私有成员
      char *element;                              //动态字符数组
      int length;                                 //数组容量
      int n;                                      //串长度
      void init(char *s="", int length=32);       //初始化串，参数指定初值和容量
      void getNext(int next[]);                   //返回模式串 pattern 改进的 next 数组

  public:
      MyString(char *s="", int length=32);        //构造串对象，参数指定初值和容量
      MyString(char ch);                          //构造串对象，ch 指定字符初值
      MyString(MyString &str);                    //拷贝构造函数，深拷贝
      MyString& operator=(MyString &str);         //重载=赋值运算符，深拷贝
      MyString& operator=(char *str);             //支持赋值为字符串常量
      ~MyString();                                //析构函数

      bool empty();                               //判断串是否为空
      int count();                                //返回串长度
      char& operator[](int i);                    //重载下标运算符，引用第 i（≥0）个字符
      friend ostream& operator<<(ostream& out, MyString &str);    //重载<<输出流运算符
      void printPrevious();                       //反序输出，从后向前
      bool operator==(MyString &str);             //重载==运算符，!=、>、>=、<、<=声明省略
      void reverse();                             //将当前串逆转

      MyString substring(int i, int len);         //返回从第 i 个字符开始长度为 len 子串
      MyString substring(int i);                  //返回从第 i 个字符开始至串尾的子串
      void insert(int i, MyString &str);          //在第 i 个字符处插入 str 串
      void insert(int i, char ch);                //插入 ch 作为第 i 个字符
      void insert(int i, char* str);              //在第 i 个字符处插入 str 串
      void operator+=(MyString &str);             //重载+=运算符，在*this 之后连接 str 串
      void operator+=(char *str);                 //重载+=运算符，在*this 之后连接 str 串
      void operator+=(char ch);                   //重载+=运算符，在*this 之后连接 ch 字符
      MyString operator+(MyString &str);          //重载+运算符，返回*this 与 str 连接的串
      void remove(int i, int len);                //删除从第 i 个字符开始长度为 len 子串
      void remove(int i);                         //删除从第 i 个字符开始至串尾的子串
```

//以下返回在当前串从 start 开始首个与模式串 pattern 匹配的子串序号，匹配失败时返回−1
```cpp
int search(MyString &pattern, int start=0);
void removeFirst(MyString &pattern);                    //删除首个与 pattern 匹配的子串
void removeAll(MyString &pattern);                      //删除所有与 pattern 匹配的子串
void replaceFirst(MyString &pattern, MyString &str);    //替换首个与 pattern 匹配的子串为 str
void replaceAll(MyString &pattern, MyString &str);      //替换所有与 pattern 匹配的子串为 str
};
```

1. 字符串的基本操作

MyString 类声明构造、析构、深拷贝、赋值函数如下：

```cpp
void MyString::init(char *s, int length)
{
    this->n = strlen(s);                                //获得 s 串长度，strlen(s)定义在 string.h 中
    this->length = (n*2)>length ? (n*2) : length;       //指定数组容量，取 n*2、length 最大
    this->element = new char[this->length];             //申请字符数组
    for (int i=0; s[i]!='\0'; i++)                       //复制 s 字符串，strcpy(*,*)功能
        this->element[i] = s[i];
    this->element[this->n] = '\0';
}
//构造串对象，s 指定初值，接受 char*类型的字符串常量；length 指定数组容量，有默认值
MyString::MyString(char *s, int length)
{    this->init(s, length);
}
MyString::MyString(char ch)                             //构造串对象，ch 指定字符初值
{
    this->init("");
    this->n = 1;
    this->element[0] = ch;
    this->element[1] = '\0';
}
MyString::MyString(MyString &str)                       //拷贝构造函数，深拷贝
{    this->init(str.element);
}
MyString& MyString::operator=(MyString &str)           //重载=赋值运算符，深拷贝
{
    this->~MyString();                                  //调用析构函数，释放 element 数组空间
    this->init(str.element);                            //全部重新申请数组空间
    return *this;
}
ostream& operator<<(ostream& out, MyString &str)        //重载<<输出流运算符
{
    out<<"\""<<str.element<<"\"";                        //输出流支持以字符指针形式输出字符数组
    return out;
}
```

【思考题 3-1】实现 MyString 类声明的 empty()、count()、[]、printPrevious()、重载关系运算符、reverse()和析构等成员函数，其中[]抛出异常。

2．对子串的操作

（1）求子串

设有串 s，MyString 类声明 substring(i,len)函数，将当前串中从第 i（≥0）个字符开始长度为 len 的子串组成的串对象返回，没有改变当前串，算法描述如图 3.5 所示；若 len 参数缺省，则返回从 i 至串尾的子串。

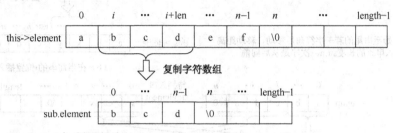

图 3.5 s.substring(i, len)返回 s 串的子串

两个重载 substring()函数实现如下：

```
//返回从第 i（0≤i<n）个字符开始长度为 len（≥0）的子串；len 容错，若 i+len>串长度 n，
//则复制到串尾。若 i<0 或 i≥n，或 len<0 则抛出异常
MyString MyString::substring(int i, int n)
{
    if (i>=0 && i<n && len>=0)
    {   if (len>n-i)                                    //len 容错
            len=n-i;                                    //i+len 最多到串尾
        MyString sub;                                   //创建空串对象
        sub.n = len;                                    //若 len=0，则返回空串
        for (int j=0; j<len; j++)
            sub.element[j] = this->element[i+j];
        sub.element[len]='\0';
        return sub;                                     //执行 MyString 的拷贝构造函数
    }
    else throw out_of_range("参数 i 指定字符序号或 len 超出范围");    //抛出范围越界异常
}
MyString MyString::substring(int i)                     //返回从第 i 个字符开始至串尾的子串
{   return substring(i, this->n-i+1);
}
```

调用语句如下：

```
MyString s1("abcdef");
cout<<s1<<".substring(1,3)="<<s1.substring(1,3)<<endl;
```

（2）插入串

在当前串第 i（≥ 0）个字符处插入 str 串，先将当前串中"$s_i \mathsf{L}\ s_{n-1}$"子串向后移动 str.n 个字符，再将 str 串中所有字符复制到当前串的 $i \sim i+$str.n-1 处，改变了当前串，而不变插入串 str，如图 3.6（a）～（b）所示。如果当前串字符数组的剩余空间不足，则必须扩充串容量，再申请一个更大容量的字符数组，并复制当前串的原字符数组，如图 3.6（c）所示。

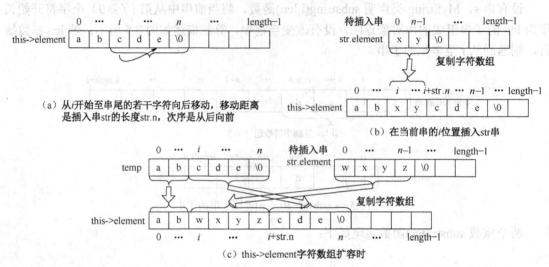

（a）从 i 开始至串尾的若干字符向后移动，移动距离是插入串 str 的长度 str.n，次序是从后向前

（b）在当前串的 i 位置插入 str 串

（c）this->element 字符数组扩容时

图 3.6 在当前串第 i 个字符处插入 str 串

MyString 类声明 insert() 函数实现如下：

```
//在第 i（≥0）个字符处插入 str 串。i 容错，若 i<0，插入在最前；若 i≥n，插入在最后
void MyString::insert(int i, MyString &str)
{
    if (str.n==0)   return;                          //若 str 为空串，则不操作
    if (i<0)    i=0;                                 //插入位置 i 容错，最前
    if (i>n)    i=n;                                 //最后
    char *temp = this->element;
    if (this->length <= this->n+str.n)              //若当前串的字符数组空间不足，则扩充容量
    {   this->length = (this->n+str.n+1)*2;          //指定数组容量
        this->element = new char[this->length];      //重新申请字符数组空间
        for (int j=0; j<i; j++)                      //复制当前串前 i-1 个字符
            this->element[j] = temp[j];
    }
    for (int j=this->n; j>=i; j--)      //从 i 开始至串尾的子串（包括'\0'）向后移动，次序是从后向前
        this->element[j+str.n] = temp[j];           //移动距离是插入串长度
    if (temp!=this->element)
        delete[] temp;                               //释放原数组空间
    for (int j=0; j<str.n; j++)                      //插入 str 串
        this->element[i+j] = str.element[j];
    this->n += str.n;
}
```

```
void MyString::insert(int i, char ch)                                    //插入 ch 作为第 i 个字符
{    this->insert(i, MyString(ch));
}
```

调用语句如下：

```
MyString s1("abcde"), s2("xy");
s1.insert(2, s2);
```

【思考题 3-2】实现 MyString 类声明的 insert(int i, char* str)成员函数，以及重载的+=、+ 运算符（字符串连接运算）。

（3）删除子串

在当前串中删除从第 i（≥0）个字符开始长度为 len 的子串，就是将第 $i+len$～n 个字符依次向前移动 len 个字符，即实现了删除子串功能，算法描述如图 3.7 所示。

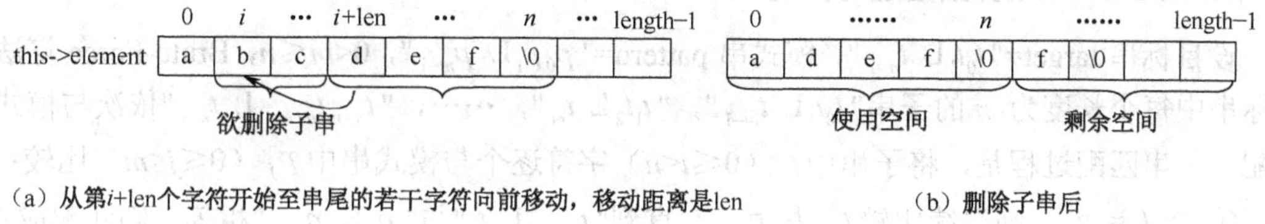

（a）从第$i+len$个字符开始至串尾的若干字符向前移动，移动距离是len   （b）删除子串后

图 3.7　删除从第 i 个字符开始长度为 len 的子串

两个重载 remove()函数实现如下：

```
//删除从第 i（0≤i<n）个字符开始长度为 len（>0）的子串。若 i 或 len 参数无效，则不操作。
//len 容错，若 i+len>串长度 n，则删除到串尾
void MyString::remove(int i, int len)
{
    if (i<0 || i>=this->n || len<0)
        return;
    if (len>n-i)                        //len 容错，若 i+len>串长度 n，则删除到串尾
        len = n-i;
    for (int j=i+len; j<=n; j++)        //从 i+len 开始至串尾的子串（包括'\0'）向前移动 len 个字符
        this->element[j-len] = element[j];
    this->n -= len;
}
void MyString::remove(int i)           //删除从第 i（≥0）个字符开始至串尾的子串
{    remove(i, this->n-i);
}
```

3.3　串的模式匹配

在进行文本编辑时，我们经常使用查找和替换操作，在当前文档的指定范围内查找一个

单词的位置，用另一个单词替换。替换操作的前提是查找操作，如果查找到指定单词，则确定了操作位置，可以将指定单词用另一个单词替换掉，否则不能进行替换操作。每进行一次替换操作，都要执行一次查找操作。那么，如何快速查找指定单词在文档中的位置，就是串的模式匹配算法需要解决的问题。

设有两个串：目标串 target 和模式串 pattern，在目标串 target 中查找与模式串 pattern 相等的一个子串并确定该子串位置的操作称为**串的模式匹配**（Pattern Matching）。匹配结果有两种：如果 target 中存在与 pattern 相等的子串，则匹配成功，给出该子串在 target 中的位置；否则匹配失败，给出适当的失败信息。

本节介绍两种模式匹配算法：Brute-Force 算法和 KMP 算法，以及应用模式匹配的替换子串和删除子串操作。

3.3.1　Brute-Force 算法

1. Brute-Force 算法描述与实现

设目标串 target=" $t_0 t_1 L\ t_{n-1}$ "，模式串 pattern=" $p_0 p_1 L\ p_{m-1}$ "，$0<m\leq n$，Brute-Force 算法将目标串中每个长度为 m 的子串" $t_0 t_1 L\ t_{m-1}$ "，" $t_1 t_2 L\ t_m$ "，……，" $t_{n-m} t_{n-m+1} L\ t_{n-1}$ "依次与模式串匹配。子串匹配过程是，将子串中 t_i（$0\leq i<n$）字符逐个与模式串中 p_j（$0\leq j<m$）比较：

① 若 $t_i = p_j$，则继续比较 t_{i+1} 与 p_{j+1}，直到" $t_{i-m+1} L\ t_i$ "与" $p_0 L\ p_{m-1}$ "相等，则匹配成功，返回模式串在目标串中匹配子串序号 $i-m+1$。

② 若 $t_i \neq p_j$，表示" $t_{i-j} L\ t_i$ "与" $p_0 L\ p_j$ "匹配失败，目标串下次匹配子串是" $t_{i-j+1} t_{i-j+2} L\ t_{i+1}$ "，从 t_{i-j+1} 开始继续与模式串 p_0 进行比较。此时，目标串回溯，从 t_i 退回到 t_{i-j+1}。

Brute-Force 算法模式匹配过程如图 3.8 所示，设 target="ababdabc"，pattern="abc"，查找成功返回子串序号 5，共进行 6 次匹配，字符比较 12 次。

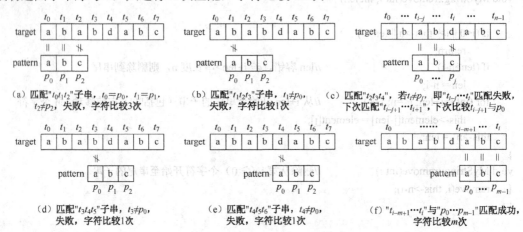

图 3.8　Brute-Force 模式匹配算法描述

MyString 类声明以下 search(pattern, start)函数，以当前串对象作为 target 目标串，采用 Brute-Force 模式匹配算法，从 start（$0\leq$ start$<n$）开始向后查找与 pattern 模式串匹配的子串，返回首个匹配子串的序号，匹配失败时返回-1。

```
//返回在当前串从 start 开始首个与模式串 pattern 匹配的子串序号，匹配失败时返回-1
int MyString::search(MyString &pattern, int start)
{
    int i=start, j=0;                            //i、j 分别为目标串和模式串当前字符下标
    while (i<this->n)
    {   if (this->element[i]==pattern.element[j])  //若当前两字符相等，则继续比较后续字符
        {   i++;
            j++;
        }
        else                                      //否则 i、j 回溯，进行下一次匹配
        {   i=i-j+1;                              //目标串下标 i 退回到下个匹配子串序号
            j=0;                                  //模式串下标 j 退回到 0
        }
        if (j==pattern.n)                         //一次匹配结束，匹配成功
            return i-j;                           //返回匹配子串序号
    }
    return -1;                                    //匹配失败时返回-1
}
```

调用语句如下：

```
MyString target("ababdabcd"), pattern("abc");
cout<<target<<".search("<<pattern<<")="<<target.search(pattern)<<endl;
```

【思考题 3-3】MyString 类声明以下函数：

```
//返回在当前串从 start 开始最后一个与模式串 pattern 匹配的子串序号，匹配失败时返回-1
int searchLast(MyString &pattern, int start=0)
```

在文件操作中，对不同类型的文件需要进行不同的操作，首先需要通过文件名获得文件扩展名。例如，判断指定文件名是否文本文件的调用语句如下：

```
filename.searchLast(".txt")
```

2. 模式匹配应用

对目标串 target 中与模式串 pattern 匹配的子串进行删除或替换操作，由于不知道 target 中是否包含与 pattern 匹配的子串以及子串的位置，所以，必须先执行串的模式匹配算法，在 target 串中查找到与 pattern 匹配子串的序号，从而确定删除或替换操作的起始位置。如果匹配失败，则不进行替换或删除操作。因此，串的模式匹配算法是删除子串和替换子串等操作的基础。

（1）删除子串

（全部）删除子串函数声明如下，首先在当前串（target）中查找与 pattern 匹配的子串序号 start，如果查找成功，则删除匹配子串，否则不执行删除操作。

```
void MyString::removeFirst(MyString &pattern)        //删除串中首个与 pattern 匹配的子串
{    remove(search(pattern), pattern.n);             //调用 remove(i,n)函数
}
void MyString::removeAll(MyString &pattern)          //删除串中所有与 pattern 匹配的子串
{
    int start=0;
    do
    {    start=search(pattern, start);
         remove(start, pattern.n);                   //调用 remove(i,n)函数
    } while (start!=-1);
}
```

调用语句如下：

```
MyString target("ababccdefabcabcgh"), pattern("abc");
cout<<target<<".removeAll("<<pattern<<")=";
target.removeAll(pattern);
cout<<target<<endl;
```

如果 target 串中有多个与 pattern 匹配的子串，则上述 removeAll(pattern)算法需要多次调用 remove(i,n)函数，一个字符将被移动多次才能到达其最终位置。以下改进 removeAll(pattern)算法，使字符一次移动到位。设 target="ababccdefabcabcgh"，pattern="abc"，m=pattern.n，i 表示待移动字符的最终位置，i 初值是 target 串中首个与 pattern 匹配子串序号；j 表示待移动字符的起始位置，j 初值是 $i+m$，即 i 匹配子串之后的字符下标；k 表示从 j 开始查找的下个匹配子串序号，算法描述如图 3.9 所示。

① 查找 target 串中首个与 pattern 匹配子串序号 i，删除从 i 开始长度为 m 的子串，即是将从 $i+m$（j）开始的若干字符向前移动到 i 位置处，字符移动范围到下个匹配子串序号 $k-1$。将从 j~$k-1$ 之间的若干字符向前移动到 i 开始处，完成删除一个匹配子串操作，i 变化到原 j 值，j 变化到原 k 值+m。

② 再次查找下个匹配子串序号 k，若 $j=k$，表示有两个连续的匹配子串，则没有移动字符。

③ 重复①~②操作，直到 $k=-1$，表示其后没有匹配子串，则将从 j~n（串尾）之间的若干字符（包括'\0'）向前移动到 i 开始处。

④ 设置目标串长度 n 值为 $i-1$。

改进的 removeAll(pattern)函数实现如下，每字符移动一次。

```
void MyString::removeAll(MyString &pattern)          //删除串中所有与 pattern 匹配的子串
{
    int i=this->search(pattern), k=i;                //i 为首个与 pattern 匹配子串序号
    while (k!=-1)                                     //每循环一次，删除一个匹配子串
    {    int j=k+pattern.n;                           //j 为匹配子串之后的字符下标
         k=this->search(pattern, j);                 //k 为从 j 开始查找的下个匹配子串序号
         while (k>0 && j<k || k<0 && j<=n)            //将 j~k-1 若干字符向前移动到 i 开始处
```

```
        this->element[i++] = element[j++];
    }
    if (i!=-1)
        this->n = i-1;                          //设置目标串长度
}
```

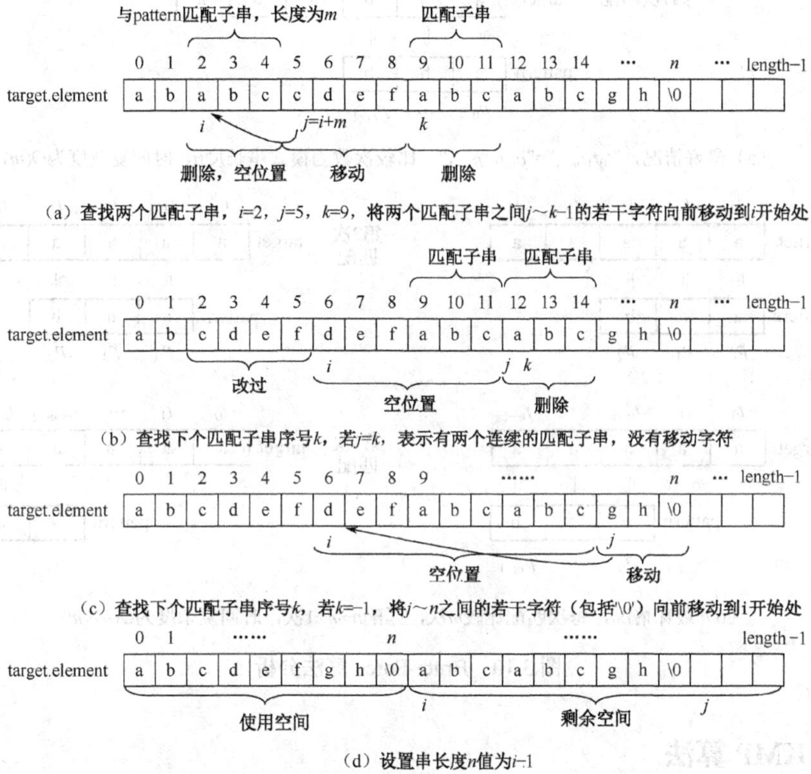

（a）查找两个匹配子串，i=2，j=5，k=9，将两个匹配子串之间的j～k-1的若干字符向前移动到i开始处

（b）查找下个匹配子串序号k，若j=k，表示有两个连续的匹配子串，没有移动字符

（c）查找下个匹配子串序号k，若k=-1，将j～n之间的若干字符（包括\0）向前移动到i开始处

（d）设置串长度n值为i-1

图 3.9 removeAll(pattern)函数删除所有匹配子串，每字符移动一次

（2）替换子串

替换子串操作，也需要先在当前串（target）中查找与 pattern 匹配的子串序号，如果查找成功，则删除匹配子串，再插入 str 替换串；否则不执行操作。

【思考题 3-4】实现 MyString 类声明的 replaceFirst(pattern, str)、replaceAll(pattern, str)成员函数，将当前串中首个/所有与 pattern 匹配的子串替换成 str 字符串。

3．Brute-Force 算法分析

模式匹配操作花费的时间主要用于比较字符。Brute-Force 算法简单，易于理解，但时间效率不高，算法分析如图 3.10 所示。

① 最好情况，第一次匹配即成功，目标串的"$t_0t_1 L\ t_{m-1}$"子串与模式串匹配，此时比较次数为模式串长度 m，时间复杂度为 $O(m)$。

② 最坏情况，每次匹配比较至模式串的最后一个字符，并且比较了目标串中所有长度为 m 的子串。每次匹配比较 m 次，匹配 $n-m+1$ 次，字符比较总数为 $m×(n-m+1)$，时间复杂

度为 $O(n \times m)$，因 $m \ll n$。例如，target="aaaaa"、pattern="aab"，匹配 4 次，字符比较 11 次。

Brute-Force 算法是一种带回溯的模式匹配算法，它将目标串中所有长度为 m 的子串依次与模式串匹配，这样虽然没有丢失任何匹配可能，但是每次匹配没有利用前一次匹配的比较结果，使算法中存在较多的重复比较，降低了算法效率。

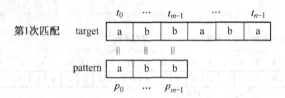

（a）最好情况，"$t_0 t_1 t_{m-1}$"="$p_0 p_1 p_{m-1}$"，比较次数为模式串长度 n，时间复杂度为 $O(m)$

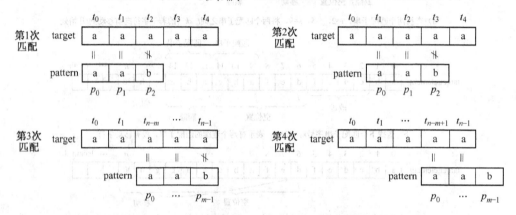

（b）最坏情况，每次匹配比较 m 次，匹配 $n-m+1$ 次，时间复杂度为 $O(n \times m)$

图 3.10　Brute-Force 算法分析

3.3.2　KMP 算法

KMP 算法是一种无回溯的模式匹配算法，它改进了 Brute-Force 算法，目标串不回溯。

1．目标串不回溯

Brute-Force 算法的目标串存在回溯，两个串逐个比较字符，若 $t_i \neq p_j$（$0 \leq i < n$，$0 \leq j < m$），则下次匹配目标串从 t_i 退回到 t_{i-j+1} 开始与模式串 p_0 比较。实际上，目标串的回溯是不必要的，t_{i-j+1} 与 p_0 的比较结果可由前一次匹配结果得到。如图 3.11 所示，设 "$t_0 t_1 t_2$" 与 "$p_0 p_1 p_2$" 匹配一次，有 $t_0 = p_0$，$t_1 = p_1$，$t_2 \neq p_2$，① 若 $p_1 \neq p_0$，则 $t_1 \neq p_0$，下次匹配从 t_2 与 p_0 开始比较；② 若 $p_1 = p_0$，则 $t_1 = p_0$，下次匹配从 t_2 与 p_1 开始比较。

即当 $t_2 \neq p_2$ 时，无论 p_1 与 p_0 是否相同，目标串下次匹配都从 t_2 开始比较，不回溯；而模式串将从某个位置（设 p_k）开始比较。这样减少了比较次数。

当两个串一旦遇到字符比较不等，$t_i \neq p_j$，下次匹配 t_i 将与模式串的 p_k（$0 \leq k < j$）比较，对于每个 p_j，k 取值不同。因此，如何求得这个 k，就成为 KMP 算法的核心问题。

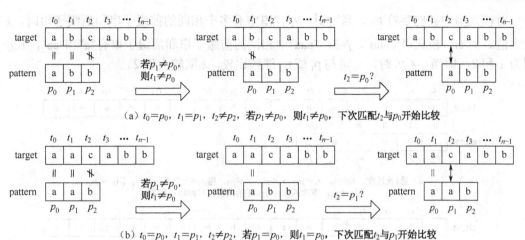

（a）$t_0=p_0$，$t_1=p_1$，$t_2\ne p_2$，若$p_1\ne p_0$，则$t_1\ne p_0$，下次匹配t_2与p_0开始比较

（b）$t_0=p_0$，$t_1=p_1$，$t_2\ne p_2$，若$p_1=p_0$，则$t_1=p_0$，下次匹配t_2与p_1开始比较

图 3.11　目标串不回溯

2．KMP 算法描述

设目标串 target="t_0t_1L t_{n-1}"，模式串 pattern="p_0p_1L p_{m-1}"，$0<m\le n$，KMP 算法每次匹配依次比较 t_i（$0\le i<n$）与 p_j（$0\le j<m$）：

① 若 $t_i=p_j$，则继续比较 t_{i+1} 与 p_{j+1}，直到"t_{i-m+1}L t_i"="p_0L p_{m-1}"，则匹配成功，返回模式串在目标串中匹配子串序号 $i-m+1$。

② 若 $t_i\ne p_j$，表示"t_{i-j}L t_i"与"p_0L p_j"匹配失败，目标串不回溯，下次匹配 t_i 将与模式串的 p_k（$0\le k<j$）比较。

KMP 算法描述如图 3.12 所示，设 target="abcdabcabbabcabc"，pattern="abcabc"。

① 有 $t_0=p_0$，$t_1=p_1$，$t_2=p_2$，$t_3\ne p_3$；因 $p_1\ne p_0$，则 $t_1\ne p_0$；因 $p_2\ne p_0$，则 $t_2\ne p_0$；下次匹配 t_3 与 p_0 开始比较，目标串不回溯。

② 若 $t_i\ne p_0$（$0\le i<n$），则下次匹配 t_{i+1} 与 p_0 比较。

③ 若 $t_i\ne p_j$（$0<j<m$），有"t_{i-j}L t_{i-1}"="p_0L p_{j-1}"；如果"p_0L p_{j-1}"串中存在相同的前缀子串"p_0L p_{k-1}"（$0\le k<j$）和后缀子串"p_{j-k}L p_{j-1}"，即

"p_0L p_{k-1}"="p_{j-k}L p_{j-1}"="t_{i-k}L t_{i-1}"

④ 下次匹配模式串从 p_k 开始继续与 t_i 比较。

至此，问题转化为对模式串中每一个字符 p_j，找出"p_0p_1L p_{j-1}"串中相同的最长前缀子串和后缀子串的长度 k，k 取值只与模式串有关，与目标串无关。

3．next 数组定义

由于模式串中每个字符 p_j 的 k 不同，将每个 p_j 对应 k 值保存在一个 next 数组中，根据上述分析，next 数组定义如下：

$$\text{next}[j]=\begin{cases}-1 & \text{当}j=0\text{时}\\ k & \text{当}0\le k<j\text{ 时且使"}p_0\cdots p_{k-1}\text{"="}p_{j-k}\cdots p_{j-1}\text{"的最大整数}\end{cases}$$

若 $j=0$，当 $t_i\ne p_0$ 时，接着从 t_{i+1} 与 p_0 开始比较，取 $k=-1$，见图 3.12（b）。

对模式串中某些字符p_j，当"$p_0 L \ p_{j-1}$"串中有多个相同的前缀子串和后缀子串时，k取较大值。例如，模式串"aaab"，$j=3$，"aaa"中相同的前缀子串和后缀子串有"a"和"aa"，长度分别为1和2，即当$t_i \neq p_3$时，t_i可与p_1或p_2继续比较，k取较大值2。

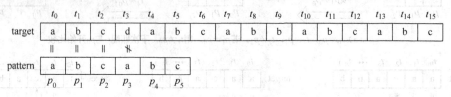

（a）第1次匹配，$t_0=p_0$，$t_1=p_1$，$t_2=p_2$，$t_3 \neq p_3$，因$p_1 \neq p_0$，则$t_1 \neq p_0$；因$p_2 \neq p_0$，则$t_2 \neq p_0$；下次匹配t_3与p_0开始比较，目标串不回溯

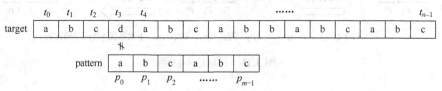

（b）第2次匹配，$t_3 \neq p_0$，下次匹配t_4与p_0开始比较

（c）第3次匹配，当$t_i \neq p_j$时，因"$p_0 \cdots p_{k-1}$"="$p_{j-k} \cdots p_{j-1}$"="$t_{i-k} \cdots t_{i-1}$"="ab"，即"$p_0 \cdots p_{j-1}$"中存在相同的前缀子串和后缀子串（长度$k=2$），则模式串下次匹配从p_k开始比较

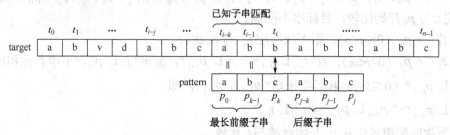

（d）第4次匹配，t_i继续与p_k比较

图3.12　KMP模式匹配算法描述

模式串"abcabc"的next数组如表3-1所示。

表3-1　模式串"abcabc"的next数组

j	0	1	2	3	4	5
模式串	a	b	c	a	b	c
"$p_0p_1 L \ p_{j-1}$"中最长相同前后缀子串的长度k	-1	0	0	0	1	2

当$j=0$时，next[0]=-1；

当$j=1,2,3$时，"a"、"ab"、"abc"都没有相同的前缀子串和后缀子串，next[j]=k=0；

当 $j=4$ 时，"abca"中相同的前缀子串和后缀子串是"a"，next[4]=k=1；

当 $j=5$ 时，"abcab"中相同的前缀子串和后缀子串是"ab"，next[5]=k=2。

4. KMP 算法实现

采用 KMP 算法的 search()函数如下，其中计算模式串 next 数组的 getNext()函数稍后给出。

```
//返回在当前串从 start（≥0）开始首个与模式串 pattern 匹配的子串序号，匹配失败时返回-1
int MyString::search(MyString &pattern, int start)
{
    int *next = new int[pattern.n];
    pattern.getNext(next);                              //求得模式串的 next 数组
    int i=start, j=0;                                   //i、j 为目标串、模式串当前字符序号
    while (i<this->n)
    {   if (j==-1 || this->element[i]==pattern.element[j])
        {   i++;                                        //继续比较后续字符
            j++;
        }
        else
            j=next[j];                                  //确定模式串下次比较字符序号
        if (j==pattern.n)                               //一趟比较结束，匹配成功
            return i-j;                                 //返回匹配的子串序号
    }
    return -1;
}
```

5. 计算 next 数组

采用逐个字符比较来判断一个字符串中有没有相同的前缀子串和后缀子串的算法行不通。例如，"ab"、"abc"、"abca"串，通过比较首尾字符是否相等，可知 $k=0$ 或 $k=1$；"abcab"串，由"a"≠"b"得到 $k=0$，算法不行。

采用逐个比较前后缀子串的算法，设 $k=1,2,3,\cdots$，可比较串中长度为 k 的前缀子串和后缀子串是否相等，这是穷举法也称蛮力法，效率较低。

KMP 算法充分利用前一次匹配的比较结果，由 next[j]逐个递推计算得到 next[$j+1$]。说明如下。

① 约定 next[0]=-1，-1 表示下次匹配从 t_{i+1} 与 p_0 开始比较；有 next[1]=0。

② 对模式串当前字符序号 j（$0 \leqslant j < m$），设 next[j]=k，表示在"$p_0 \text{L} p_{j-1}$"串中存在长度为 k 的相同的前缀子串和后缀子串，即"$p_0 \text{L} p_{k-1}$"="$p_{j-k} \text{L} p_{j-1}$"，$0 \leqslant k < j$ 且 k 取最大值。

③ 对 next[$j+1$]而言，考虑"$p_0 \text{L} p_{j-1}p_j$"串中是否存在相同的前后缀子串，又是一个模式匹配问题。KMP 算法增加一次字符比较，即可确定。注意，此时所求的是"$p_0 \text{L} p_{j-1}p_j$"串中最长的相同前后缀子串，已知"$p_0 \text{L} p_{k-1}$"="$p_{j-k} \text{L} p_{j-1}$"，如果 $p_k = p_j$，即"$p_0 \text{L} p_{k-1}p_k$"="$p_{j-k} \text{L} p_{j-1}p_j$"，最长的相同前后缀子串延长 1 个字符，则下一个字符 p_{j+1} 的 next[$j+1$]=k+1=next[j]+1。

例如，在表 3-1 中，由 next[3]=0，

因 $p_3 = p_0$='a'，则 next[4]=next[3]+1=1；

因 $p_4 = p_k$='b'，即" $p_0 p_1$ "="$p_3 p_4$ "="ab"，则 next[5]=next[4]+1=2。

④ 如果 $p_j \neq p_k$，在" $p_0 \mathrm{L}\ p_j$ "串中继续寻找较短的相同前后缀子串，较短前后缀子串长度为 next[k]，则 k=next[k]，再比较 p_j 与 p_k，继续执行③或④。例如，在表 3-2 中，当 j=11，k=5 时，" $p_0 \mathrm{L}\ p_{10}$ "（"abcabdabcab"）串中有" $p_0 \mathrm{L}\ p_4$ "="$p_6 \mathrm{L}\ p_{10}$ "="abcab"，因 $p_{11} \neq p_5$，需要寻找" $p_0 \mathrm{L}\ p_{10}$ "中是否有较短的相同前后缀子串；而 next[5]=2，表示"abcab"串中有" $p_0 p_1$ "=" $p_3 p_4$ "="ab"，导致" $p_0 p_1$ "=" $p_9 p_{10}$ "="ab"，表示" $p_0 \mathrm{L}\ p_{10}$ "中较短的相同前后缀子串是"ab"，因此 k=next[5]=2，如图 3.13 所示。再比较 $p_{11} = p_2$='c'，表示" $p_0 \mathrm{L}\ p_{10}p_{11}$ "（"abcabdabcabc"）串中有" $p_0 p_1 p_2$ "=" $p_9 p_{10} p_{11}$ "="abc"，则 next[12]=next[5]+1=3。

表 3-2 模式串"abcabdabcabcaa"的 next 数组

j	0	1	2	3	4	5	6	7	8	9	10	11	12	13
模式串	a	b	c	a	b	d	a	b	c	a	b	c	a	a
" $p_0 p_1 \mathrm{L}\ p_{j-1}$ "中最长相同的前后缀子串长度 k	-1	0	0	0	1	2	0	1	2	3	4	5	3	4

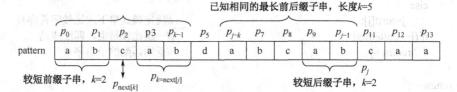

图 3.13 寻找较短的相同前后缀子串

MyString 类声明计算 pattern 模式串 next 数组的 getNext()私有函数如下：

```cpp
void MyString::getNext(int next[])        //获得模式串 pattern 的 next 数组，当前串*this 为 pattern
{
    next[0]=-1;
    int j=0, k=-1;
    while (j<this->n-1)                    //next 数组长度为 pattern.n
        if (k==-1 || element[j]==element[k])
        {
            j++;
            k++;
            next[j]=k;                     //有待改进
        }
        else   k=next[k];
}
```

6. 改进 next 数组

在图 3.12（c）中，当 $t_9 \neq p_5$ 时，下次匹配 t_9 与 $p_{k=next[j]} = p_2$ 比较，见图 3.12（d）；因 $p_5 = p_2$，则 $t_9 \neq p_2$，所以 t_9 不必与 p_2 比较，如图 3.14（a）所示；t_9 再与 $p_{next[2]} = p_0$ 比较，如图 3.14（b）所示。

改进 next 数组，再减少一些不必要的比较。当 $t_i \neq p_j$ 时，next[j]=k，若 $p_k = p_j$，可知 $t_i \neq p_k$，则下次匹配模式串从 $p_{\text{next}[k]}$ 开始比较，next[j]=next[k]。显然 next[k]<next[j]，next[j]越小，模式串向右移动的距离越远，比较次数也越少。

模式串"abcabc"改进的 next 数组如表 3-3 所示，因 $p_3 = p_0 =$'a'，则 next[3]=next[0]=−1。如此求出的 next 数组，不仅 next[0]值为−1，其他元素值也可能为−1。

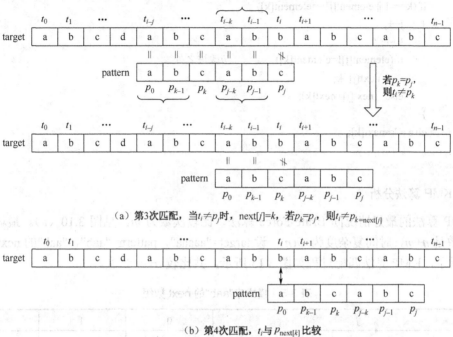

（a）第3次匹配，当$t_i \neq p_j$时，next[j]=k，若$p_k=p_j$，则$t_i \neq p_{k=\text{next}[j]}$

（b）第4次匹配，t_i与$p_{\text{next}[k]}$比较

图 3.14　KMP 算法的 next 数组可改进

表 3-3　模式串"abcabc"改进的 next 数组

j	0	1	2	3	4	5
模式串	a	b	c	a	b	c
"$p_0p_1 \text{L } p_{j-1}$"中最长相同的前后缀子串长度 k	−1	0	0	0	1	2
p_k 与 p_j 比较		≠	≠	=	=	=
改进的 next[j]	−1	0	0	−1	0	0

模式串"abcabdabcabcaa"改进的 next 数组如表 3-4 所示。

表 3-4　模式串"abcabdabcabcaa"改进的 next 数组

j	0	1	2	3	4	5	6	7	8	9	10	11	12	13
模式串	a	b	c	a	b	d	a	b	c	a	b	c	a	a
"$p_0p_1 \text{L } p_{j-1}$"中最长相同的前后缀子串长度 k	−1	0	0	0	1	2	0	1	2	3	4	5	3	4
p_k 与 p_j 比较		≠	≠	=	=	≠	=	=	=	=	=	≠	=	≠
改进的 next[j]	−1	0	0	−1	0	2	−1	0	0	−1	0	5	−1	4

计算改进 next 数组的 getNext(pattern)函数实现如下：

```
void MyString::getNext(int next[])                    //获得模式串 pattern 的 next 数组（改进）
{
    next[0]=-1;
    int j=0, k=-1;
    while (j<this->n-1)                               //next 数组长度为 pattern.n
        if (k==-1 || element[j]==element[k])
        {   j++;
            k++;
            if (element[j]!=element[k])               //改进之处
                next[j]=k;
            else   next[j]=next[k];
        }
        else   k=next[k];
}
```

7. KMP 算法分析

KMP 算法的最好情况同 Brute-Force 算法，比较次数为 m，见图 3.10（a）。最坏情况，比较次数是 $n+m$，时间复杂度为 $O(n)$。设 target="aaaaa"，pattern="aab"，"aab"的 next 数组如表 3-5 所示，KMP 算法匹配过程如图 3.15 所示，共比较 $n+m=8$ 次。

表 3-5　模式串"aab"的 next 数组

j		0	1	2
模式串		a	a	b
" $p_0 p_1$ L p_{j-1} "中最长相同的前后缀子串长度 k		−1	0	1
p_k 与 p_j 比较			=	≠
next[j]		−1	−1	1

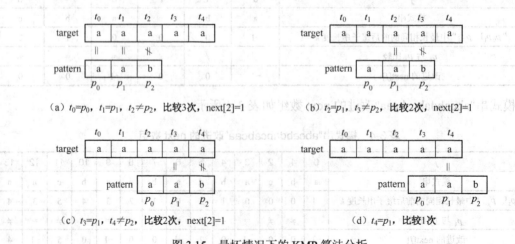

（a）$t_0=p_0$，$t_1=p_1$，$t_2≠p_2$，比较3次，next[2]=1　　　（b）$t_2=p_1$，$t_3≠p_2$，比较2次，next[2]=1

（c）$t_3=p_1$，$t_4≠p_2$，比较2次，next[2]=1　　　（d）$t_4=p_1$，比较1次

图 3.15　最坏情况下的 KMP 算法分析

习 题 3

3-1 "a"和'a'是否相同？为什么？

3-2 ""和"　"是否相同？为什么？

3-3 什么是串？串和线性表在概念上有何差别？串操作的主要特点有哪些？

3-4 串和字符的存储结构有什么不同？串的存储结构有几种？串通常采用什么存储结构？

3-5 哪些操作会改变串的长度？当串的存储空间不够时，应该如何处理？

3-6 MyString 类能否声明函数如下，为什么？

MyString& substring(int i, int len)　　　　　　//返回从第 i 个字符开始长度为 len 子串

MyString& substring(int i)　　　　　　　　　　//返回从第 i 个字符开始至串尾的子串

3-7 Brute-Force 模式匹配算法的主要特点是什么？算法思路是怎样的？在如图 3.16 所示情况下，是否会进行比较？能否避免这种比较？为什么？

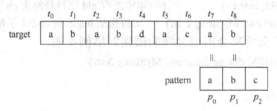

图 3.16　Brute-Force 模式匹配算法问题讨论

3-8 KMP 算法模式匹配的主要特点是什么？算法思路是怎样的？next 数组有什么作用？求 next 数组的算法有什么特点？

3-9 已知目标串为"abbaba"，模式串为"aba"，分别画出 BF 和 KMP 模式匹配算法过程，并给出比较次数。

3-10 分别求出以下各模式串的 next 数组，画出下列目标串和模式串的 KMP 算法模式匹配过程，并给出比较次数。

① target="ababaab", pattern="aab";

② target="aaabaaaab", pattern="aaaab";

③ target="acabbabbabc", pattern="abbabc";

④ target="acabcabbabcabc", pattern="abcabaa";

⑤ target="aabcbabcaabcaababc", pattern="abcaababc"。

实验 3　串的基本操作及模式匹配算法

1. 实验目的和要求

掌握串操作的特点和串类的设计方法,掌握 Brute-Force 和 KMP 模式匹配算法,理解 next 数组在 KMP 算法中的作用。

2. 重点与难点

重点：使用数组实现串类的各种操作算法，数组容量不足时扩充容量的方法。

难点：串的 KMP 模式匹配算法。

3. 实验内容

3-1 实现 MyString 类的声明并增加以下成员函数，并求各算法的时间复杂度。

void upperCase();	//将串中所有小写字母转换成大写字母
void lowerCase();	//将串中所有大写字母转换成小写字母
void remove(int i)	//删除第 i 个字符
void trim();	//删除串中所有空格
bool equalsIgnoreCase(MyString &str)	//判断两个串是否相等，忽略字母大小写
int compareTo (MyString &str);	//比较两串大小，返回两者不相等字符的差值，不调用 String
int compareToIgnoreCase(MyString &str)	//比较两个串大小，忽略字母大小写
bool startsWith(MyString &prefix)	//判断 prefix 是否前缀子串
bool endsWith(MyString &suffix)	//判断 suffix 是否后缀子串
int searchLast(char ch)	//返回 ch 在当前串中最后出现的序号
int searchLast(char ch, int start)	//返回 ch 从 start 开始最后出现的序号
void replace All (char old, char ch)	//将串中所有 old 字符替换为 ch 字符
void replace(int begin, int end, MyString &str)	//替换从 begin 到 end-1 子串为 str 串

3-2 以下算法在什么情况会出现怎样的错误？举例说明。

```
void MyString::replaceAll(MyString &pattern, MyString &str)
{
    int start=search(pattern);
    while (start!=-1)
    {   remove(start, pattern.n);
        insert(start, str);
        start=search(pattern, start+1);
    }
}
```

3-3 使用顺序表作为成员变量实现 MyString 类，要求插入、删除子串等操作的时间复杂度是 $O(n)$。

3-4 判断回文字符串。回文是一种"从前向后读"和"从后向前读"都相同的字符串。

3-5 判断标识符。C++标识符是以字母开头的字母数字串，字母包含下画线_，此定义包含关键字。实现以下函数。

bool isIdentifier(MyString &str)　　　　　　　　//判断字符串 str 是否为标识符

3-6 识别一个字符串中的所有标识符。例如，"a1+b2"中含有两个标识符 a1 和 b2。

3-7 声明 MyInteger 整数类如下，实现由整数或字符串构造整数对象，获得字符串表示的整数值，返回整数的十、二、八、十六进制形式字符串等功能。

```
class MyInteger                                //整数类
{
  private:
      int value;                               //整数
  public:
      static const int MIN_VALUE = 0x80000000; //最小值常量，−2³¹= −2147483648
      static const int MAX_VALUE = 0x7fffffff;  //最大值常量，2³¹−1=2147483647
      MyInteger(int value);                    //构造整数对象
```

MyInteger(char* str);   //由字符串构造整数
MyInteger(MyString &str);   //由字符串构造整数

//以下函数返回将 str 按 radix 进制转换的整数，2≤radix≤16，默认 10。
//若 str 不能转换成整数，则抛出异常
static int parseInt(char* str);
static int parseInt(MyString &str);
static int parseInt(MyString &str, int radix);

friend ostream& operator<<(ostream& out, MyInteger &i);   //输出整数的十进制字符串
static MyString toBinary(int value);   //返回整数的二进制字符串，32 位，0 和正数高位补 0
static MyString toOctal(int value);   //返回整数的八进制字符串
static MyString toHex(int value);   //返回整数的十六进制字符串
};

3-8 声明浮点数类 MyDouble，实现由浮点数或字符串构造浮点数对象，获得字符串表示的浮点数值等功能。两种实数语法图如图 3.17 所示。

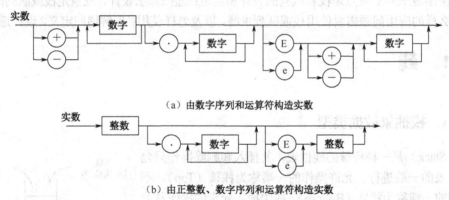

（a）由数字序列和运算符构造实数

（b）由正整数、数字序列和运算符构造实数

图 3.17 实数语法图

3-9 统计一个串中各字符的出现次数。

第4章

栈和队列

栈和队列是两种特殊的线性表，特殊之处在于插入和删除操作的位置受到限制，若插入和删除操作只允许在线性表的一端进行，则为栈，特点是后进先出；若插入和删除操作分别在线性表的两端进行，则为队列，特点是先进先出。栈和队列在软件设计中应用广泛。

本章介绍栈和队列抽象数据类型及它们的实现和应用，介绍优先队列；介绍求解递归定义问题的递归算法设计。重点是栈和队列的设计和实现；递归算法设计。难点是栈或队列的使用场合，即什么样的应用问题需要使用栈或队列求解，以及怎样使用；理解递归定义，设计递归算法。

4.1 栈

4.1.1 栈抽象数据类型

栈（Stack）是一种特殊的线性表，其插入和删除操作只允许在线性表的一端进行。允许操作的一端称为栈顶（Top），不允许操作的一端称为栈底（Bottom）。栈中插入元素的操作称为入栈（Push），删除元素的操作称为出栈（Pop）。没有元素的栈称为空栈。

由于栈的插入和删除操作只允许在栈顶进行，每次入栈元素即成为当前栈顶元素，每次出栈元素总是最后一个入栈元素，因此栈的特点是后进先出（Last In First Out）。就像一

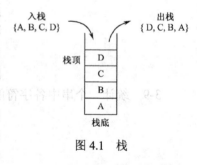

图 4.1 栈

摞盘子，每次将一只盘子摞在最上面，或者从最上面取一只盘子，不能从中间插进或抽出。

例如，将数据序列{A, B, C, D}中的元素依次全部入栈，如图 4.1 所示，再全部出栈，得到的出栈序列为{D, C, B, A}。

【思考题 4-1】给定一个数据序列，通过控制入栈和出栈时机，可以得到多种出栈排列。当入栈次序为 A, B, C, D 时，是否能得到出栈序列{A, B, C, D}？还有哪些出栈序列？有哪些不可能得到的出栈序列？为什么？

栈的基本操作有创建栈、判断栈是否空、入栈、出栈和取栈顶元素等，其中取栈顶元素操作只获得当前栈顶元素，栈顶元素并未出栈。栈不支持对指定位置的插入、删除等操作。栈抽象数据类型 Stack 声明如下，参数 T 表示数据元素的数据类型。

ADT Stack<T>　　　　　　　　　　　　　　　//栈抽象数据类型，T 表示数据元素的数据类型

```
                return this->list.remove(list.count()-1);          //顺序表尾删除，返回栈顶元素
                throw logic_error("空栈，不能执行出栈操作");      //抛出逻辑错误异常
        }
        T get()                                                      //返回栈顶元素（未出栈），若栈空则抛出异常
        {
            if (!empty())
                return this->list.get [list.count()-1];            //执行 T 的拷贝构造函数
            throw logic_error("空栈，不能获得栈顶元素");
        }
};
```

4.1.3 链式栈

采用链式存储结构的栈称为**链式栈**。链式栈使用单链表即可，不需要使用循环链表或双链表，并且头结点的作用不明显，因此以下采用不带头结点的单链表实现栈。

单链表的第一个结点为栈顶结点。设 top 指针指向栈顶结点，入栈操作是在当前栈顶结点之前插入新结点；出栈操作是删除栈顶结点并返回栈顶元素值，再使 top 指向新的栈顶结点。链式栈及入栈、出栈操作如图 4.3 所示。

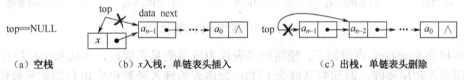

（a）空栈　　　　　　　　（b）x入栈，单链表头插入　　　　　　（c）出栈，单链表头删除

图 4.3　链式栈的入栈和出栈操作

链式栈类 LinkedStack 声明如下，使用单链表作为成员变量实现栈，入栈和出栈操作实现为单链表头插入和头删除，时间复杂度为 $O(1)$。文件名为 LinkedStack.h。

```
#include "SinglyList.h"                      //单链表类（第 2 章）
template <class T>
class LinkedStack                            //链式栈类
{
  private:
    SinglyList<T> list;                      //使用单链表存储栈元素

  public:
    bool empty()                             //判断是否空栈
    {   return this->list.empty();
    }
    void push(T x)                           //入栈
    {   this->list.insert(0, x);             //单链表头插入元素 x
    }
    T pop()                                  //出栈，返回栈顶元素，若栈空则抛出异常
    {
```

```
    {
        bool empty()                        //判断是否空栈，若空栈返回 true
        void push(T x)                      //元素 x 入栈
        T pop()                             //出栈，返回当前栈顶元素
        T get()                             //取栈顶元素，未出栈
    }
```

4.1.2 顺序栈

采用顺序存储结构的栈称为**顺序栈**。例如，对数据序列{A, B, C, D}，执行操
栈,入栈,出栈,入栈,入栈,出栈,出栈,出栈}，顺序栈及其状态变化如图 4.2 所示。

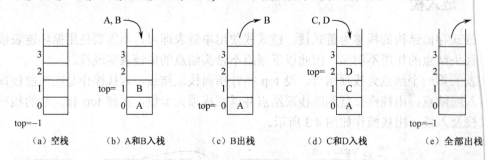

图 4.2 顺序栈及其状态变化

顺序栈类 SeqStack 声明如下，使用顺序表作为成员变量实现栈，入栈和出栈操作
顺序表尾插入和尾删除，时间复杂度为 $O(1)$；顺序表的插入函数已实现自动扩充数组
当需要扩充容量时，入栈的时间复杂度为 $O(n)$。文件名为 SeqStack.h。

```
#include "SeqList.h"                        //顺序表类（第 2 章）
template <class T>
class SeqStack                              //顺序栈类
{
  private:
    SeqList<T> list;                        //使用顺序表存储栈元素

  public:
    SeqStack(){}                            //默认构造空栈，执行 SeqList<T>()，默认容量，可
    ~SeqStack(){}                           //默认析构，执行~SeqList<T>()，可省
    bool empty()                            //判断是否空栈
    {   return this->list.empty();
    }
    void push(T x)                          //入栈
    {   this->list.insert(x);               //顺序表尾插入元素 x，自动扩充容量
    }
    T pop()                                 //出栈，返回栈顶元素，若栈空则抛出
    {
        if (!empty())
```

```
        if (!empty())
            return this->list.remove(0);                //单链表头删除，返回栈顶元素
        throw logic_error("空栈，不能执行出栈操作");
    }
    T get()                                             //返回栈顶元素（未出栈），若栈空则抛出异常
    {
        if (!empty())
            return this->list.get(0);
        throw logic_error("空栈，不能获得栈顶元素");
    }
};
```

4.1.4　栈的应用

在实现嵌套调用或递归调用、实现非线性结构的深度遍历算法、以非递归方式实现递归算法等软件系统设计中，栈都是必不可少的数据结构。

1．栈是嵌套调用机制的实现基础

在一个函数体中调用另一个函数，称为函数的嵌套调用。例如，执行函数 A 时，又调用函数 B，此时 A 和 B 两个函数均未执行完，仍然占用系统资源。根据嵌套调用规则，每个函数在执行完后将返回到调用它的函数中。那么，程序运行时，操作系统怎样做到返回调用的函数？它如何知道该返回哪个函数？

由于函数返回的次序与调用的次序正好相反，如果借助一个栈"记住"函数从何而来，那么，就能获得函数返回的路径。当函数被调用时，操作系统将该函数的有关信息（地址、参数、局部变量值等）入栈，称为保护现场；一个函数调用完返回时，出栈，获得调用函数信息，称为恢复现场，程序返回调用函数继续运行。因此，栈是操作系统实现嵌套调用机制的基础。函数嵌套调用规则及系统栈如图 4.4 所示。

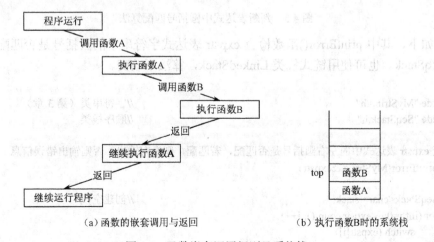

（a）函数的嵌套调用与返回　　　（b）执行函数B时的系统栈

图 4.4　函数嵌套调用规则及系统栈

2．使用栈以非递归方式实现递归算法

在程序设计语言中出现的表达式，其定义是递归的，求值也有递归算法。那么，系统是如何将表达式编译成能够正确求值的指令，以及如何求值的呢？通过以下两个例题，说明栈的作用以及系统编译、运行程序的过程。

【例 4.1】 判断表达式中圆括号是否匹配。

程序中出现的圆括号、方括号、花括号等，都应该是左右匹配的。所谓括号匹配，是指一个表达式中的左右括号不仅要个数相等，而且必须先左后右出现，以此界定一个范围的起始和结束位置。例如，"()" 是匹配的，")(" 是不匹配的。编译器对括号进行匹配判断，如果不匹配，则不能通过，并给出错误信息。

括号匹配原则是，一个右括号与其前面最近的一个左括号匹配。因此，判断括号匹配问题可以使用一个栈，保存多个嵌套的左括号。

以判断表达式中的圆括号是否匹配为例，使用栈判断括号匹配问题的算法描述如下：

① 设 expstr 是一个表达式字符串，从左向右依次对 expstr 中的每个字符 ch 进行检测。若 ch 是左括号，则 ch 入栈；若 ch 是右括号，则从栈顶弹出一个字符，若出栈字符为左括号，表示这一对括号匹配；如果栈空或出栈字符不是左括号，表示缺少与 ch 匹配的左括号。

② 重复执行①，当 expstr 检测结束后，若栈空，则全部括号匹配；否则，若栈中仍有左括号，则表示缺少右括号。

当 expstr= "((1+2)*3+4)"时，判断括号匹配的算法描述如图 4.5 所示。

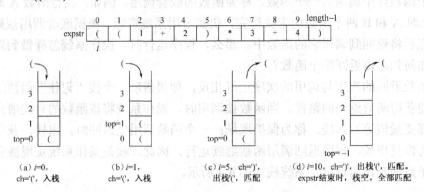

图 4.5　判断表达式中圆括号匹配算法

程序如下，其中 printError()函数检查 expstr 表达式字符串中的圆括号是否匹配，使用顺序栈类 SeqStack。也可使用链式栈类 LinkedStack，算法不改变。

```cpp
#include "MyString.h"                          //字符串类（第3章）
#include "SeqStack.h"                          //顺序栈类

//检查 expstr 表达式中的左右圆括号是否匹配，若匹配，则没有输出；否则输出错误信息
void printError(MyString &expstr)
{
    SeqStack<char> stack;                       //创建空栈
    for (int i=0; i<expstr.count(); i++)
        switch (expstr[i])
        {   case '(': stack.push(expstr[i]);    //左括号入栈
```

```
                    break;
         case ')': if (stack.empty() || stack.pop()!='(')
                       cout<<"期望("<<endl;
                             //遇见右括号时，出栈，判断出栈字符是否为左括号
         }
         if (!stack.empty())
              cout<<"期望)"<<endl;
    }
    int main()
    {
         MyString expstr("((1+2)*(3+4))");
         cout<<expstr<<",  ";
         printError(expstr);
         system("pause");
         return 0;
    }
```

程序多次运行时，若 expstr 分别表示不同的表达式字符串，运行结果如下：

((1+2)*(3+4)),
((1+2)*(3+4))(，期望)
((1+2)*(3+4))), 期望(

由此可知，根据栈抽象数据类型中的基本操作就可以使用栈，而不必关注栈的存储结构及其实现细节。

本例演示编译系统对表达式进行的一项语法检查，其他语法检查还有标识符是否声明过、参加运算的两个操作数类型是否匹配、变量赋值时变量类型与表达式类型是否匹配等。

【例4.2】使用栈计算算术表达式的值。

对一个算术表达式，如 1+2*(3-4)+5，假定该表达式已通过编译系统的语法检查，程序运行时，系统将计算该表达式的值。那么，系统是怎样对表达式求值的呢？

我们平常所写的表达式，将运算符写在两个操作数中间，称为中缀表达式。在中缀表达式中，运算符具有不同的优先级，圆括号用于改变运算符的运算次序，这两点使得运算规则较复杂，求值过程不能直接从左到右按顺序进行。

将运算符写在两个操作数之后的表达式称为后缀表达式。后缀表达式中没有括号，而且运算符没有优先级。后缀表达式的求值过程能够严格地从左到右按顺序进行，符合运算器的求值规律。例如，"1+2*(3-4)+5"转化的后缀表达式：1 2 3 4 - * + 5 +，从左到右按顺序进行运算，遇到运算符时，对它前面的两个操作数求值，过程如图4.6所示。

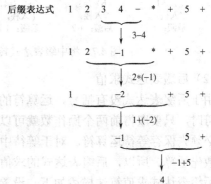

图4.6 "1 2 3 4 - * + 5 +"后缀表达式的求值过程

为简化问题，本例对整型表达式求值，运算符有+、-、*、/，并且字符串形式的中缀表

达式是正确的表达式，没有编译错误。

表达式求值算法分两步进行：先将中缀表达式转换为后缀表达式，再求后缀表达式的值。

（1）将中缀表达式转换为后缀表达式

在中缀表达式中，'('的运算优先级最高，'*'、'/'次之，'+'、'-'最低，同级运算从左到右顺序进行。由于运算符在两个操作数之间，当前运算符不能立即参与运算。例如，从左到右对"1+2*(3-4)+5"中的每个字符进行扫描，遇到的第一个运算符是+，此时没有遇到另一个操作数，而且后出现的运算符*的优先级较高，应该先运算，所以不能进行+运算。因此，将中缀表达式转换为后缀表达式时，运算符的次序可能改变，必须设置一个栈来存放运算符。

将中缀表达式转换为后缀表达式的算法描述如下：

① 设置一个运算符栈，设置一个后缀表达式字符串。

② 从左到右依次对中缀表达式中的每个字符 ch 分别进行以下处理，直至表达式结束。

⊙ 若 ch 是左括号'('，将其入栈。

⊙ 若 ch 是数字，将其后连续若干数字添加到后缀表达式字符串之后，再添加空格作为分割符。

⊙ 若 ch 是运算符，先将栈顶若干优先级高于 ch 的运算符出栈，添加到后缀表达式字符串之后，再将 ch 入栈。当'('运算符在栈中时，它的优先级最低。

⊙ 若 ch 是右括号')'，则若干运算符出栈，直到出栈的是左括号，表示一对括号匹配。

③ 若表达式结束，将栈中运算符全部出栈，添加到后缀表达式字符串之后。

将中缀表达式"1+2*(3-4)+5"转换为后缀表达式，运算符栈及其变化情况如图 4.7 所示。

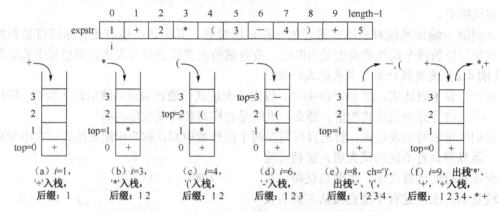

图 4.7 将中缀表达式转换为后缀表达式时运算符栈的变化

（2）后缀表达式求值

由于后缀表达式没有括号，运算符的顺序即为实际计算的顺序，在求值过程中，当遇到运算符时，只要取得前两个操作数就可以立即进行运算。而当操作数出现时，却不能立即求值，必须先保存等待运算符。对于等待中的多个操作数而言，参加运算的次序是，后出现的操作数先运算。所以，后缀表达式的求值过程中也必须设置一个栈，用于存放操作数。

后缀表达式求值算法描述如下，设置一个操作数栈，从左到右依次对后缀表达式字符串中每个字符 ch 进行处理。

① 若 ch 是数字，先将其后连续若干数字转化为整数，再将该整数入栈。

② 若 ch 是运算符，出栈两个值进行运算，运算结果再入栈。

③ 重复以上步骤，直至后缀表达式结束，栈中最后一个元素就是所求表达式的结果。

在后缀表达式"1 2 3 4 - * + 5 +"的求值过程中，操作数栈的变化情况如图 4.8 所示。

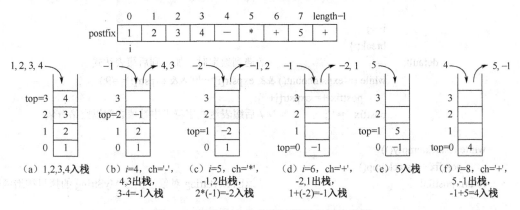

图 4.8　后缀表达式求值过程中的操作数栈

程序如下，toPostfix()函数将中缀表达式转换为后缀表达式返回，其运算符栈中元素的数据类型是字符；value()函数计算后缀表达式的值，其操作数栈中元素的数据类型是 int。可使用顺序栈或链式栈实现。

```cpp
#include "MyString.h"                    //字符串类（见第 3 章）
#include "SeqStack.h"                    //顺序栈类
#include "LinkedStack.h"                 //链式栈类

//将 expstr 表示的中缀表达式转换为后缀表达式，返回 MyString 对象
MyString toPostfix(MyString &expstr)
{
    SeqStack<char> stack;                //运算符栈
    MyString postfix("", expstr.count()*2);  //后缀表达式字符串
    int i=0;
    while (i<expstr.count())
        switch (expstr[i])
        {
            case '+':                    //遇到＋、-运算符，与栈顶元素比较
            case '-': while (!stack.empty() && stack.get()!='(')
                          postfix += stack.pop();  //出栈字符连接到后缀表达式串
                      stack.push(expstr[i++]);      //当前运算符入栈
                      break;
            case '*':                    //遇到*、/运算符
            case '/': while (!stack.empty() && (stack.get()=='*' || stack.get()=='/'))
                          postfix += stack.pop();
                      stack.push(expstr[i++]);
                      break;
            case '(': stack.push(expstr[i++]);      //遇到左括号，入栈
                      break;
```

```cpp
            case ')': { char out = stack.pop();        //遇到右括号，出栈
                        while (!stack.empty() && out!='(') //判断出栈字符是否为左括号
                        {    postfix += out;
                             out = stack.pop();
                        }
                        i++;
                        break; }
            default:                                //遇到数字时，加入到后缀表达式
                        while (i<expstr.count() && expstr[i]>='0' && expstr[i]<='9')
                            postfix += expstr[i++];
                        postfix += ' ';             //后缀表达式字符串中数值之间以空格分隔
        }
    while (!stack.empty())
        postfix += stack.pop();
    return postfix;                                //返回 MyString 对象，执行 MyString 的拷贝构造函数
}
int toValue(MyString &postfix)                      //计算后缀表达式的值
{
    LinkedStack<int> stack;                         //操作数栈
    int value=0;
    for (int i=0; i<postfix.count(); i++)           //逐个检查后缀表达式中的字符
        if (postfix[i]>='0' && postfix[i]<='9')     //遇到数字字符
        {   value=0;
            while (postfix[i]!=' ')                  //整数字符串转化为整数数值
                value = value*10 + postfix[i++]-'0';
            stack.push(value);                      //操作数入栈
        }
        else
            if (postfix[i]!=' ')
            {   int y = stack.pop();                //出栈两个操作数
                int x = stack.pop();
                switch (postfix[i])                 //根据运算符分别计算
                {   case '+': value = x+y;   break;
                    case '-': value = x-y;   break;
                    case '*': value = x*y;   break;
                    case '/': value = x/y;   break;  //整除
                }
                stack.push(value);                  //运算结果入栈
            }
    return stack.pop();                             //返回运算结果
}
int main()
{
    MyString expstr("121+10*(53-49+20)/((35-25)*2+10)+11");
    MyString postfix = toPostfix(expstr);                   //执行 MyString 的=，深拷贝
    cout<<"expstr=   "<<expstr<<endl;
    cout<<"postfix= "<<postfix<<endl;
```

```
        cout<<"value=      "<<toValue(postfix)<<endl;
        return 0;
}
```

程序运行结果如下：

expstr=121+10*(53-49+20)/((35-25)*2+10)+11
postfix=121 10 53 49 -20 +*35 25 -2 *10 +/+11 +
value=140

【思考题 4-2】本例为了说明栈的应用而简化了表达式。修改程序要求如下：

① 将上述两个函数合并，同时使用运算符栈和操作数栈计算表达式值，省略转换成后缀表达式过程。

② 识别+、-作为符号位。

4.2 队列

4.2.1 队列抽象数据类型

队列（Queue）是一种特殊的线性表，其插入和删除操作分别在线性表的两端进行。向队列中插入元素的过程称为入队（Enqueue），删除元素的过程称为出队（Dequeue）。允许入队的一端称为队尾（Rear），允许出队的一端称为队头（Front）。没有元素的队列称为空队列。队列如图 4.9 所示。

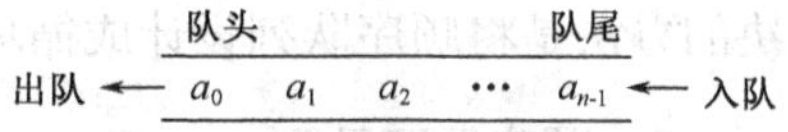

图 4.9 队列

由于插入和删除操作分别在队尾和队头进行，最先入队的元素总是最先出队，因此队列的特点是先进先出（First In First Out）。队列的基本操作有创建队列、判断队列是否空、入队和出队。队列不支持对指定位置的插入、删除等操作。

队列抽象数据类型 Queue 声明如下，参数 T 表示数据元素的数据类型。

```
ADT Queue<T>                          //队列抽象数据类型，T 表示数据元素的数据类型
{
        bool empty()                  //判断队列是否为空，若空返回 true
        void enqueue(T x)             //元素 x 入队
        T dequeue()                   //出队，返回队头元素
}
```

4.2.2 顺序队列

同栈一样，队列也有顺序和链式两种存储结构，分别称为顺序队列和链式队列。

1. 顺序队列

顺序队列使用数组存储数据元素，操作描述如图 4.10 所示。

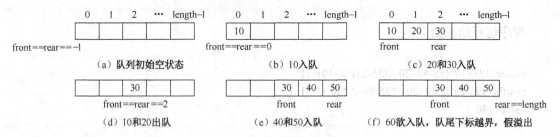

图 4.10　顺序队列存在假溢出现象

① 当队列空时，设置队头、队尾下标 front == rear == –1。

② 当第一个元素入队时，front == rear == 0，同时改变两个下标。

③ 入队操作，元素存入 rear 位置，rear++。

④ 出队操作，返回 front 队头元素，front++。

⑤ 当入队的元素个数（包括已出队元素）超过数组容量时，rear 下标越界，数据溢出，此时，由于之前已有若干元素出队，数组前部已空出许多存储单元，所以，这种溢出并不是因存储空间不够而产生的，称之为假溢出。

顺序队列存在两个缺点：假溢出；一次入队/出队操作需要同时改变两个下标。

顺序队列之所以会产生假溢出现象，是因为顺序队列的存储单元没有重复使用机制。解决的办法是将顺序队列设计成循环结构。

2. 顺序循环队列

如果循环使用顺序队列的连续存储单元，则将顺序队列设计成在逻辑上首尾相接的循环结构，称为顺序循环队列。顺序循环队列在以下几方面对顺序队列做了改动。

（1）队头、队尾元素下标按照循环规律变化

front、rear 分别按照如下循环规律变化，其中 length 表示数组容量。

```
front=(front+1) % length;
rear=(rear+1) % length;
```

因此，两个下标 front、rear 的取值范围是 0～length-1，不会出现假溢出现象。

（2）约定 rear 含义及队列空条件

约定 rear 是下一个入队元素位置，队列空条件是 front==rear。设置初始空队列为 front==rear=0，如图 4.11（a）所示。此后，入队操作只要改变 rear，出队操作只要改变 front，不需要同时改变两个下标，如图 4.11（b）～（d）所示。

（3）约定队列满条件

约定队列满条件是队列中仍有一个空位置，front==(rear+1) % length，如图 4.11（d）所示。因为如果不留一个空位置，队列满条件也是 front==rear，与队列空条件相同。当队列满时再入队，将数组容量扩充一倍，按照队列元素次序复制数组元素，如图 4.11（e）所示。

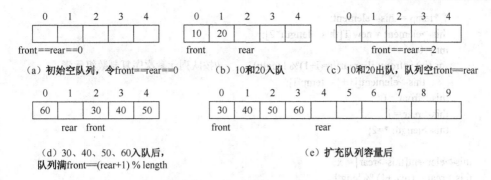

（a）初始空队列，令front==rear==0 （b）10和20入队 （c）10和20出队，队列空front==rear

（d）30、40、50、60入队后， （e）扩充队列容量后
队列满front==(rear+1) % length

图 4.11 顺序循环队列

3．顺序循环队列类

顺序循环队列类 SeqQueue 声明如下，文件名为 SeqQueue.h。

```cpp
template <class T>
class SeqQueue                                    //顺序循环队列类
{
    private:
        T *element;                               //动态数组存储队列的数据元素
        int length;                               //队列的数组容量
        int front, rear;                          //队列首尾下标

    public:
        SeqQueue();                               //构造空队列
        ~SeqQueue();                              //析构函数
        bool empty();                             //判断是否空队列
        void enqueue(T x);                        //入队
        T dequeue();                              //出队，返回队头元素
};
```

SeqQueue 类部分函数声明如下：

```cpp
template <class T>
SeqQueue<T>::SeqQueue()                           //构造空队列
{
    this->length = 32;                            //默认数组容量
    this->element = new T[this->length];
    this->front = this->rear = 0;                 //设置空队列
}
template <class T>
bool SeqQueue<T>::empty()                         //判断队列是否为空，若空返回 true
{   return this->front==this->rear;
}
template <class T>
void SeqQueue<T>::enqueue(T x)                    //入队，尾插入
{
    if (front==(rear+1) % length)                 //若队列满，则扩充数组容量
```

```
        {   T *temp = this->element;
            this->element = new T[this->length*2];
            int j=0;
            for (int i=front; i!= rear; i=(i+1)% length)        //按队列元素次序复制数组元素
                    this->element[j++] = temp[i];
            this->front = 0;
            this->rear = j;
            this->length *=2;
        }
        this->element[this->rear] = x;
        this->rear = (rear+1) % length;
    }
    template <class T>
    T SeqQueue<T>::dequeue()                            //出队，返回队头元素，若队列空则抛出异常。头删除
    {
        if (!empty())
        {   T x = this->element[front];
            this->front = (front+1) % length;
            return x;
        }
        throw out_of_range("空队列，不能执行出队操作");
    }
```

4.2.3　链式队列

以不带头结点的单链表实现链式队列。设指针 front 和 rear 分别指向队头和队尾结点，入队操作，将结点链接在队尾结点之后，并使 rear 指向新的队尾结点；出队操作，当队列不空时，取得队头结点值，删除该结点，并使 front 指向后继结点，如图 4.12 所示。

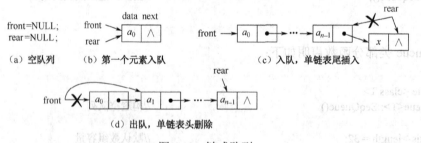

图 4.12　链式队列

初始空队列设置为 front=rear=NULL，队列空条件是 front==NULL && rear==NULL。当第一个元素入队或最后一个元素出队时，均需要同时改变 front 和 rear。入队和出队操作的时间复杂度都是 $O(1)$。

链式队列类 LinkedQueue 声明如下，其中成员变量 front、rear 分别指向队首、队尾结点，数据类型都是指向单链表结点类 Node 的指针。文件名为 LinkedQueue.h。

```
#include "Node.h"                                    //单链表结点类（见第 2 章）
template <class T>
```

```
class LinkedQueue                                    //链式队列类
{
    private:
        Node<T> *front, *rear;                       //front、rear 分别指向队首和队尾结点

    public:
        LinkedQueue();                               //构造空队列
        ~LinkedQueue();                              //析构
        bool empty();                                //判断是否空队列
        void enqueue(T x);                           //入队
        T dequeue();                                 //出队
};
```

LinkedQueue 类部分函数声明如下:

```
template <class T>
LinkedQueue<T>::LinkedQueue()                        //构造空队列
{   this->front = this->rear = NULL;
}
template <class T>
bool LinkedQueue<T>::empty()                         //判断是否空队列
{   return this->front==NULL && this->rear==NULL;
}
template <class T>
void LinkedQueue<T>::enqueue(T x)                    //入队
{
    Node<T> *q = new Node<T>(x);
    if (empty())
        this->front = q;                             //空队插入
    else    rear->next = q;                          //队列尾插入
    this->rear = q;
}
template <class T>
T LinkedQueue<T>::dequeue()                          //出队,返回队头元素,若队列空则抛出异常
{
    if (!empty())
    {   T x = front->data;                           //取得队头元素
        Node<T> *p=front;
        this->front = front->next;                   //删除队头结点
        delete p;
        if (this->front==NULL)                       //空队列时,两指针同步
            this->rear = NULL;
        return x;
    }
    throw out_of_range("空队列,不能执行出队操作");
}
```

4.2.4 队列的应用

许多应用系统需要处理排队等待问题，如售票系统等，此时使用队列可按照"先来先服务"的原则提供一种有效的解决问题的途径。

【例4.3】求解素数环问题。

将 n 个自然数（1～n）排列成环形，使得每相邻两数之和为素数，构成一个素数环。

求解算法思路是：先将 1 放入素数环，再对 2～n 的自然数 k 依次测试其与素数环最后一个元素之和是否为素数，若是则将 k 加入到素数环中，否则说明 k 暂时无法处理，必须等待再次测试。因此，需要设置一个队列用于存放暂时无法处理的自然数。

首先将 2～n 的自然数全部入队，每次对出队的一个元素 k 进行测试，若符合要求则将 k 加入到素数环中，否则 k 再次入队等待。重复上述操作，直到队列为空。

程序如下，其中 ring 是存放素数环元素的线性表，que 是顺序队列或链式队列，isPrime(key) 函数判断 key 是否为素数。

```cpp
#include <math.h>                            //包含 sqrt()函数
#include "SeqList.h"                         //顺序表类
#include "SeqQueue.h"                        //顺序循环队列类
#include "LinkedQueue.h"                     //链式队列类

bool isPrime(int key)                        //判断 key 是否为素数，函数体省略

void primering(int n)                        //输出 1～n 素数环的一个解
{
    SeqList<int> ring(n);                    //创建一个顺序表存储素数环
    ring.insert(1);                          //1 添加到素数环中
    LinkedQueue<int> que;
    for (int i=2; i<=n; i++)                 //2～n 全部入队
        que.enqueue(i);

    int i=0;
    while (!que.empty())
    {   int key = que.dequeue();             //出队
        if (isPrime((ring[i]+key)))          //判断是否为素数
        {   ring.insert(key);                //key 添加到素数环最后
            i++;
        }
        else
            que.enqueue(key);                //再次入队
        cout<<que;                           //输出队列
    }
    cout<<"1～"<<n<<"素数环："<<ring;          //输出素数环
}
int main()
{
    primering(10);
    return 0;
}
```

程序运行结果如下：

1～10 素数环：(1, 2, 3, 4, 7, 10, 9, 8, 5, 6)

其中，所设队列的变化过程（部分）如图 4.13 所示。

本例目的是演示队列使用方法，求解素数环问题的算法不全，没有判断素数环最后一个元素与第一个元素之和是否为素数。本题有许多解，当初始序列变化时，结果有多种。

【思考题 4-3】本题为什么需要使用队列作为存放等待元素的数据结构？如果使用栈来存放等待元素会怎样？

```
2  3  4  5  6  7  8  9  10
```
（a）初始队列

```
6  7  8  9  10  5
```
（b）第一次测试5，5未入素数环，再入队

```
5  6  8  9
```
（c）第一趟结束，未入素数环者在队列中

图 4.13　求素数环问题所设队列变化过程

4.3　优先队列

有些应用系统中的排队等待问题，仅按照"先来先服务"原则不能满足要求，还需要将任务的重要（或紧急）程度作为排队的依据。例如，操作系统中的进程调度管理，每个进程有一个优先级值表示进程的紧急程度，优先级高的进程先执行，同级进程按照先进先出原则排队等待。因此，操作系统需要使用优先队列来管理和调度进程。

1．优先队列及其存储结构

若一个队列中的每个元素都有一个优先级，每次出队的是具有最高优先级的元素，则称该队列为**优先队列**（Priority Queue），元素优先级的含义由具体应用指定。优先队列的操作同队列，主要有判断队列是否空、入队和出队等。

可采用顺序表表示优先队列，入队操作将元素插入在队尾，所需时间是 $O(1)$；出队操作则要遍历队列从中找出优先级最高的元素并删除，若队列长度为 n，删除一个元素必须将该元素至队尾的若干元素向前移动，所需时间是 $O(n)$。

也可采用排序顺序表表示优先队列，元素按优先级降序排列，队头是优先级最高元素，出队操作所需时间是 $O(1)$；入队操作则要根据优先级将元素插入在队列中的适当位置，需要移动若干元素，所需时间是 $O(n)$。

类似地，可采用单链表或排序单链表表示优先队列，入队或出队操作中有一项的时间为 $O(n)$。

2．优先队列类

优先队列类 PriorityQueue 声明如下，使用排序单链表存储队列元素，出队时间是 $O(1)$；入队时间是 $O(n)$，用于查找元素的存储位置，没有数据移动。文件名为 PriorityQueue.h。

```
#include "SortedSinglyList.h"                //排序单链表类（第 2 章）
template <class T>
class PriorityQueue                          //优先队列类，元素按优先级升序排列
{
  private:
    SortedSinglyList<T> list;                //使用排序单链表存储队列元素

  public:
    PriorityQueue(bool asc=true)             //构造空队列，asc 指定升序（true）或降序（false）
        : list(asc){}                        //声明执行 list 的构造函数 SortedSinglyList(asc)
    bool empty();                            //判断是否空队列
    void enqueue(T x);                       //入队
    T dequeue();                             //出队
};

template <class T>
bool PriorityQueue<T>::empty()               //判断是否空队列
{    return this->list.empty();
}
template <class T>
void PriorityQueue<T>::enqueue(T x)          //入队
{    this->list.insert(x);                   //排序单链表插入，由 x 元素大小确定插入位置
}
template <class T>
T PriorityQueue<T>::dequeue()                //出队，返回队头元素，若队列空则抛出异常
{
    if (!empty())
    {    T x = this->list.get(0);            //取得队头元素
        this->list.removeFirst(x);
        return x;
    }
    throw out_of_range("空队列，不能执行出队操作");
}
```

注意：优先队列与线性表虽然都是线性结构，但它们是不同的抽象数据类型。PriorityQueue 类使用一个排序单链表 SortedSinglyList 对象存储元素实现优先队列，是利用已声明的类来简化程序设计，并不是说明优先队列依赖于排序单链表而存在，也可以像链式队列类 LinkedQueue，使用队头结点 front 和队尾结点 rear 作为成员变量，设计排序单链表来实现优先队列。

【**例 4.4**】进程按优先级调度管理。

本例模拟操作系统进程调度管理功能，使用优先队列管理进程，并按优先级实现进程调度。

Process 进程结构声明如下，包含进程名和优先级两个成员变量，重载==、!=、>、>=、<、<= 关系运算符提供比较两个进程相等和大小的运算规则，约定识别进程和进程排队次序的规则。

```
#include "PriorityQueue.h"                                    //优先队列类
struct Process                                               //进程
{
    char* name;                                             //进程名
    int priority;                                           //优先级

    friend ostream& operator<<(ostream& out, Process &p)
    {
        out<<"("<<p.name<<","<<p.priority<<")";
        return out;
    }
    bool operator==(Process &p)              //比较两个进程是否相等，用于查找时识别对象
    {   return this->name==p.name && this->priority==p.priority;
    }
    bool operator!=(Process &p)
    {   return !(*this==p);
    }
    bool operator>(Process &p)               //比较两个进程大小，约定进程排队次序
    {   return priority > p.priority;
    }
    bool operator>=(Process &p)
    {   return priority >= p.priority;
    }
    bool operator<(Process &p)
    {   return priority < p.priority;
    }
    bool operator<=(Process &p)
    {   return priority <= p.priority;
    }
};
```

设有若干进程按照优先级在一个优先队列中排列等待操作系统调度后运行。程序如下：

```
int main()
{
    const int N=6;
    Process pro[N]={{"A",4},{"B",3},{"C",5},{"D",4},{"E",1},{"F",10}};    //进程序列
    PriorityQueue<Process> que(false);                                   //优先队列，参数指定降序
    cout<<"入队进程：";
    for (int i=0; i<N; i++)
    {   que.enqueue(pro[i]);
        cout<<pro[i]<<" ";
    }

    cout<<"\n 出队进程：";
```

```
    while (!que.empty())
        cout<<que.dequeue()<<" ";
    cout<<endl;
    return 0;
}
```

程序运行结果如下：

入队进程：(A,4) (B,3) (C,5) (D,4) (E,1) (F,10)
出队进程：(F,10) (C,5) (A,4) (D,4) (B,3) (E,1)

4.4 递归

递归（Recursion）是数学中一种重要的概念定义方式，递归算法是软件设计中求解递归问题的方法。

1．定义

数学中的许多概念是递归定义的，即用一个概念本身直接或间接地定义它自己。例如，阶乘函数 $f(n)=n!$ 定义为

$$n! = \begin{cases} 1 & n = 0,1 \\ n \times (n-1)! & n \geq 2 \end{cases}$$

再如，Fibonacci 数列是首两项为 0 和 1，以后各项是其前两项值之和的数据序列：

$$\{0,\ 1,\ 1,\ 2,\ 3,\ 5,\ 8,\ 13,\ 21,\ 34,\ 55,\ \cdots\}$$

数列的第 n 项 $f(n)$ 递归定义为

$$f(n) = \begin{cases} n & n = 0,1 \\ f(n-1) + f(n-2) & n \geq 2 \end{cases}$$

递归定义必须满足以下两个条件：

① 边界条件：至少有一条初始定义是非递归的，如 1!=1。
② 递推通式：由已知函数值逐步递推计算出未知函数值，如用$(n-1)!$ 定义 $n!$。

边界条件与递推通式是递归定义的两个基本要素，缺一不可，并且递推通式必须在经过有限次运算后到达边界条件，从而能够结束递归，得到运算结果。

2．递归算法

存在直接或间接调用自身的算法称为递归算法。递归定义的问题可用递归算法求解，按照递归定义将问题简化，逐步递推，直到获得一个确定值。

例如，设 $f(n)=n!$，递推通式是

$$f(n) = n \times f(n-1)$$

将 $f(n)$ 递推到 $f(n-1)$，算法不变，最终递推到 $f(1)=1$ 获得确定值，递归结束。5!的递归求值过程如图 4.14 所示。

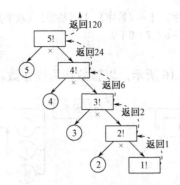

图 4.14 5! 递归求值过程

Fibonacci(4)递归求值过程如图 4.15 所示。

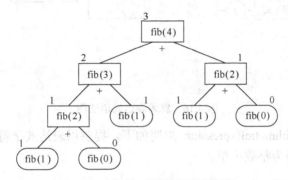

图 4.15 Fibonacci(4)递归求值过程

【例 4.5】用递归算法求 Fibonacci 数列。

求 Fibonacci 数列第 n 项的递归函数声明如下：

```
int fibonacci(int n)                                    //求 Fibonacci 序列第 n 项，递归函数
{
    if (n==0 || n==1)                                   //边界条件，递归结束条件
        return n;
    if (n>=2)
        return fibonacci(n-2)+fibonacci(n-1);           //递归调用，递推通式
    throw invalid_argument("Fibonacci 序列当 n<0 时无定义");   //抛出无效参数异常
}
```

【例 4.6】用递归算法计算算术表达式的值。

在表达式的数学定义中，表达式中允许用括号将子表达式括起来，从而改变表达式的运算次序,而子表达式的定义与表达式相同。这种用子表达式来定义表达式的方式就是一种递归定义。

算术表达式的 BNF（巴科斯-瑙尔范式）语法定义如下，表达式是间接递归定义的，算术表达式由项、因子递归到子表达式。

〈算术表达式〉::=〈项〉|〈项〉+〈项〉|〈项〉-〈项〉
〈项〉::=〈因子〉|〈因子〉×〈因子〉|〈因子〉/〈因子〉|〈因子〉%〈因子〉
〈因子〉::=〈常数〉|（〈算术表达式〉）

〈整数〉::=〈数字〉|＋〈数字〉|−〈数字〉|〈整数〉〈数字〉
〈数字〉::=0|1|2|3|4|5|6|7|8|9

算术表达式的语法图如图 4.16 所示，以整数作为操作数。

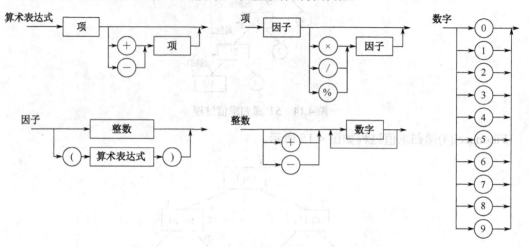

图 4.16　算术表达式语法图

算术表达式类 ArithmeticExpression 声明如下，提供以表达式字符串构造对象并求值功能，所求表达式结果值为整数类型。

```
#include "MyString.h"                            //字符串类（见第 3 章）
class ArithmeticExpression                       //算术表达式（整数、不包括位运算）
{
    private:
        MyString expstr;                         //中缀算术表达式字符串
        int index;                               //当前字符序号
        int term();                              //计算〈项〉
        int factor();                            //计算〈因子〉
        int constant();                          //计算〈常数〉

    public:
        ArithmeticExpression(MyString expstr="");  //由字符串构造算术表达式
        int intValue();                          //计算算术表达式，返回整数值
};

//构造算术表达式，expstr 指定中缀表达式字符串
ArithmeticExpression::ArithmeticExpression(MyString expstr)
{
    this->expstr = expstr;
    this->index = 0;
}
//计算从 index 开始的一个（子）算术表达式，返回整数值，其中进行多〈项〉加减运算
int ArithmeticExpression::intValue()
```

```
{
    int value1 = term();                         //计算〈项〉获得操作数
    while (this->index < expstr.count())         //进行多〈项〉的加减运算
    {   char ch = expstr[this->index];
        if (ch=='+' || ch=='-')
        {   this->index++;
            int value2 = term();                 //计算〈项〉获得操作数
            //以下进行两〈项〉加减运算，ch 记得出现在 value2 之前的运算符
            switch (ch)
            {   case '+': value1 += value2; break;      //value1 存储运算结果
                case '-': value1 -= value2; break;
            }
        }
        else    break;                           //遇到')'时，〈项〉结束
    }
    return value1;
}
int ArithmeticExpression::term()  //计算从 index 开始的一〈项〉，其中进行多〈因子〉的乘除运算
{
    int value1 = factor();                       //计算〈因子〉获得操作数
    while (this->index < expstr.count())         //进行多〈因子〉的乘除运算
    {   char ch = expstr[this->index];
        if (ch=='*' || ch=='/' || ch=='%')
        {   this->index++;
            int value2 = factor();               //计算〈因子〉获得操作数
            switch (ch)                           //两〈因子〉进行乘除运算
            {   case '*': value1 *= value2; break;
                case '/': value1 /= value2; break;
                case '%': value1 %= value2; break;
            }
        }
        else    break;                           //遇到')'、'+'、'-'时，〈因子〉结束
    }
    return value1;
}
//计算从 index 开始的一个〈因子〉，其中包含以()为界的子表达式，间接递归调用
int ArithmeticExpression::factor()
{
    if (expstr[this->index]=='(')
    {   this->index++;                           //跳过'('
        int value = intValue();                  //计算()括号内的子表达式，间接递归调用
        this->index++;                           //跳过')'
        return value;
    }
    return constant();
}
int ArithmeticExpression::constant()             //计算从 index 开始的一个〈常数〉
```

```
    {
        if (this->index < expstr.count())
        {
            char ch=expstr[this->index];
            int sign=1;
            if (ch=='+' || ch=='-')
            {       sign = ch=='-' ? -1 : 1;                            //符号位，记住正负数标记
                    this->index++;                                     //跳过符号位
            }
            int value=0;
            while (this->index < expstr.count() && expstr[index]>='0' && expstr[index]<='9')
                value = value*10+expstr[this->index++]-'0';            //value 记住当前获得的整数值
            if (value!=0)
                return value*sign;                                     //返回有符号的整数值
        }
    }
    int main()
    {
        MyString expstr="123+10*(50-45+15)/((35-25)*2-10)+(-11)";
        cout<<expstr<<"="<<ArithmeticExpression(expstr).intValue()<<endl;
        return 0;
    }
```

【思考题 4-4】① constant()函数功能同 MyInteger.parseInt(s)（见实验 3），constant()函数能否调用 Integer.parseInt(s)实现所求功能，为什么？

② 整数的 BNF 是直接递归定义，整数定义为以+、-、数字开头的数字序列。修改 constant()函数，以递归算法实现。

3．单链表的递归算法

可将单链表看成是递归定义的，每个结点的 next 域指向由其后诸结点组成的一条子单链表，最后一个结点的 next 域指向空链表。单链表求长度和构造等操作的递归算法如下，输出、深拷贝等操作也可写成递归算法。

```
template <class T>
int SinglyList<T>::count()                    //返回单链表长度
{
    return count(this->head->next);
}
template <class T>
int SinglyList<T>::count(Node<T>*p)           //返回从 p 结点开始的单链表长度，递归算法
{
    if (p==NULL)
        return 0;
    return 1+count(p->next);                  //递归调用
}
```

```
template <class T>
SinglyList<T>::SinglyList(T values[], int n)    //构造单链表，由 values 数组提供元素
{
    this->head = new Node<T>();              //创建头结点
    this->head->next = create(values,n,0);
}
//构造单链表，递归算法，由 value 数组的第 i 个元素构造当前结点，尾插入
template <class T>
Node<T>* SinglyList<T>::create(T values[], int n, int i)
{
    Node<T> *p=NULL;
    if (i<n)
    {   p = new Node<T>(values[i]);
        p->next = create(values, n, i+1);    //递归调用
    }
    return p;
}
```

其中，由数组元素构造单链表的递归过程如图 4.17 所示。

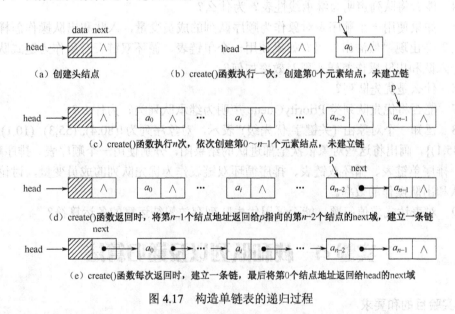

（a）创建头结点　（b）create()函数执行一次，创建第0个元素结点，未建立链

（c）create()函数执行n次，依次创建第0～n-1个元素结点，未建立链

（d）create()函数返回时，将第n-1个结点地址返回给p指向的第n-2个结点的next域，建立一条链

（e）create()函数每次返回时，建立一条链，最后将第0个结点地址返回给head的next域

图 4.17　构造单链表的递归过程

与第 2 章单链表操作算法相比，上述递归算法的时间效率和空间效率均较低。此处，希望借此说明递归算法，为后续的树结构做准备。

习　题　4

4-1　什么是栈？栈有何特点？在什么情况下需要使用栈？

4-2　已知入栈序列为{A,B,C,D,E,F,G}，下列哪个序列是可能的出栈序列？

(A) {D,E,C,F,B,G,A}　　　　(B) {F,E,G,D,A,C,B}

(C) {E,F,D,G,B,C,A}　　　　(D) {C,D,B,E,F,A,G}

4-3　已知入栈序列为{A,B,C,D}，写出几种不可能得到的出栈序列并说明原因。

4-4　写出中缀表达式 A+B*(C-D*(E+F)/G+H)-(I+J)*K 对应的后缀表达式。

4-5　栈和队列有何异同？为什么栈和队列均可以采用顺序存储结构和链式存储结构？

4-6　采用顺序存储结构的栈和队列，在进行插入、删除操作时需要移动数据元素吗？为什么？

4-7　能否使用一个线性表对象作为栈，入栈调用 insert(0,x)函数，出栈调用 remove(0)函数？为什么？

4-8　能否将栈声明为继承线性表？为什么？

4-9　什么是队列？队列有何特点？在什么情况下需要使用队列？

4-10　已知入队序列为{A, B, C, D}，有几种出队序列？

4-11　什么是队列的假溢出？为什么顺序队列会出现假溢出？怎样解决队列的假溢出问题？顺序栈会出现假溢出吗？链式队列会出现假溢出吗？为什么？

4-12　已知一个顺序循环队列最多能容纳 60 个元素，当 front=47，rear=23 时，该队列有多少个元素？

4-13　能否使用一个线性表对象作为队列？为什么？

4-14　能否将队列声明为继承线性表？为什么？

4-15　如果使用一个顺序表对象作为顺序队列的成员变量，入队和出队操作怎样实现？效率如何？会出现"假溢出"吗？如果使用一个单链表、循环双链表对象作为链式队列的成员变量，入队和出队操作怎样实现？效率如何？

4-16　什么是优先队列？

4-17　能否将优先队列类 PriorityQueue 声明为继承队列类？为什么？

4-18　已知一个对象由"(关键字,优先级)"表示，对象序列为{(80,4), (55,3), (10,1), (91,3), (17,2), (45,1)}，画出将这些对象依次全部进队的结果图，分别使用一个顺序表、排序顺序表、单链表、排序单链表、循环双链表、排序循环双链表作为优先队列的成员变量，讨论优先队列的入队和出队操作的效率。

4-19　对表达式求值问题，能否采用优先队列存放等待运算的各运算符？

实验4　栈和队列以及递归算法

1. 实验目的和要求

理解栈和队列抽象数据类型，掌握栈和队列的存储结构和操作实现，理解栈和队列在实际应用问题中的作用。掌握递归算法设计方法。

栈和队列作为一种辅助的数据结构，使用栈或队列的算法通常较复杂。深刻理解概念并具备设计能力需要一段时间，因此本章某些较复杂习题也可作为课程设计选题。

2. 重点与难点

重点：栈和队列的设计和应用。

难点：使用栈或队列解决算法设计问题，对于怎样的应用问题，需要使用栈或队列，以及怎样使用。递归算法设计。

3. 实验内容

4-1　使用一个栈，将十进制转换成二进制、八进制或十六进制。

4-2　分别用循环单链表、双链表、循环双链表作为栈的成员变量实现栈，讨论入栈、出栈操作效率。

4-3　分别用循环单链表、循环双链表结构设计队列，并讨论它们之间的差别。

4-4　分别用顺序表、单链表、循环单链表、双链表、循环双链表作为队列的成员变量实现队列，讨论入队、出队操作效率。

4-5　使用 3 个队列分别保留手机上最近 10 个"未接来电"、"已接来电"、"已拨电话"。

4-6　分别用排序顺序表、排序循环双链表作为优先队列的成员变量实现优先队列，讨论入队、出队的操作效率。

4-7　使用队列或优先队列实现银行、医院等地的叫号系统。

4-8　用递归算法实现求两个整数的最大公约数 gcd(a,b)，辗转相除法定义见例 1.2。

4-9　用递归算法实现单链表的输出、查找、替换、删除、复制、比较相等等操作。

4-10　用递归算法实现双链表的求长度、比较相等、查找、替换等操作。

4-11　用递归算法实现字符串的逆转操作。

4-12　输出一个集合（n 个元素）的所有子集。

4-13　输出一个集合（n 个元素）的 C_n^m 组合。

4-14　输出 n 个元素的全排列。例如，数据序列{1, 2, 3}的全排列如下：

123　132　213　231　312　321

4-15　用递归算法判断标识符。以 BNF（巴科斯-瑙尔范式）语法定义标识符（递归）如下：

〈标识符〉::=〈字母〉｜〈标识符〉〈字母〉｜〈标识符〉〈数字〉

4-16　☆☆计算表达式。为例 4.2 或例 4.6 增加以下功能：

① 检查表达式语法是否正确。

② 增加关系运算符等，写出逻辑表达式的 BNF，画出其语法图并计算。

③ 为运算符设置优先级，由运算符的优先级决定运算次序。

④ 为整数表达式增加位运算功能。

⑤ 以浮点数作为常数，所求算术表达式值为浮点数类型。

⑥ 增加标识符作为变量，识别变量标识符，为变量赋值。

⑦ 采用文件保存多行表达式字符串，读取表达式，并将结果写入文件。

4-17　☆☆走迷宫。一个迷宫如图 4.18 所示，它有一个入口和一个出口，其中白色单元表示通路，黑色单元表示路不通。指定迷宫大小、入口及出口位置和初始状态等，寻找一条从入口到出口的路径，每步只能从一个白色单元走到相邻的白色单元，直至出口。分别使用栈、队列或递归算法求解。

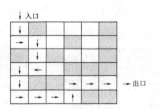

图 4.18　迷宫

4-18　☆☆骑士游历。在国际象棋的棋盘（8 行×8 列）上，一个"马"要遍历棋盘，即到达棋盘上的每一格，并且每格只到达一次。设"马"在棋盘的某一位置(x,y)上，按照"马走日"的规则，下一步有 8 个方向可走，如图 4.19 所示。指定初始位置(x_0,y_0)，使用栈或队列探索出一条或多条马遍历棋盘的路径。

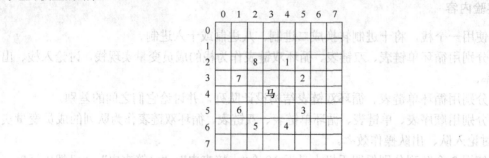

图 4.19 骑士游历问题中"马"下一步可走的 8 个方向

第5章

数组和广义表

线性表中的每个数据元素都是表示完整含义的、不可分解的对象，不是另一个线性表。本章介绍的数组和广义表是两种包含子结构的线性结构，它们是线性表的扩展，其元素可以是一个子结构。

虽然在程序设计语言中，数组已被实现为一种数据类型，这种实现正是数据结构研究成果的体现。而且，不同的语言采用不同的存储结构表示多维数组，导致功能也有差异。因此，本章仍有必要了解多维数组的各种实现机制，了解静态数组向动态数组的演变过程，进一步理解链式存储结构的作用。

本章介绍数组的存储结构，介绍对特殊矩阵（包括稀疏矩阵）的多种压缩存储方法，介绍广义表的概念和存储结构。矩阵及其运算是工程数学的重要内容，本章通过实现矩阵、三角矩阵、稀疏矩阵的存储及运算，展示如何使用程序设计语言和面向对象方法表示数学概念并实现相应运算，根据特殊要求采用多种方法实现，不断改进存储结构以提高时间效率和空间效率。由于所表示的数学概念较线性表复杂，因此本章采用的存储结构也较复杂，是顺序存储结构和链式存储结构的有机结合。在复杂存储结构上实现所要求的运算是本章的难点。

5.1 数组

数组是顺序存储的随机存取结构，数组是其他数据结构实现顺序存储的基础。一维数组的特点和随机存取特性详见 2.2.1 节。

数组是一种数据结构，一维数组的逻辑结构是线性表，多维数组（multi-array）是线性表的扩展。本节以二维数组为例，说明多维数组的逻辑结构、遍历和存储结构。

1. 二维数组的逻辑结构

二维数组是一维数组的扩展，二维数组是"元素为一维数组"的一维数组。一个 m 行 n 列（$m>0$，$n>0$）的二维数组，既可以看成是由 m 个一维数组（行）所组成的线性表，也可以看成是 n 个一维数组（列）所组成的线性表，如图 5.1 所示。

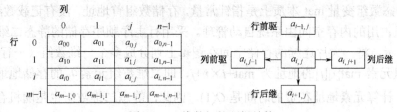

图 5.1 二维数组的逻辑结构

其中，每个元素 a_{ij}（$0 \leqslant i < m$，$0 \leqslant j < n$）同时属于两个线性表：第 i 行的线性表和第 j 列的线性表。具体分析如下：

① a_{00} 是起点，没有前驱；$a_{m-1,n-1}$ 是终点，没有后继。

② 一般情况下，a_{ij} 有两个前驱（行前驱 $a_{i-1,j}$ 和列前驱 $a_{i,j-1}$）和两个后继（行后继 $a_{i+1,j}$ 和列后继 $a_{i,j+1}$）。

③ 边界上的元素中，$a_{0j}(j=1,2,\text{L},n-1)$ 和 $a_{i0}(i=1,2,\Lambda,m-1)$ 只有一个前驱；$a_{m-1,j}(j=0,1,...,n-2)$ 和 $a_{i,n-1}(i=0,1,\Lambda,m-2)$ 只有一个后继。

同样，三维数组（$m \times n \times l$）中的每个元素 a_{ijk} 最多可以有三个前驱和三个后继。推而广之，m 维数组的元素可以有 m 个前驱和 m 个后继。

2．二维数组的遍历

对二维数组进行遍历操作，有两种次序：行主序和列主序。

① 行主序。以行序为主序，按行递增访问数组元素，访问完第 i 行的所有元素之后再访问第 $i+1$ 行的元素，同一行按列递增访问数组元素。行主序遍历图 5.1 二维数组如下：

$$\underbrace{a_{00},a_{01},\text{L},a_{0,n-1}}_{\text{第 0 行}}, \dots\dots, \underbrace{a_{i0},a_{i1},\text{L},a_{i,n-1}}_{\text{第 }i\text{ 行}}, \dots\dots, \underbrace{a_{m-1,0},a_{m-1,1},\text{L},a_{m-1,n-1}}_{\text{第 }m-1\text{ 行}}$$

② 列主序。以列序为主序，按列递增访问数组元素，访问完第 j 列的所有元素之后再访问第 $j+1$ 列的元素，同一列按行递增访问数组元素。列主序遍历图 5.1 所示的二维数组如下：

$$\underbrace{a_{00},a_{10},\text{L},a_{m-1,0}}_{\text{第 0 列}}, \dots\dots, \underbrace{a_{0j},a_{1j},\text{L},a_{m-1,j}}_{\text{第 }j\text{ 列}}, \dots\dots, \underbrace{a_{0,n-1},a_{1,n-1},\text{L},a_{m-1,n-1}}_{\text{第 }n-1\text{ 列}}$$

3．二维数组的存储结构

C++语言声明二维数组也有静态数组和动态数组之分，两者存储结构不同。

（1）静态二维数组及其顺序存储结构

静态数组方式指，声明数组时指定数组长度（常量），编译系统对其预分配存储空间，并计算各元素地址。例如，以下声明静态二维数组：

```
const int M=3, N=4;                    //常量
int mat[M][N]={1,2,3,4,5,6,7,8,9};     //静态二维数组，声明时可赋初值，初值不足时补 0
```

其中，静态数组变量 mat 本质上是指针常量，存储数组首地址，没有记载数组长度信息。

静态数组占用的内存空间由系统自动管理。采用行主序顺序存储的静态二维数组存储结构如图 5.2 所示，将一大片连续的存储空间在逻辑上划分成多个一维数组（一行）。

二维数组元素 mat[i][j] 的地址为 mat+$i \times n$+j，即二维数组元素 a_{ij} 的存储地址是下标 i、j 的线性函数，计算元素地址花费的时间是 $O(1)$。因此，静态二维数组也是随机存取结构。

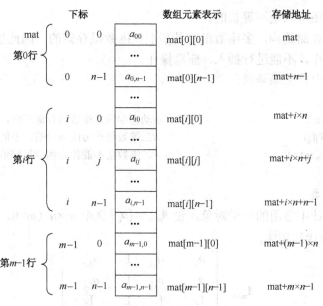

图 5.2　静态二维数组的顺序存储结构

（2）动态二维数组的存储结构

动态数组方式指,声明数组为指针变量,使用 new 运算符为数组申请存储空间,使用 delete 运算符归还数组占用的存储空间。例如，以下声明动态二维数组：

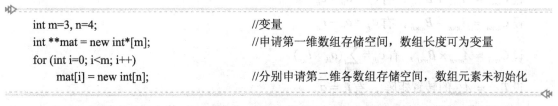

```
int m=3, n=4;                          //变量
int **mat = new int*[m];               //申请第一维数组存储空间，数组长度可为变量
for (int i=0; i<m; i++)
    mat[i] = new int[n];               //分别申请第二维各数组存储空间，数组元素未初始化
```

动态二维数组包含多个分散存储的一维数组，申请过程及存储结构如图5.3所示。

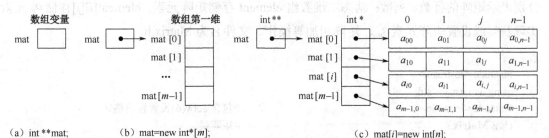

（a）int **mat;　　　　（b）mat=new int*[m];　　　　　　　　（c）mat[i]=new int[n];
声明二维数组变量　申请一维数组存储空间，元素是int*　分别为每行申请一维数组（n个元素），元素类型是int

图 5.3　申请动态二维数组存储空间过程

其中，若 mat[i][j]元素类型是 int；mat[i]存储各一维数组首地址，类型是 int*；mat 存储包含 mat[i]一维数组的一维数组首地址，类型是 int**。mat 是指针的指针变量，各 mat[i]是指针变量，只存储数组首地址，都没有记载数组长度信息。

mat[i][j]元素的地址是 mat[i]+j，二维数组元素地址是其两个下标的线性函数，因此，动态也是随机存取结构。动态数组的存储结构比静态数组更灵活，所包含的多个一维数组可分别多次申请获得，还可以是不等长的。

无论采用哪种存储结构，多维数组都是基于一维数组存储的，因此也只能进行赋值、取值两种随机存取操作，不能进行插入、删除操作。

注意： 以下语句产生编译错：

```
mat = new int[m][n];              //动态申请二维数组存储空间，编译错
void print(int mat[][])           //二维数组作为函数参数，不能缺省两维数
int[][] create(int m, int n)      //二维数组不能作为函数返回值类型
```

【**例 5.1**】矩阵类。

矩阵是工程设计中常用的数学对象。设 $A_{m \times n} = [a_{ij}]$ 是由 $m \times n$（$m>0$，$n>0$）个元素 a_{ij}（$0 \leqslant i<m$，$0 \leqslant j<n$）组成的矩阵：

$$A_{m \times n} = \begin{bmatrix} a_{00} & a_{01} & L & a_{0,n-1} \\ a_{10} & a_{11} & L & a_{1,n-1} \\ L & L & L & L \\ a_{m-1,0} & a_{m-1,1} & L & a_{m-1,n-1} \end{bmatrix}$$

矩阵运算主要有矩阵加、矩阵减、矩阵乘、矩阵转置等。设 $B_{m \times n} = [b_{ij}]$，$C = [c_{ij}]$，$T_{n \times m} = [t_{ij}]$，矩阵加、减、乘、转置运算定义如下：

设 $C_{m \times n} = A_{m \times n} + B_{m \times n}$，有 $c_{ij} = a_{ij} + b_{ij}$

设 $C_{m \times n} = A_{m \times n} - B_{m \times n}$，有 $c_{ij} = a_{ij} - b_{ij}$

设 $C_{m \times l} = A_{m \times n} \times B_{n \times l}$，有 $c_{ij} = \sum_{k=0}^{n-1}(a_{ik} \times b_{kj})$

设 $T_{n \times m} = A_{m \times n}$ 的转置矩阵，有 $t_{ij} = a_{ji}$

本例采用二维数组存储矩阵元素。矩阵类 Matrix 声明如下，其中，成员变量 rows、columns 分别表示矩阵的行数、列数；动态二维数组 element 存储矩阵元素，element[i][j]存储 a_{ij} 元素。实现获得或设置矩阵元素 a_{ij}、矩阵相加等操作。文件名为 Matrix.h。

```
#include <iostream>
using namespace std;
#include <iomanip>                          //包含 setw(6)设置输出格式
class Matrix                                //矩阵类
{
    private:
        int rows, columns;                  //矩阵行数、列数
        int **element;                      //动态二维数组，存储矩阵元素

        void init(int rows, int columns);       //申请 rows 行 columns 列二维数组，未初始化
        void init(int rows, int columns, int x); //申请 rows 行 columns 列二维数组，元素为 x

    public:
```

```
        Matrix(int rows=0);                              //构造 rows 阶方阵
        Matrix(int rows, int columns);                   //构造 rows 行 columns 列矩阵，未初始化
        Matrix(int rows, int columns, int x);            //构造 rows 行 columns 列矩阵，元素为 x
        Matrix(int rows, int columns, int values[]);     //构造矩阵，由 values 一维数组提供元素
        ~Matrix();                                       //析构函数

        friend ostream& operator<<(ostream& out, Matrix&);    //输出矩阵中所有元素
        int get(int i, int j);                           //返回第 i 行 j 列元素值
        void set(int i, int j, int x);                   //设置第 i 行 j 列元素值为 x
        int getRows();                                   //返回矩阵行数
        int getColumns();                                //返回矩阵列数
        void setRowsColumns(int rows, int columns);      //设置矩阵行列数，自动扩容
};
```

Matrix 矩阵类部分函数实现如下：

```
void Matrix::init(int rows, int columns)                 //申请 rows 行 columns 列二维数组，未初始化
{
        if (rows>=0 && columns>=0)
        {    this->rows = rows;
             this->columns = columns;
             this->element = new int*[rows];             //先申请存储行信息的一维数组
             for (int i=0; i<rows; i++)
                 this->element[i] = new int[columns];    //再为每行申请一维数组
        }
        else    throw invalid_argument("矩阵行或列数为负数异常");   //抛出无效参数异常
}
void Matrix::init(int rows, int columns, int x)          //申请 rows 行 columns 列二维数组，元素为 x
{
        this->init(rows, columns);
        for (int i=0; i<rows; i++)                       //初始化所有元素为 x
            for (int j=0; j<columns; j++)
                this->element[i][j] = x;
}
Matrix::Matrix(int rows)                                 //构造 rows 阶方阵，元素未初始化
{    this->init(rows, rows);
}
Matrix::Matrix(int rows, int columns)                    //构造 rows 行 columns 列矩阵，未初始化
{    this->init(rows, columns);
}
Matrix::Matrix(int rows, int columns, int x)             //构造 rows 行 columns 列矩阵，元素为 x
{    this->init(rows, columns, x);
}
//构造矩阵，values 一维数按行主序提供 rows 行 columns 列矩阵元素
Matrix::Matrix(int rows, int columns, int values[])
{
        this->init(rows, columns);
        for (int i=0; i<rows; i++)
            for (int j=0; j<columns; j++)
```

```
                    this->element[i][j] = values[i*columns+j];
}
Matrix::~Matrix()                                    //析构函数
{
    for (int i=0; i<rows; i++)                       //释放动态二维数组占用的内存空间
        delete(this->element[i]);                    //先释放每行的一维数组
    delete(this->element);                           //最后释放存储行信息的一维数组
}
ostream& operator<<(ostream& out, Matrix &mat)       //输出矩阵所有元素
{
    out<<"矩阵（"<<mat.rows<<"×"<<mat.columns<<"）："<<endl;
    for (int i=0; i<mat.rows; i++)
    {   for (int j=0; j<mat.columns; j++)
            out<<setw(6)<<mat.element[i][j];         //setw(6)设置输出格式，每数据占用 6 列
        out<<"\n";
    }
    return out;
}
void Matrix::set(int i, int j, int x)                //设置第 i 行 j 列元素值为 x
{
    if (i>=0 && i<rows && j>=0 && j<columns)
        this->element[i][j] = x;
    else throw out_of_range("矩阵元素的行或列序号越界异常");
}
//设置矩阵行列数，若 rows、columns 参数指定行列数较大，则将矩阵扩容，并复制原矩阵元素
void Matrix::setRowsColumns(int rows, int columns)
{
    if (rows > this->rows || columns > this->columns) //参数指定的行数或列数较大时
    {   int rowsold = this->rows, columnsold=this->columns;
        int **temp = this->element;
        this->init(rows, columns);                   //申请 rows 行 columns 列矩阵
        for (int i=0; i<rowsold; i++)                 //复制原矩阵元素
            for(int j=0; j<columnsold; j++)
                this->element[i][j] = temp[i][j];
        for (int i=0; i<rowsold; i++)                 //释放原动态二维数组占用的内存空间
            delete(temp[i]);
        delete(temp);
    }
}
```

调用程序如下：

```
#include "Matrix.h"                                  //矩阵类
int main()
{
    const int M=3, N=4;
    int table1[M*N]={1,2,3,4,5,6,7,8,9};
```

```
        Matrix mata(M, N, table1);                              //构造矩阵对象，以一维数组（行主序）
        cout<<"A "<<mata;
}
```

程序运行结果如下：

```
A 矩阵（3×4）:
1  2  3  4
5  6  7  8
9  0  0  0
```

【思考题 5-1】实现 Matrix 类声明的 get(i, j)、getRows()、getColumns()等成员函数。

5.2 特殊矩阵的压缩存储

数据压缩技术是计算机软件领域研究的一个重要问题，目前常用的图像、音频、视频等多媒体信息都需要进行数据压缩存储。那么，哪些数据需要压缩存储？如何进行数据压缩存储？压缩存储的数据结构会发生怎样的变化？本节以三角矩阵、对称矩阵、稀疏矩阵等特殊矩阵为例，介绍矩阵的压缩存储方法。

矩阵 $A_{m×n}$ 采用二维数组存储，至少占用 $m×n$ 个存储单元。当矩阵阶数很大时，矩阵所占用的存储空间容量巨大，因此，需要研究矩阵的压缩存储问题，根据不同矩阵的特点设计不同的压缩存储方法，节省存储空间，同时保证采用压缩存储的矩阵仍然能够正确地进行各种矩阵运算。

本节讨论两类特殊矩阵的压缩存储方法，其一，对于零元素分布有规律的特殊矩阵，如对称矩阵、三角矩阵、对角矩阵等，按照各自特点，采用线性压缩存储或三角形的二维数组等方式，存储有规律的部分元素；其二，对于零元素分布没有规律的稀疏矩阵，只存储非零元素。

5.2.1 三角矩阵、对称矩阵和对角矩阵的压缩存储

1. 三角矩阵的压缩存储

三角矩阵包括上三角矩阵和下三角矩阵。设 A_n 是一个 n 阶矩阵，当 $i<j$ 时，有 $a_{ij}=0$，则 A_n 是下三角矩阵；当 $i>j$ 时，有 $a_{ij}=0$，则 A_n 是上三角矩阵。

$$A_{n×n}=\begin{bmatrix} a_{00} & 0 & L & 0 & 0 \\ a_{10} & a_{11} & L & 0 & 0 \\ L & L & L & L & L \\ a_{n-2,0} & a_{n-2,1} & L & a_{n-2,n-2} & 0 \\ a_{n-1,0} & a_{n-1,1} & L & a_{n-1,n-2} & a_{n-1,n-1} \end{bmatrix} \qquad A_{n×n}=\begin{bmatrix} a_{00} & a_{01} & L & a_{0,n-2} & a_{0,n-1} \\ 0 & a_{11} & L & a_{1,n-2} & a_{1,n-1} \\ L & L & L & L & L \\ 0 & 0 & L & a_{n-2,n-2} & a_{n-2,n-1} \\ 0 & 0 & L & 0 & a_{n-1,n-1} \end{bmatrix}$$

（a） n 阶下三角矩阵   （b） n 阶上三角矩阵

下/上三角矩阵的特点是，主对角线之上/下都是零元素，这些零元素总数计算如下：

$$(n-1)+(n-2)+L+1=\sum_{i=1}^{n-1}i=\frac{n\times(n-1)}{2}$$

三角矩阵中有近一半的零元素，并且这些零元素分布有规律。下/上三角矩阵压缩存储的通用方法是，只存储主对角线及上/下三角部分的矩阵元素不存储主对角线之上/下的零元素。有以下两种压缩存储方法。

（1）线性压缩存储三角矩阵

将下三角矩阵主对角线及其以下元素按行主序顺序压缩成线性存储结构，如图5.4所示，存储元素个数为 $n\times(n+1)/2$。

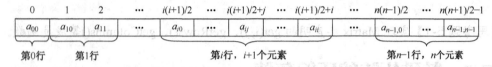

图5.4　下三角矩阵的行主序线性压缩存储

其中，下三角矩阵主对角线及其以下元素 a_{ij} 按行主序的线性压缩存储地址为

$$\mathrm{Loc}(a_{ij})=\mathrm{Loc}(a_{00})+1+2+L+i+j=\mathrm{Loc}(a_{00})+\frac{i\times(i+1)}{2}+j \qquad 0\leqslant j\leqslant i<n$$

因此，使用一维数组只要存储下三角矩阵主对角线及其以下元素，仍可进行随机存取。上三角矩阵类似。

（2）使用三角形的二维数组压缩存储三角矩阵

使用二维数组存储下三角矩阵主对角线及其以下元素，结构如图5.5所示，第 i（$0\leqslant i<n$）行一维数组长度分别为 $i+1$。上三角矩阵类似。

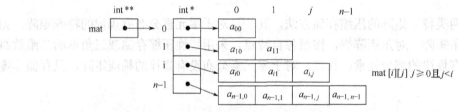

图5.5　下三角矩阵的三角形二维数组压缩存储

注意：采用压缩存储的上/下三角矩阵，某些矩阵运算将受到限制，如不能直接求得其转置矩阵，不能与非上/下三角矩阵进行矩阵相加运算等。

程序设计语言中，二维数组的存储结构是从静态数组逐步发展变化到动态数组结构的。早期程序设计语言不支持动态数组，只能将三角矩阵压缩成线性存储，实现了数学概念中的矩阵运算。

虽然数学概念中矩阵的行列数是不能动态增减的，但计算机中采用矩阵存储数据，数据量是随时变化的，有些算法问题（如第7章图的邻接矩阵存储表示）需要使用可变矩阵存储数据，即矩阵的行数和列数可动态增减。而矩阵线性压缩存储方式在增加或删除一行一列时效率很低。由此，随着程序设计语言支持动态数组，矩阵也采用动态二维数组压缩存储。

2．对称矩阵的压缩存储

n 阶对称矩阵（Symmetrical Matrix）是指一个 n 阶矩阵 A_n 中的元素 a_{ij}（$0\leqslant i,j<n$）满足 $a_{ij}=a_{ji}$。

对称矩阵的压缩存储原则是，只存储其中下（或上）三角部分元素。例如，将对称矩阵主对角线及其以下部分元素按行主序顺序压缩成线性存储，见图 5.4，存储元素个数为 $n \times (n+1)/2$，矩阵元素 a_{ij} 的线性压缩存储地址为

$$\text{Loc}(a_{ij}) = \begin{cases} \text{Loc}(a_{00}) + \dfrac{i \times (i+1)}{2} + j & 0 \leqslant j \leqslant i < n \\ \text{Loc}(a_{00}) + \dfrac{j \times (j+1)}{2} + i & 0 \leqslant i < j < n \end{cases}$$

使用三角形二维数组压缩存储对称矩阵中的下三角部分元素，结构同图 5.5。

3．对角矩阵的压缩存储

一个矩阵如果其所有的非零元素都集中在以主对角线为中心的带状区域中，则称该矩阵为对角矩阵（Diagonal Matrix）。例如，设 A_n 是一个 n 阶矩阵，当 $i \neq j$（$0 \leqslant i,j < n$）时，有 $a_{ij} = 0$，则 A_n 是主对角矩阵；当 $|i-j| > 1$ 时，有 $a_{ij} = 0$，则 A_n 是三对角矩阵。

$$A_{n \times n} = \begin{bmatrix} a_{00} & 0 & L & 0 \\ 0 & a_{11} & L & 0 \\ L & L & L & L \\ 0 & 0 & L & a_{n-1,n-1} \end{bmatrix}$$

$$A_{n \times n} = \begin{bmatrix} a_{00} & a_{01} & 0 & L & 0 & 0 \\ a_{10} & a_{11} & a_{12} & L & 0 & 0 \\ 0 & a_{21} & a_{22} & L & 0 & 0 \\ L & L & L & L & L & L \\ 0 & 0 & 0 & L & a_{n-2,n-2} & a_{n-2,n-1} \\ 0 & 0 & 0 & L & a_{n-1,n-2} & a_{n-1,n-1} \end{bmatrix}$$

（a）n 阶主对角矩阵　　　　　　　　（b）n 阶三对角矩阵

多对角矩阵的压缩存储原则是，只存储主对角线及其两侧部分元素。例如，将主对角矩阵中主对角线元素顺序压缩成线性存储，存储元素个数为 n，矩阵元素 a_{ii} 的线性压缩存储地址为 $\text{Loc}(a_{ii}) = \text{Loc}(a_{00}) + i$。

总之，对这些零元素分布有规律的特殊矩阵，采用线性压缩存储方式，重点是找到矩阵元素与其存储地址的线性映射公式，使得 get(i,j) 和 set(i,j,x) 函数的时间复杂度是 $O(1)$，这样既压缩了存储空间，又不增加存取各元素所花费的时间，在没有降低效率的前提下实现各种矩阵运算。

5.2.2　稀疏矩阵的压缩存储

稀疏矩阵（Sparse Matrix）是指矩阵中非零元素个数远远小于矩阵元素个数，且非零元素分布没有规律。设矩阵 $A_{m \times n}$ 中有 t 个非零元素，$\delta = t/(m \times n)$ 为矩阵的稀疏因子，通常 $\delta \leqslant 0.05$ 的矩阵称为稀疏矩阵。例如，以下 $A_{5 \times 6}$ 可以看成一个稀疏矩阵（虽然不够稀疏）。

$$A_{5 \times 6} = \begin{bmatrix} 0 & 0 & 11 & 0 & 17 & 0 \\ 0 & 20 & 0 & 0 & 0 & 0 \\ 0 & 0 & 0 & 0 & 0 & 0 \\ 19 & 0 & 0 & 0 & 0 & 28 \\ 0 & 0 & 0 & 0 & 50 & 0 \end{bmatrix}$$

1．表示稀疏矩阵非零元素的三元组

由于稀疏矩阵中的零元素非常多，且分布没有规律，所以稀疏矩阵的压缩存储原则是只

存储矩阵中的非零元素。而仅存储非零元素值本身显然是不够的，还必须记住该元素的位置。一个矩阵元素的行号、列号和元素值称为该元素的三元组，结构为

（row 行号，column 列号，value 元素值）

一个三元组(i, j, v)能够唯一确定一个矩阵元素a_{ij}。一个稀疏矩阵所有非零元素的三元组构成一个线性表。例如，上述稀疏矩阵$A_{5×6}$所有非零元素的三元组按行主序构成的线性表为

$((0,2,11)，(0,4,17)，(1,1,20)，(3,0,19)，(3,5,28)，(4,4,50))$

一个稀疏矩阵可由其非零元素的三元组线性表及行列数唯一确定。至此，稀疏矩阵的压缩存储问题转化为三元组线性表的存储问题。三元组线性表可采用顺序存储结构和链式存储结构存储。

描述稀疏矩阵非零元素的三元组类 Triple 声明如下，重载关系运算符，根据三元组位置比较三元组相等与大小，约定三元组排序次序。文件名为 Triple.h。

```cpp
#include<iostream>
using namespace std;
class Triple                                    //稀疏矩阵非零元素的三元组类
{
  public:
    int row, column, value;                     //行号、列号、元素值

    Triple(int row=0, int column=0, int value=0)  //构造稀疏矩阵三元组
    {
        if (row>=0 && column>=0)
        {   this->row = row;                    //行号
            this->column = column;              //列号
            this->value = value;                //元素值
        }
        else throw invalid_argument("稀疏矩阵元素三元组的行/列序号非正数。");
    }
    friend ostream& operator<<(ostream& out, Triple &t)   //输出三元组
    {
        out<<"("<<t.row<<","<<t.column<<","<<t.value<<")";
        return out;
    }
    //根据三元组位置比较两个三元组相等与大小，与元素值无关，约定三元组排序次序
    bool operator==(Triple &t)            //比较三元组是否相等，识别对象，仅比较（行、列）
    {   return this->row==t.row && this->column==t.column;
    }
    bool operator!=(Triple &t)
    {   return !(*this==t);
    }
    bool operator>(Triple &t)                   //比较三元组大小，约定排序次序，仅比较（行、列）
```

```
    {   return this->row>t.row || this->row==t.row && this->column>t.column;        //行主序
    }
    bool operator>=(Triple &t)
    {   return this->row>t.row || this->row==t.row && this->column>=t.column;
    }
    bool operator<(Triple &t)
    {   return this->row<t.row || this->row==t.row && this->column<t.column;
    }
    bool operator<=(Triple &t)
    {   return this->row<t.row || this->row==t.row && this->column<=t.column;
    }
    Triple symmetry()                            //返回行列对称元素
    {                                            //以下先执行构造函数、拷贝构造函数，再执行析构
        return Triple(this->column, this->row, this->value);
    }
};
```

2．稀疏矩阵三元组顺序表

采用顺序存储结构存储稀疏矩阵三元组线性表，称为三元组顺序表，其中除了使用一个顺序表 list 存储一个稀疏矩阵的所有三元组（Triple 类型）对象之外，还需要两个整型变量 rows、columns 分别表示矩阵的行数、列数。上述稀疏矩阵 $A_{5×6}$ 采用三元组顺序表按行主序的存储结构如图 5.6 所示。

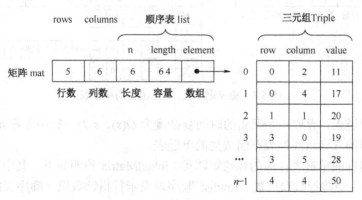

图 5.6 稀疏矩阵 $A_{5×6}$ 三元组顺序表

采用顺序表能够存储矩阵元素并实现矩阵运算，但是，若矩阵元素的值发生变化，一个零元素变成非零元素，就要向顺序表中插入一个三元组；若非零元素变成零元素，就要从顺序表中删除一个三元组。三元组顺序表的插入、删除操作很频繁，数据移动量较大，算法效率较低。而且，存取第 i 行的一个元素需要遍历前 i 行中的所有元素，get(i, j)、set(i, j, x)函数的时间复杂度为 $O(n)$，n 为顺序表长度。因此，采用三元组顺序表压缩存储的矩阵失去随机存取特性。

3．稀疏矩阵三元组单链表

采用链式存储结构的稀疏矩阵的三元组线性表称为三元组链表，主要有三种：单链表、

行/列的单链表和十字链表。通常使用行/列的单链表和十字链表，这两种存储结构是顺序和链式存储结构的有效组合，具有两者的优点。

将稀疏矩阵所有非零元素的三元组存储在一个单链表中，此外还要存储矩阵的行数和列数。例如，前述稀疏矩阵 $A_{5\times6}$ 的三元组单链表如图 5.7 所示，忽略单链表头结点。

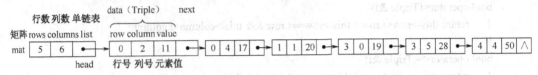

图 5.7 稀疏矩阵 $A_{5\times6}$ 三元组单链表

在三元组单链表中，存取第 i 行元素 a_{ij} 需要遍历前 i 行的所有元素，因此时间效率较低。

4．稀疏矩阵行/列的单链表

如果将上述三元组单链表分散成多条较短的单链表，则将缩小查找范围。

行的单链表就是将稀疏矩阵每行上若干非零元素的三元组组成一条单链表，一个稀疏矩阵的所有三元组则构成多条单链表。为了记住这些单链表，还需要使用一个数组，称为"行指针数组"，数组元素为行的单链表，数组长度是矩阵行数。例如，前述稀疏矩阵 $A_{5\times6}$ 的行的单链表如图 5.8 所示，忽略单链表头结点。

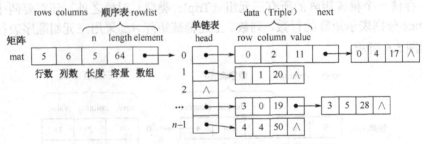

图 5.8 稀疏矩阵 $A_{5\times6}$ 三元组行的单链表

使用行的单链表，存取一个元素的时间复杂度为 $O(s)$，s 为一行中非零元素个数。同理，也可将稀疏矩阵的三元组线性表存储成列的单链表。

采用三元组行的单链表存储的稀疏矩阵类 LinkedMatrix 声明如下，其中成员变量 rows、columns 分别表示矩阵行数和列数；rowlist 顺序表表示行指针数组，顺序表的元素类型是指向排序单链表 SortedSinglyList<Triple>的指针。

```
#include "Triple.h"                    //矩阵三元组类
#include "SeqList.h"                    //顺序表类（第2章）
#include "SortedSinglyList.h"           //排序单链表类（第2章）

class LinkedMatrix                      //三元组行的单链表存储的矩阵类
{
    private:
        int rows, columns;             //矩阵行数、列数
        void init(int rows, int columns); //构造零矩阵，指定行数和列数
    public:
```

```
        SeqList<SortedSinglyList<Triple>*> rowlist; //行指针顺序表，元素是指向排序单链表的指针
        LinkedMatrix(int rows=0);                          //构造零矩阵，指定行数，行列数相同
        LinkedMatrix(int rows, int columns);               //构造零矩阵，指定行数和列数
        LinkedMatrix(int rows, int columns, Triple elem[], int n); //由三元组数组指定初值
        ~LinkedMatrix();                                   //析构函数

        int get(int i, int j);                             //返回第 i 行 j 列元素值
        void set(int i, int j, int x);                     //设置第 i 行 j 列元素值为 x
        void set(Triple e);                                //按三元组设置元素
        friend ostream& operator<<>(ostream& out, LinkedMatrix&);   //输出矩阵
        void setRowsColumns(int rows, int columns);        //设置矩阵行列数
};
```

LinkedMatrix 类部分函数实现如下：

```
void LinkedMatrix::init(int rows, int columns)          //初始化
{
    if (rows>=0 && columns>=0)
    {    this->rows = rows;
         this->columns = columns;
         for (int i=0; i<rows; i++)
             this->rowlist.insert(new SortedSinglyList<Triple>(true));
                           //顺序表尾插入，元素为指向空排序单链表（升序）的指针
    }
    else throw invalid_argument("矩阵行或列数为负数异常");    //抛出无效参数异常
}
LinkedMatrix::LinkedMatrix(int rows)                        //构造零矩阵，指定行数，行列数相同
{                     //此处自动执行构造函数 SeqList<T>()，SeqList.n=0，元素未初始化
    this->init(rows, rows);
}
LinkedMatrix::LinkedMatrix(int rows, int columns)          //构造零矩阵，指定行数和列数
{                     //此处自动执行构造函数 SeqList<T>()，SeqList.n=0，元素未初始化
    this->init(rows, columns);
}
//以三元组序列构造矩阵，参数分别指定矩阵的行数、列数、三元组序列、三元组序列长度
LinkedMatrix::LinkedMatrix(int rows, int columns, Triple elem[], int n)
{                     //此处自动执行构造函数 SeqList<T>()，SeqList.n=0
    this->init(rows, columns);
    for (int i=0; i<n; i++)
        this->set(elem[i]);
}
LinkedMatrix::~LinkedMatrix()                              //析构函数
{
    for (int i=0; i<this->rows; i++)
        this->rowlist[i]->~SortedSinglyList<Triple>();//析构排序单链表，执行~SinglyList<Triple>()
}                              //此处执行~SeqList<T>()释放顺序表占用的一维数组
ostream& operator<<(ostream& out, LinkedMatrix &mat)      //输出稀疏矩阵
{
    for (int i=0; i<mat.rows; i++)
```

```
            out<<i<<" -> "<<(*mat.rowlist[i]);                    //输出第 i 条排序单链表
        return out;
    }
```

//返回矩阵第 i 行 j 列元素值。若 i、j 指定序号无效则抛出异常。算法在第 i 行排序单链表中顺序查找
三元组对象(i,j,0)，由 Triple 的==约定相等规则（仅比较 i、j），若查找到返回元素值，否则返回 0。

```
    int LinkedMatrix::get(int i, int j)
    {
        if (i>=0 && i<this->rows && j>=0 && j<this->columns)
        {   Node<Triple>* find = (*this->rowlist[i]).search(Triple(i,j,0));    //排序单链表顺序查找
            return find==NULL ? 0 : find->data.value;
        }
        throw out_of_range("矩阵元素的行或列序号越界异常");
    }
```

//设置第 i 行 j 列元素值为 x，若 i、j 指定序号无效则抛出异常。若 x==0，则删除(i,j,?)结点（如果有）；
//若 x!=0，则在第 i 条排序单链表中顺序查找三元组(i,j,x)，若找到则修改结点元素，否则插入结点

```
    void LinkedMatrix::set(int i, int j, int x)
    {
        if (i>=0 && i<this->rows && j>=0 && j<this->columns)
        {   SortedSinglyList<Triple> *list = this->rowlist[i];    //获得第 i 条排序单链表
            if (x==0)
                list->removeFirst(Triple(i,j,x));    //排序单链表删除(i,j,?)结点（如果有），顺序查找
            else
            {   Node<Triple>*find=list->search(Triple(i,j,x)); //顺序查找首次出现元素，执行 Triple 的==
                if (find!=NULL)
                    find->data.value = x;            //若找到，则修改该结点元素
                else list->insert(Triple (i, j, x));
                          //若未找到，则排序单链表插入结点，由 Triple 的>约定插入位置，按 i、j 排序
            }
        }
        else throw out_of_range("矩阵元素的行或列序号越界异常");
    }
    void LinkedMatrix::set(Triple e)                              //以三元组设置矩阵元素
    {   this->set(e.row, e.column, e.value);
    }
```

//设置矩阵行列数，若 rows 参数指定的行数较大，则将矩阵扩容，并复制原矩阵元素

```
    void LinkedMatrix::setRowsColumns(int rows, int columns)
    {
        if (rows > this->rows)                                   //参数指定的行数较大时，矩阵扩容
            for (int i=this->rows; i<rows; i++)
                this->rowlist.insert(new SortedSinglyList<Triple>());    //顺序表尾插入，自动扩容
        this->rows = rows;
        this->columns = columns;
    }
```

【思考题 5-2】 LinkedMatrix 类的行指针数组 rowlist 能否声明如下，为什么？

```
    SeqList<SortedSinglyList<Triple>> rowlist;    //行指针顺序表，元素是排序单链表对象
    SeqList<SinglyList<Triple>*> rowlist;         //行指针顺序表，元素是指向单链表的指针
```

【例5.2】采用行的单链表存储稀疏矩阵。

创建稀疏矩阵的调用语句如下，采用行的单链表存储。

```
Triple item[]={Triple(0,2,11), Triple(0,4,17), Triple(4,4,50), Triple(1,1,20), Triple(3,0,19), Triple(3,5,28)};
LinkedMatrix mat(5,6,item,6);
cout<<mat;
```

程序运行结果如下，存储结构见图5.8。

```
0 -> ((0,2,11), (0,4,17))
1 -> ((1,1,20))
2 -> ()
3 -> ((3,0,19), (3,5,28))
4 -> ((4,4,50))
```

5. 稀疏矩阵十字链表

按行的单链表存储的稀疏矩阵，可以很快地找到同一行的下一个非零元素，但很难找到同一列的下一个非零元素。因此，将行的单链表和列的单链表结合起来存储稀疏矩阵称为十字链表，其中，表示一个非零元素的结点由五部分组成：行号、列号、元素值、行的后继结点指针域及列的后继结点指针域。

十字链表将各行的非零元素和各列的非零元素分别链接在一起。从行的角度看，需要一个"行指针数组"存放行的单链表的头指针，行指针数组长度是矩阵行数；同样，从列的角度看，也需要一个"列指针数组"存放列的单链表的头指针，列指针数组长度是矩阵列数。例如，稀疏矩阵 $A_{5\times6}$ 三元组十字链表如图5.9所示。

存取一个元素，既可以在指定行的单链表中查找，也可以在指定列的单链表中查找。查找一个元素的最大时间为 $O(s)$，其中 s 为某行或某列上非零元素个数。

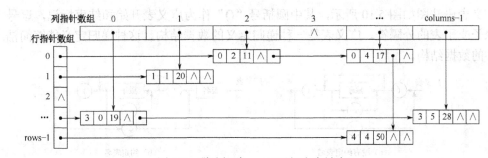

图 5.9 稀疏矩阵 $A_{5\times6}$ 三元组十字链表

5.3 广义表

广义表是一种复杂的数据结构，它是线性表的扩展，能够表示树结构和图结构。广义表在文本处理、人工智能和计算机图形学等领域有着广泛的应用。

在前几章讨论的线性结构中，数据元素都是非结构的原子类型，不可分解。如果放宽对表中元素的限制，允许表中元素自身具有某种结构，这就引入广义表概念。

1. 广义表定义

广义表（Generalized List）是 n（≥ 0）个数据元素 a_0, a_1, L, a_{n-1} 组成的有限序列，记为

$$GList = (a_0, a_1, L, a_{n-1})$$

其中，a_i（$0 \leq i < n$）可以是原子或子广义表，原子是不可分解的数据元素。

广义表的元素个数 n 称为广义表长度，当 $n=0$ 时，为空表。广义表的**深度**（Depth）是指表中所含括号的层数，原子的深度为 0，空表的深度为 1。如果广义表作为自身的一个元素，则称该广义表为递归表。递归表的深度是无穷值，长度是有限值。

为了区分原子和表，约定用大写字母表示表，小写字母表示原子。例如：

L=(a, b)	//线性表，长度为 2，深度为 1
T=(c, L)=(c, (a,b))	//L 为 T 的子表，T 的长度为 2，深度为 2
G=(d, L, T)=(d, (a, b), (c, (a, b)))	//L、T 为 G 的子表，G 的长度为 3，深度为 3
S=()	//空表，长度为 0，深度为 1
S1=(S)=(())	//非空表，元素是一个空表，长度为 1，深度为 2
Z=(e, Z)=(e, (e, (e, (…))))	//递归表，Z 的长度为 2，深度无穷

也可约定每个广义表都是有名称的，称为有名表，将表名写在表组成的括号前，则上述的各表又可以写成如下形式：

L(a,b)
T(c, L(a,b))
G(d, L(a,b), T(c, L(a,b)))
S()
S1(())
Z(e, Z(e, Z(e, Z(…))))

广义表语法图如图 5.10 所示，其中圆括号"()"作为广义表开始和结束标记，逗号","作为原子或子表的分隔符。广义表是一种递归定义的数据结构。这种递归定义能够简洁地描述复杂的数据结构。

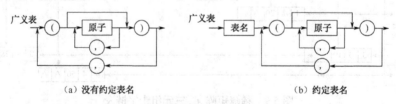

(a) 没有约定表名　　　　　　(b) 约定表名

图 5.10　广义表语法图

例如，使用广义表（有名表）表示省市间的隶属关系如下：

中国(北京, 上海, 江苏(南京, 苏州), 浙江(杭州))　　//表示树结构的广义表，长度 4，深度 2

2．广义表的特性

广义表具有如下特性。

（1）线性结构。广义表是一种线性结构，数据元素之间是线性关系。广义表是线性表的扩展，线性表是广义表的特例，仅当广义表的元素全部是原子时，该广义表为线性表。例如，广义表L(a,b)其实就是线性表。

（2）多层次结构，有深度。当广义表的数据元素中包含子表时，该广义表就是一种多层次结构。广义表也是树的扩展。当限制表中成分不能共享和递归时，该广义表就是树，树中的叶子结点对应广义表中的原子，非叶子结点对应子表。例如，T(c,L(a,b))表示树结构。

（3）可共享。一个广义表可作为其他广义表的子表，多个广义表可共享一些广义表。例如，上述广义表 L 同时作为广义表 T 和 G 的子表。在 T 和 G 中不必列出子表的值，通过子表名来引用。

（4）可递归。广义表是一个递归表，当广义表中有共享或递归成分的子表时构成图结构，与有根、有序的有向图对应。图中的结点入度可能大于 1，并且可能出现自身环。以上提到的树和图概念，将在第 6、7 章中介绍。

通常，将与树对应的广义表称为**纯表**，将允许元素共享的广义表称为**再入表**，将允许递归的广义表称为**递归表**，它们之间的关系满足：

$$递归表 \supseteq 再入表 \supseteq 纯表 \supseteq 线性表$$

3．广义表的图形表示

用广义表表示线性表、树和图等基本的数据结构，如图 5.11 所示。

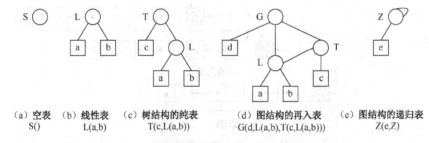

| （a）空表 | （b）线性表 | （c）树结构的纯表 | （d）图结构的再入表 | （e）图结构的递归表 |
| S() | L(a,b) | T(c,L(a,b)) | G(d,L(a,b),T(c,L(a,b))) | Z(e,Z) |

图 5.11　广义表表示的多种结构对应的图形

① 当 S()没有数据元素时，S 为空广义表。

② 当 L(a,b)的数据元素全部是原子时，L 为线性结构的线性表。

③ 当 T(c,L)的数据元素中有子表，但没有共享和递归成分时，T 为树结构的纯表。

④ 当 G(d,L,T)的数据元素中有子表，并且有共享成分时，G 为图结构的再入表。

⑤ 当 Z(e,Z)的数据元素中有子表且有递归成分时，Z 为图结构的递归表。

4．广义表抽象数据类型

广义表的操作主要有：创建广义表，判断是否为空表，遍历广义表，求广义表长度和深度，插入和删除数据元素，查找指定原子所在结点，比较广义表是否相等，复制广义表等。

广义表抽象数据类型 GenList 声明如下，其中 GenNode 是广义表结点类。

```
ADT GenList<T>                                      ///广义表抽象数据类型，T 表示数据元素的数据类型
{
    GenList<T>(MyString &gliststr)                  //由广义表表示字符串构造广义表
    bool empty()                                    //判断广义表是否空
    ostream& operator<<<>(ostream& out, GenList<T>&) //遍历输出广义表
    int count()                                     //返回广义表长度
    int depth()                                     //返回广义表深度
    GenListNode<T>* insert(int i, T x)              //插入原子 x 作为第 i 个元素
    GenListNode<T>* insert(int i, GenList<T> &glist) //插入子表作为第 i 个元素
    void remove(int i)                              //删除第 i 个元素
}
```

5. 广义表的存储结构

由于广义表中可以包含子表，所以不能用顺序存储结构表示，通常采用链式存储结构。

采用双链结构存储广义表，称为广义表的双链表示，结点包含 3 个域：data 数据域、child 子表指针域和 next 后继结点指针域。

将原子结点的 child 域值设置为 NULL。因此，child 域是否为 NULL 值是区别原子和子表的标志。前述再入表 G 和递归表 Z 的双链表示如图 5.12 所示。

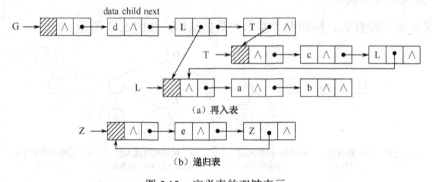

图 5.12　广义表的双链表示

当广义表中有共享成分时，共享结点将重复出现。例如，再入表 G 中有子表 L，T 中也有子表 L，子表 L 就是共享成分，结点 L 就出现两次。

广义表的双链表示必须带头结点。因为，如果没有头结点，对共享子表进行头插入和头删除操作将产生错误。例如，前述再入表 G 的不带头结点的双链表示如图 5.13（a）所示。通过 G 访问子表 L 并删除 L 的第一个结点 a 后，G 中 L 结点的 child 指向原 a 结点的后继结点 b；而这样的删除操作并没有影响表 T 中 L 结点的 child 域，它仍然指向原 L 的第一个结点 a，如图 5.13（b）所示。

由于 L 是共享子表，这样的操作结果显示是不正确的。类似地，如果将共享子表 L 删除至空表，或对共享子表进行头插入操作，存在同样错误。因此，广义表的双链表示必须带头结点。由于 child 域指向的是子表的头结点，当对共享子表进行头插入或头删除操作时，头结点的地址并没有改变，因此对其他多个指向该子表的链没有影响。

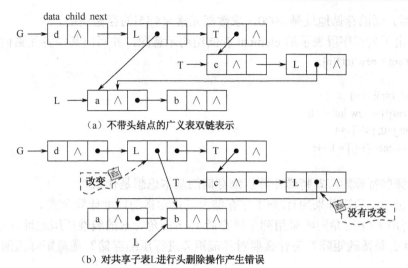

（a）不带头结点的广义表双链表示

（b）对共享子表 L 进行头删除操作产生错误

图 5.13　不带头结点的广义表双链表示对共享子表 L 进行头删除操作产生错误

6．多元多项式的广义表表示

第 2 章我们给出了 m 元多项式的线性表表示，也可以用广义表表示 m 元多项式。例如，二元多项式可以表示成以 y 为变量的一元多项式，而 y 各项的系数是以 x 为变量的一元多项式。举例如下，其广义表双链表示存储结构如图 5.14 所示。

$$P(x, y) = 15 - 3x^4 + 2x^3 y + 2x^3 y^3 - 6x^2 y - 6x^2 y^3 + 8y^5$$
$$= (15 - 3x^4)y^0 + (-6x^2 + 2x^3)y + (-6x^2 + 2x^3)y^3 + 8y^5$$

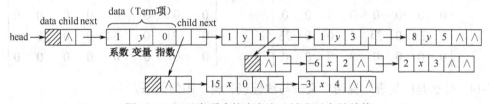

图 5.14　二元多项式的广义表双链表示存储结构

三元多项式类似。m 元多项式以此类推。

习 题 5

5-1　数组有什么特点？"数据结构"课程中为什么要研究数组？

5-2　什么是随机存储结构？为什么说数组是一种随机存储结构？写出一维数组的地址计算公式。

5-3　静态数组和动态数组在基本概念和设计方法上有什么不同？

5-4　一维数组和二维数组各有怎样的存储结构？有什么不同特点？

5-5　什么是二维数组的行主序和列主序存储？分别写出二维数组行主序和列主序顺序存储的地址计算公式，画出一个 3 行 5 列二维数组的静态和动态存储结构示意图。

5-6　设二维数组采用行主序存储，已知二维数组 a[10][8]中每个数据元素占 4 个字节，且第一个数据元素的存储地址是 1000，求数据元素 a[4][5] 的存储地址。

5-7 画出下列程序段表示的 element 存储结构示意图，并写出其中各元素值。

```
int **element = new int*[n];
int k=0;
for (int i=0; i<m; i++)
{    element[i] = new int[i+1];
     for(int j=0; j<i; j++)
         element[i][j] = k++;
}
```

5-8 有哪些特殊矩阵？特殊矩阵压缩存储的基本思想是什么？

5-9 写出上三角矩阵采用行/列主序存储上三角元素的地址计算公式。

5-10 写出上/下三角矩阵采用列主序存储上/下三角元素的线性压缩地址计算公式。

5-11 什么是稀疏矩阵？为什么要对稀疏矩阵进行压缩存储？稀疏矩阵压缩存储的基本思想是什么？

5-12 什么是稀疏矩阵的三元组？稀疏矩阵的压缩存储结构主要有哪些？各有什么特点？

5-13 对于如下的稀疏矩阵 A、B，分别画出其非零元素三元组的顺序表、行的单链表、列的单链表、十字链表等存储结构，以及 A、B 相加矩阵相应的压缩存储结构。

$$A_{7\times8} = \begin{bmatrix} 0 & 0 & 0 & 0 & 0 & 5 & 0 & 0 \\ 0 & 10 & 0 & 9 & 0 & 0 & 0 & 0 \\ 0 & 0 & 0 & 0 & 0 & 0 & 0 & 0 \\ 0 & 0 & 0 & 0 & 0 & 17 & 0 & 0 \\ 0 & 0 & 0 & 0 & 0 & 0 & 0 & 0 \\ 0 & 21 & 0 & 34 & 0 & 0 & 0 & 75 \\ 0 & 0 & 0 & 0 & 0 & 0 & 0 & 0 \end{bmatrix}, \quad B_{7\times8} = \begin{bmatrix} 1 & 0 & 0 & 0 & -5 & 0 & 0 \\ 11 & 0 & 43 & 0 & 0 & 0 & 77 & 0 \\ 0 & 0 & 0 & 0 & 0 & 0 & 0 \\ 0 & 0 & 0 & 0 & 0 & 51 & 0 & 0 \\ 0 & 0 & 0 & 0 & 0 & 0 & 0 \\ 0 & -21 & 0 & -34 & 0 & 0 & 0 & 0 \\ 0 & 0 & 0 & 0 & 0 & 0 & 0 \end{bmatrix}$$

5-14 什么是广义表？说明广义表与线性表、树、图的关系。

5-15 广义表是递归定义的，递归定义的广义表都是递归表吗？

5-16 广义表的双链表示为什么要带头结点？

5-17 计算下列广义表的长度和深度，并画出广义表双链表示。

中国(北京, 上海, 江苏(南京,苏州), 浙江(杭州), 广东(广州))

5-18 画出以下三元多项式的广义表双链表示。

$$P(x,y,z) = x^{10}y^3z^2 + 2x^6y^3z^2 - 6x^5y^3z^2 + 3x^4y^3z + 6x^3y^4z + 5yz + 21$$

实验 5 特殊矩阵和广义表的存储和运算

1. 实验目的和要求

理解数组的特性和二维数组的存储方式，掌握使用二维数组实现矩阵运算的方法，了解各种特殊矩阵的压缩存储方法。

了解广义表的概念和存储结构，理解链式存储结构在表达非线性数据结构中的作用。

2. 重点与难点

重点：讨论多种由顺序存储结构和链式存储结构有机结合的存储结构，以矩阵为例，研究在相同的逻辑结构（矩阵）和操作要求（矩阵运算）情况下，根据各种矩阵的不同特性，采用多种存储结构实现矩阵运算。

难点：稀疏矩阵的多种存储和实现，广义表的存储和实现。

3. 实验内容

5-1 例 5.1 的矩阵类 Matrix 增加以下成员函数，并讨论算法的时间复杂度。

Matrix(Matrix &mat)	//拷贝构造函数，深拷贝
Matrix& operator=(Matrix &mat)	//重载=赋值，深拷贝，自动扩容
bool operator==(Matrix &mat)	//比较两个同阶矩阵是否相等
void operator+=(Matrix &mat)	//当前矩阵与 mat 矩阵相加
Matrix operator+(Matrix &mat)	//返回当前矩阵与 mat 相加后的矩阵
void operator*=(Matrix &mat)	//当前矩阵与 mat 矩阵相乘
Matrix operator*(Matrix &mat)	//返回当前矩阵与 mat 相乘后的矩阵
Matrix transpose()	//返回当前矩阵的转置矩阵
bool isTriangular(bool up)	//判断是否上/下三角矩阵
bool isSymmetric()	//判断是否对称矩阵
int saddlePoint()	//返回矩阵的鞍点值

其中，若矩阵 $A_{m \times n}$ 中存在一个元素 a_{ij} 满足：a_{ij} 是第 i 行元素中最小值，且是第 j 列元素中最大值，则称元素 a_{ij} 是矩阵 A 的**鞍点**。一个矩阵可能没有鞍点；如果有鞍点，只有一个。

5-2 ☆分别使用一维数组线性压缩和三角形二维数组存储以下矩阵，并实现矩阵运算（例 5.1 和 5-1 实验题要求的操作）。

① 上三角矩阵；② 下三角矩阵；③ 对称矩阵；④ 对角矩阵。

5-3 ☆分别采用以下各种存储结构存储稀疏矩阵三元组线性表并实现矩阵运算。

① 排序顺序表；② 排序单链表；③ 排序循环双链表；④ 行的排序单链表；⑤ 行的排序循环双链表；⑥ 列的排序单链表；⑦ 列的排序循环双链表；⑧ ☆☆☆十字链表；⑨ ☆☆☆十字双链表。

5-4 ☆☆☆声明以双链表示的广义表类 GenList，实现广义表的遍历、插入、删除、查找原子、比较相等、复制等操作。

5-5 ☆☆☆以广义表双链表示实现 m 元多项式的相加、相乘等运算。

第**6**章

树和二叉树

树是数据元素（结点）之间具有层次关系的非线性结构。在树结构中，除根以外的结点只有一个前驱结点，可以有零至多个后继结点。根结点没有前驱结点。

本章主要讨论树和二叉树的基本概念和存储结构，二叉树的二叉链表操作实现，线索二叉树的操作实现，以 Huffman 树为例介绍二叉树的应用；介绍树的孩子、兄弟链表的操作实现。

本章是数据结构课程的重点，研究非线性的树结构及其应用，内容重点是二叉树的定义、性质、遍历、存储结构和递归算法实现。树和二叉树定义都是递归的，大多采用链式存储结构，因此树和二叉树的算法设计需要采用链式存储结构和递归算法。链式存储结构和递归算法都是程序设计的难点。

6.1　树及其抽象数据类型

树结构从自然界中的树抽象而来，有树根、从根发源类似枝权的分支关系和作为终点的叶子等。生活中所见的家谱、Windows 的文件系统等，虽然表现形式各异，本质上都是树结构，如图 6.1 所示。

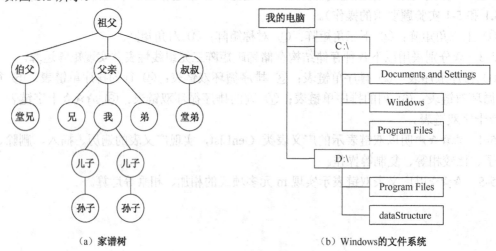

（a）家谱树　　　　　　　　　　（b）Windows的文件系统

图 6.1　树结构举例

6.1.1　树定义

树（Tree）是由 n（$\geqslant 0$）个结点组成的有限集合（树中元素通常称为结点）。$n=0$ 的树称为空树；n>0 的树 T 由以下两个条件约定构成：

① 有一个特殊的结点称为**根**（Root）结点，它只有后继结点，没有前驱结点。

② 除根结点之外的其他结点分为 m（0≤m<n）个互不相交的集合 T_0, T_1, L, T_{m-1}，其中每个集合 T_i（0≤i<m）本身又是一棵树，称为根的**子树**（Subtree）。

树是递归定义的。结点是树的基本单位，若干个结点组成一棵子树，若干棵互不相交的子树组成一棵树。树中每个结点都是该树中某一棵子树的根。因此，树是由结点组成的、结点之间具有层次关系的非线性结构。

空树、1 个和 n 个结点的树如图 6.2 所示。

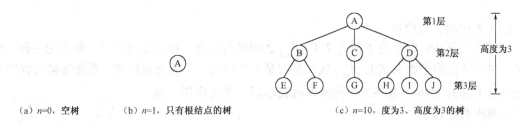

(a) n=0，空树   (b) n=1，只有根结点的树   (c) n=10，度为3、高度为3的树

图 6.2　树

在图 6.2（c）中，A 为树的根结点，其他结点组成 3 个互不相交的子集 T_0、T_1、T_2 作为 A 的子树，$T_0 = [B, E, F]$，$T_1 = [C, G]$，$T_2 = [D, H, I, J]$，3 棵子树的根结点分别是 B、C、D。

6.1.2　树的术语

下面以图 6.2（c）为例介绍树的术语。

（1）父母、孩子与兄弟结点

结点的前驱结点称为其**父母**（Parent）结点，结点的后继结点称为其**孩子**（Child）结点。一棵树中，只有根结点没有父母结点，其他结点有且仅有一个父母结点。例如，根结点 A 没有父母结点，A 是 B、C、D 的父母结点，B、C、D 是 A 的孩子结点。

拥有同一个父母结点的多个结点之间称为**兄弟**（Sibling）结点。例如，B、C、D 是兄弟，E、F 也是兄弟，但 F 和 G 不是兄弟。

结点的**祖先**（Ancestor）是指其父母结点，以及父母的父母结点等，直至根结点。结点的**后代**（Descendant，也称子孙）是指其所有孩子结点，以及孩子的孩子结点等。例如，E 的祖先结点有 B 和 A，E 是 A 和 B 的后代。

（2）度

结点的**度**（Degree）是结点所拥有子树的棵数。例如，A 的度是 3，E 的度是 0。

度为 0 的结点称为**叶子**（Leaf）结点，又称终端结点；树中除叶子结点之外的其他结点称为分支结点，又称非叶结点或非终端结点。例如，E 和 F 是叶子结点，B、C 是分支结点。

树的度是指树中各结点度的最大值。例如，图 6.2（c）所示的树的度为 3。

（3）结点层次、树的高度

结点的**层次**（Level）属性反映结点处于树中的层次位置。约定根结点的层次为 1，其他结点的层次是其父母结点的层次加 1。显然，兄弟结点的层次相同。例如，A 的层次为 1，B 的层次为 2，E 的层次为 3。F、G 不是兄弟，称为同一层上的结点。

树的**高度**（Height）或**深度**（Depth）是树中结点的最大层次数。例如，图 6.2（c）所示的树的高度为 3。

（4）边、路径、直径

设树中 X 结点是 Y 结点的父母结点，有序对(X, Y)称为连接这两个结点的分支，也称为**边**（Edge）。例如，A、B 结点之间的边是(A, B)。

设(X_0, X_1, L, X_k)（$0 \leq k < n$）是由树中结点组成的一个序列，且(X_i, X_{i+1})（$0 \leq i < k$）都是树中的边，则称该序列为从 X_0 到 X_k 的一条**路径**（Path）。**路径长度**（Path Length）为路径上的边数。例如，从 A 到 E 的路径是(A, B, E)，路径长度为 2。

二叉树的**直径**指从根到叶子结点的一条最长路径，直径的路径长度是该二叉树的高度 −1。

（5）无序树、有序树

在树的定义中，结点的子树T_0, T_1, L, T_{m-1}之间没有次序，可以交换位置，称为**无序树**，简称树。如果结点的子树T_0, T_1, L, T_{m-1}从左至右是有次序的，不能交换位置，则称该树为**有序树**（Ordered Tree）。例如，图 6.3 中的两棵树表示同一棵无序树，也可表示两棵有序树。

（6）森林

森林（Forest）是 m（≥ 0）棵互不相交的树的集合。给森林加上一个根结点就变成一棵树，将树的根结点删除就变成森林。

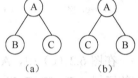

图 6.3　无序树和有序树

6.1.3　树的表示法

① 图示法，树的直观表示法，用于描述树的逻辑结构。图 6.2 就是以图示法表示的树。

② 横向凹入表示法，用逐层缩进方法表示结点之间的层次关系。例如，图 6.2（c）的树采用横向凹入表示法如图 6.4 所示，每行表示一个结点，孩子结点相对于父母结点缩进一个制表符 Tab 位置，以缩进位置表示结点的层次关系。

③ 树的广义表表示。由第 5 章可知，广义表能够表示树结构。树的广义表表示语法如图 6.5 所示。从广义表角度看，这个语法图就是带表名的再入表。

```
A
  B
    E
    F
  C
    G
  D
    H
    I
    J
```

图 6.4　树的横向凹入表示

图 6.5　树广义表表示的语法图

例如，图 6.2（c）树的广义表表示为 A(B(E, F), C(G), D(H, I, J))。

树的横向凹入表示和广义表表示，实现了树结构与线性关系一对一的映射，为树的输入和输出提供了线性表示。

6.1.4　树抽象数据类型

树的操作主要有创建树、获得父母/孩子/兄弟结点、遍历、插入和删除等。树抽象数据类型 Tree 声明如下，其中 T 为结点的元素类型，TreeNode 为树结点类（声明见 6.5 节）。

```
ADT Tree<T>                                   //树抽象数据类型，T 为结点元素类型
{
    bool empty()                              //判断是否空树
    int count()                               //返回树的结点个数
    int height()                              //返回树的高度
    void preOrder()                           //输出树的先根次序遍历
    void postOrder()                          //输出树的后根次序遍历序列
    void levelOrder()                         //输出树的层次遍历序列
    void insert(T x)                          //插入元素 x 作为根结点
    TreeNode<T>* insert(TreeNode<T> *p, T x, int i)  //插入 p 结点的第 i 个孩子 x
    void remove()                             //删除根，删除树
    void remove(TreeNode<T> *p, int i)        //删除以 p 的第 i 个孩子为根的子树
    TreeNode<T>* search(T key)                //查找关键字为 key 结点
    int level(T key)                          //返回关键字为 key 元素所在的层次
    boot operator==(Tree<T> &tree)           //重载==运算符，比较两棵树是否相等
}
```

虽然无序树没有为孩子结点约定次序，但是，一旦存储，各孩子结点就是有次序的。因此，获得、插入、删除等对孩子结点的操作采用序号 i（$0 \leq i <$ 孩子结点数）作为识别各孩子结点的标记，若 i 指定顶点序号超出范围，则抛出序号越界异常。

6.2 二叉树

6.2.1 二叉树定义

二叉树（Binary Tree）是 n（≥ 0）个结点组成的有限集合，$n=0$ 时称为空二叉树；$n>0$ 的二叉树由一个根结点和两棵互不相交的、分别称为左子树和右子树的子二叉树构成。二叉树也是递归定义的。在树中定义的度、层次等术语，同样适用于二叉树。

二叉树有 5 种基本形态（如图 6.6 所示）：（a）空二叉树；（b）只有一个根结点的二叉树；（c）由根结点、非空的左子树和空的右子树组成的二叉树；（d）由根结点、空的左子树和和非空的右子树组成的二叉树；（e）由根结点、非空的左子树和非空的右子树组成的二叉树。

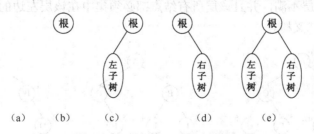

图 6.6　二叉树的 5 种基本形态

二叉树的结点最多只有两棵子树，所以二叉树的度最多为 2。二叉树不是度为 2 的有序树，因为二叉树的子树有左、右之分，即使只有一棵子树也要区分是左子树还是右子树。两

个结点的树和二叉树如图 6.7 所示。

(a) 2个结点的有序树只有一种基本形态　　　　(b) 2个结点的二叉树具有两种基本形态

图 6.7　2 个结点的树和二叉树的基本形态

【思考题 6-1】画出 3 个结点的树和二叉树的基本形态。

6.2.2　二叉树性质

性质 1：若根结点的层次为 1，则二叉树第 i 层最多有 2^{i-1}（$i \geq 1$）个结点。

证明：（归纳法）

① 根是 $i=1$ 层上的唯一结点，故 $2^{i-1}=2^0=1$，命题成立；

② 设第 $i-1$ 层最多有 2^{i-2} 个结点，由于二叉树中每个结点的度最多为 2，所以第 i 层最多有 $2 \times 2^{i-2}=2^{i-1}$ 个结点，命题成立。

性质 2：在高度为 h 的二叉树中，最多有 2^h-1 个结点（$h \geq 0$）。

证明：由性质 1 可知，在高度为 h 的二叉树中，结点数最多为 $\sum_{i=1}^{h} 2^{i-1} = 2^h-1$。

性质 3：设一棵二叉树的叶子结点数为 n_0，2 度结点数为 n_2，则 $n_0 = n_2 + 1$。

证明：设二叉树结点数为 n，1 度结点数为 n_1，则有 $n = n_0 + n_1 + n_2$（6-1）；因 1 度结点有 1 个子女，2 度结点有 2 个子女，叶子结点没有子女，根结点不是任何结点的子女，所以，二叉树结点总数又可表示为 $n = 0 \times n_0 + 1 \times n_1 + 2 \times n_2 + 1$（6-2），综合两式，可得 $n_0 = n_2 + 1$。

一棵高度为 h 的**满二叉树**（Full Binary Tree）是具有 2^h-1（$h \geq 0$）个结点的二叉树。从定义知，满二叉树中每一层的结点数目都达到最大值。对满二叉树的结点进行连续编号，约定根结点的序号为 0，从根结点开始，自上而下，每层自左至右编号，如图 6.8（a）所示。

一棵具有 n 个结点高度为 h 的二叉树，如果它的每个结点都与高度为 h 的满二叉树中序号为 $0 \sim n-1$ 的结点一一对应，则称这棵二叉树为**完全二叉树**（Complete Binary Tree），如图 6.8（b）所示。

满二叉树是完全二叉树，而完全二叉树不一定是满二叉树。完全二叉树的第 $1 \sim h-1$ 层是满二叉树，第 h 层不满，并且该层所有结点都必须集中在该层左边的若干位置上。图 6.8（c）不是一棵完全二叉树。

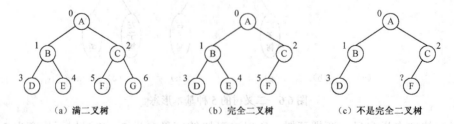

(a) 满二叉树　　　　　　　(b) 完全二叉树　　　　　　(c) 不是完全二叉树

图 6.8　满二叉树与完全二叉树

性质 4：一棵具有 n 个结点的完全二叉树，其高度 $h = \lfloor \log_2 n \rfloor + 1$。

证明：对于一棵有 n 个结点高度为 h 的完全二叉树，有 $2^{h-1} - 1 < n \leq 2^h - 1$，对不等式移项并求对数，有 $h - 1 < \log_2(n+1) \leq h$，由于二叉树的高度 h 只能是整数，所以取 $h = \lfloor \log_2 n \rfloor + 1$。

性质 5：一棵具有 n 个结点的完全二叉树，对序号为 i（$0 \leq i < n$）的结点，有：

⊙ 若 $i=0$，则 i 为根结点，无父母结点；若 $i > 0$，则 i 的父母结点序号为 $\lfloor (i-1)/2 \rfloor$。

⊙ 若 $2i+1 < n$，则 i 的左孩子结点序号为 $2i+1$；否则 i 无左孩子。

⊙ 若 $2i+2 < n$，则 i 的右孩子结点序号为 $2i+2$；否则 i 无右孩子。

例如，在图 6.8（b）中，$i=0$ 时为根结点 A，其左孩子结点 B 的序号为 $2i+1=1$，右孩子结点 C 的序号为 $2i+2=2$。

6.2.3 二叉树的遍历及构造规则

1. 二叉树的遍历规则

二叉树的遍历是按照一定规则和次序访问二叉树中的所有结点，并且每个结点仅被访问一次。虽然二叉树是非线性结构，但遍历二叉树访问结点的次序是线性的，而且访问的规则和次序不止一种。二叉树的遍历规则有孩子优先和兄弟优先。

（1）孩子优先的遍历规则

已知 3 个元素共有 6 种排列，由 3 个元素构成的一棵二叉树（如图 6.9 所示）的所有遍历序列有 6 种：ABC，BAC，BCA，CBA，CAB，ACB。

观察上述序列可知，后 3 个序列分别与前 3 个序列的次序相反。前 3 个序列的共同特点是，B 在 C 之前，即先遍历左子树，后遍历右子树。由于先遍历左子树还是右子树在算法设计上没有本质区别，因此约定遍历子树的次序是先左后右，则二叉树孩子优先的遍历有三种次序，分别称为先根次序、中根次序和后根次序，遍历规则是递归的，说明如下。

图 6.9　一棵二叉树

① 先根次序：访问根结点，遍历左子树，遍历右子树。

② 中根次序：遍历左子树，访问根结点，遍历右子树。

③ 后根次序：遍历左子树，遍历右子树，访问根结点。

二叉树的遍历过程是递归的。设一棵二叉树如图 6.10（a）所示，其三种遍历序列分别为：（先根）ABDGCEFH；（中根）DGBAECHF；（后根）GDBEHFCA。

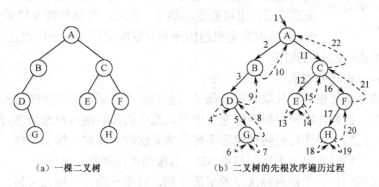

（a）一棵二叉树　　　　　（b）二叉树的先根次序遍历过程

图 6.10　二叉树及其先根次序遍历过程

由此可知，先根次序遍历最先访问根结点；后根次序遍历最后访问根结点；中根次序遍历，左子树上的结点在根结点之前访问，右子树上的结点在根结点之后访问。

将一个中缀表达式表示为一棵表达式二叉树，两个操作数分别作为运算符结点的左、右孩子结点，运算符都是分支结点，操作数都是叶子结点，则按后根次序遍历计算可得到后缀表达式。例如，$(a+b+c)×$ $(d-e)/(f×g)$ 表达式二叉树如图 6.11 所示，后缀表达式为 $ab+c+de-×fg×/$。

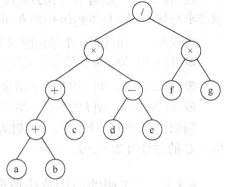

图 6.11　表达式二叉树

（2）兄弟优先的遍历规则

二叉树的层次遍历是按层次次序进行的，遍历过程从根结点开始，逐层深入，从左至右依次访问完当前层的所有结点，再访问下一层。图 6.10（a）所示二叉树的层次遍历序列为

A B C D E F G H

二叉树层次遍历的特点是兄弟优先。对于任意一个结点（如 B），其兄弟结点（C）在其孩子结点（D）之前访问。

2．二叉树的构造规则

图示法能够直观描述二叉树的逻辑结构，但不便于作为计算机输入的表达方式。

由于二叉树是数据元素之间具有层次关系的非线性结构，而且二叉树中每个结点的两个子树有左右之分，所以建立一棵二叉树必须明确以下两点：① 结点与父母结点及孩子结点之间的层次关系；② 兄弟结点间的左右子树的次序关系。

以下讨论三种能够唯一确定一棵二叉树的表示法。

（1）由二叉树的一种遍历序列不能唯一确定一棵二叉树

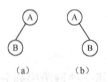

图 6.12　一个先根遍历序列（AB）不能唯一确定一棵二叉树

二叉树的一种遍历序列将二叉树的非线性关系映射成一种线性关系。因此，由一棵二叉树可唯一得到其先根、中根、后根遍历序列和层次遍历序列；反之，已知二叉树的一种遍历序列却不能唯一确定一棵二叉树。

例如，已知一棵二叉树的先根遍历序列为 AB，则能够确定 A 是根结点，并且 B 是 A 的孩子结点，但不能确定是哪个孩子，可能是左孩子，也可能是右孩子。因此，得到如图 6.12 所示的两棵二叉树。这是因为先根遍历序列只反映父母与孩子结点之间的层次关系，没有反映兄弟结点间的左右次序。

（2）先根和中根序列表示

由于先根次序或后根次序反映父母与孩子结点的层次关系，中根次序反映兄弟结点间的左右次序。所以，已知先根和中根两种遍历序列，或中根和后根两种遍历序列能够唯一确定一棵二叉树。而已知先根和后根两种遍历序列仍然无法唯一确定一棵二叉树。例如，图 6.12 的两棵二叉树，它们的先根遍历序列都是 AB，后根遍历序列都是 BA。

已知二叉树的先根和中根两种次序的遍历序列，可唯一确定一棵二叉树。

证明：设数组 prelist 和 inlist 分别表示一棵二叉树的先根和中根次序遍历序列，两序列长度均为 n。

① 由先根遍历次序知，该二叉树的根为 prelist[0]；该根结点必定在中根序列中，设根结点在中根序列 inlist 中的位置为 i（$0 \leqslant i < n$），即有 inlist[i] = prelist[0]。

② 由中根遍历次序知，inlist[i]之前的结点在根的左子树上，inlist[i]之后的结点在根的右子树上。因此，根的左子树由 i 个结点组成，子序列为：

左子树的先根序列：prelist[1]，…，prelist[i]

左子树的中根序列：inlist[0]，…，inlist[i-1]

根的右子树由 $n-i-1$ 个结点组成，子序列为：

右子树的先根序列：prelist[i+1]，…，prelist[n-1]

右子树的中根序列：inlist[i+1]，…，inlist[n-1]

③ 以此递归，可唯一确定一棵二叉树。

例如，已知先根序列 prelist=ABDGCEFH，中根序列 inlist=DGBAECHF，确定一棵二叉树的过程如图 6.13 所示。

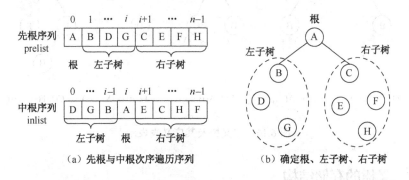

（a）先根与中根次序遍历序列　　　　（b）确定根、左子树、右子树

图 6.13　已知先根和中根序列确定一棵二叉树的第一趟

同理可证明：中根与后根次序遍历序列可唯一确定一棵二叉树。

（3）标明空子树的先根序列表示

如果在先根遍历序列中标明空子树（∧），通过空子树位置反映兄弟结点之间的左右次序，则明确了二叉树中每个结点与其父母、孩子及兄弟间的树关系，因此，可唯一确定一棵二叉树。二叉树及其先根次序遍历序列如图 6.14 所示，（a）（b）两棵二叉树的表示不同。

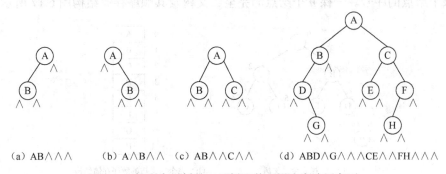

（a）AB∧∧∧　　　（b）A∧B∧∧　（c）AB∧∧C∧∧　　　（d）ABD∧G∧∧∧CE∧∧FH∧∧∧

图 6.14　标明空子树的二叉树及其先根次序遍历序列

（4）广义表表示

广义表形式可以表示一棵树，但不能唯一表示一棵二叉树，原因在于无法明确左右子树。例如，图 6.12 中两棵二叉树的广义表表示都是 A(B)。

二叉树的广义表表示语法如图 6.15 所示，以∧标明空子树，确定左右子树。

图 6.15　二叉树广义表表示的语法图

二叉树的广义表表示是递归定义的。一棵二叉树与其广义表表示是一对一的映射。已知一棵二叉树的广义表表示，能够唯一确定这棵二叉树。二叉树及其广义表表示如图 6.16 所示。

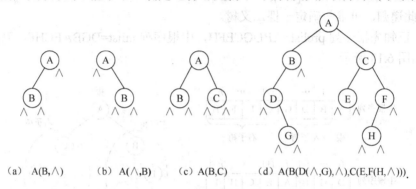

（a）　A(B,∧)　　　（b）A(∧,B)　　　（c）A(B,C)　　　（d）A(B(D(∧,G),∧),C(E,F(H,∧)))

图 6.16　二叉树及其广义表表示

6.2.4　二叉树的存储结构

二叉树主要采用链式存储结构，顺序存储结构仅适用于完全二叉树和满二叉树。

1．二叉树的顺序存储结构

二叉树的顺序存储结构仅适用于完全二叉树和满二叉树。将一棵完全二叉树的所有结点按结点序号进行顺序存储，根据二叉树的性质 5，由结点序号 i 可知其父母结点、左孩子结点和右孩子结点的序号。一棵 n 个结点的完全二叉树及其顺序存储结构图 6.17 所示。

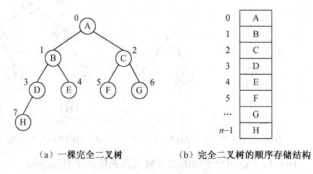

（a）一棵完全二叉树　　　（b）完全二叉树的顺序存储结构

图 6.17　完全二叉树及其顺序存储结构

将完全二叉树的结点按次序进行编号，实际上是对完全二叉树的一次层次遍历。由于具有 n 个结点的完全二叉树只有一种形态，因此，一棵完全二叉树与其层次遍历（结点编号）是一对一的映射，二叉树的性质 5 将完全二叉树的层次遍历序列所表达的线性关系映射到树结构的层次关系，完全二叉树的层次遍历序列能够唯一确定一棵完全二叉树。所以，完全二叉树能够采用顺序存储结构存储，依靠数组元素的相邻位置反映数据的逻辑结构。

由于顺序存储结构没有特别存储元素间的关系，对于非完全二叉树这样的非线性结构，不存在一棵二叉树与一种线性序列是一对一的映射，所以，非完全二叉树不能采用顺序存储结构存储。

2．二叉树的链式存储结构

二叉树通常采用链式存储结构，每个结点至少要有两条链分别连接左、右孩子结点，才能表达二叉树的层次关系。二叉树的链式存储结构主要有二叉链表和三叉链表。

（1）二叉链表

二叉树的二叉链表存储结构，指每个结点除了数据域之外，采用两个指针域分别指向左、右孩子结点。一棵 n 个结点的二叉树及其二叉链表存储结构如图 6.18 所示，其中，data 存储数据元素，left、right 指针分别指向左、右孩子结点。root 指针指向二叉树的根结点。

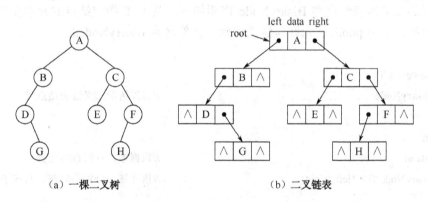

图 6.18　二叉树及其二叉链表存储结构

采用二叉链表存储二叉树，每个结点只存储了到其孩子结点的单向关系，没有存储到其父母结点的关系，因此，要获得父母结点将花费较多时间，需要从根结点开始在二叉树中进行查找，所花费时间是遍历部分二叉树的时间，且与查找结点所处位置有关。

（2）三叉链表

二叉树的三叉链表存储结构，其结点在二叉链表结点的基础上，增加一个指针 parent 指向其父母结点，这样存储了父母结点与孩子结点的双向关系。

也可采用一个结构数组存储二叉树的所有结点，称为静态二/三叉链表，每个结点存储其（父母）左、右孩子结点下标，通过下标表示结点间的关系，–1 表示无此结点。

图 6.18（a）所示二叉树的三叉链表和静态三叉链表如图 6.19 所示。

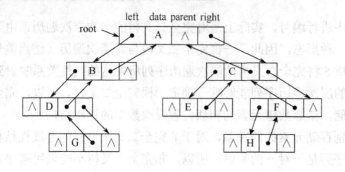

	data	parent	left	right
0	A	−1	1	2
1	B	0	3	−1
2	C	0	4	5
3	D	1	−1	6
4	E	2	−1	−1
5	F	2	7	−1
6	G	3	−1	−1
7	H	5	−1	−1

（a）三叉链表　　　　　　　　　　　　（b）静态三叉链表

图 6.19　二叉树的三叉链表存储结构

6.2.5　二叉树的二叉链表实现

对二叉树的操作由二叉树结点类和二叉树类共同完成。采用二叉链表的二叉树结点类和二叉树类设计如下。

1．二叉链表结点类

二叉树的二叉链表结点类 BinaryNode 声明如下，其中 T 指定结点的元素类型，成员变量的访问权限声明为 public，允许其他类访问。文件名为 BinaryNode.h。

```
template <class T>
class BinaryNode                              //二叉树的二叉链表结点类
{
  public:
    T data;                                   //数据域，存储数据元素
    BinaryNode<T> *left,*right;               //指针域，分别指向左、右孩子结点

    //构造结点，data 指定元素，left、right 指针分别指向左孩子和右孩子结点，默认空
    BinaryNode(T data, BinaryNode<T> *left=NULL, BinaryNode<T> *right=NULL)
    {
        this->data = data;
        this->left = left;
        this->right = right;
    }
};
```

2．采用二叉链表存储的二叉树类

二叉树类 BinaryTree 声明如下，其中成员变量 root 指向二叉树的根结点；提供创建二叉树、获得父母/孩子结点、遍历、插入和删除等操作。文件名为 BinaryTree.h。

```
#include <iostream>
using namespace std;
#include "BinaryNode.h"                              //二叉树的二叉链表结点类

template <class T>
class BinaryTree                                     //二叉树类
{
  public:
    BinaryNode<T> *root;                             //指向根结点

    BinaryTree();                                    //构造空二叉树
    BinaryTree(T prelist[], int n);                  //以标明空子树的先根序列构造二叉树
    BinaryTree(T prelist[], T inlist[], int n);      //以先根和中根序列构造二叉树
    BinaryTree(MyString genlist);                    //以广义表表示构造二叉树
    ~BinaryTree();                                   //析构函数

    bool empty();                                    //判断是否空二叉树
    friend ostream& operator<<<>(ostream& out, BinaryTree<T>&);   //输出先根次序遍历序列
    void inOrder();                                  //输出中根次序遍历序列
    void postOrder();                                //输出后根次序遍历序列
    void insert(T x);                                //插入元素 x 作为根结点
    BinaryNode<T>* insert(BinaryNode<T> *p, T x, bool leftChild=true); //插入 x 作为 p 的孩子
    void remove(BinaryNode<T> *parent, bool leftChild);   //删除 parent 结点的左或右子树
    void remove();                                   //删除根，删除二叉树
    int count();                                     //返回二叉树的结点个数
    int height();                                    //返回二叉树的高度
    BinaryNode<T>* search(T key);    //查找先根次序遍历首次出现的关键字为 key 结点，T 重载==
    BinaryNode<T>* parent(BinaryNode<T>* node);      //返回 node 的父母结点
    void printGenList();                             //输出二叉树的广义表表示
    void inOrderTraverse();                          //中根次序遍历二叉树的非递归算法
    void levelOrder();                               //按层次遍历二叉树
    int level(T key);                                //返回 key 结点所在的层次
    boot operator==(BinaryTree<T> &bitree);          //重载==，比较两棵二叉树是否相等
    BinaryTree(BinaryTree<T> &bitree);               //拷贝构造函数，深拷贝
    BinaryTree<T>& operator=(BinaryTree<T> &bitree); //重载=赋值运算符，深拷贝

  private:
    void preOrder(BinaryNode<T> *p);                 //先根次序遍历以 p 结点为根的子树
    void inOrder(BinaryNode<T> *p);                  //中根次序遍历以 p 结点为根的子树
    void postOrder(BinaryNode<T> *p);                //后根次序遍历以 p 结点为根的子树
    void remove(BinaryNode<T> *p);                   //删除以 p 结点为根的子树
    BinaryNode<T>* create(T prelist[], int n, int &i);   //以标明空子树的先根遍历序列创建子树
    BinaryNode<T>* create(MyString &genlist, int &i);    //以广义表表示创建一棵子树
};

template <class T>
```

```
BinaryTree<T>::BinaryTree()                          //构造空二叉树
{    this->root = NULL;
}
template <class T>
bool BinaryTree<T>::empty()                          //判断是否空二叉树
{    return this->root==NULL;
}
```

3．二叉树的先根、中根和后根次序遍历算法

在二叉树类 BinaryTree 中，分别以先根、中根和后根次序遍历二叉树的函数如下，三种次序遍历都是递归算法，三者之间的差别仅在于访问结点的时机不同。

```
//输出先根次序遍历序列（标明空子树）
template <class T>
ostream& operator<<<>(ostream& out, BinaryTree<T> &btree)
{
    out<<"先根次序遍历二叉树：  ";
    btree.preOrder(btree.root);                      //调用先根次序遍历二叉树的递归函数
    out<<endl;
    return out;
}
template <class T>
void BinaryTree<T>::preOrder(BinaryNode<T> *p)       //先根次序遍历以 p 结点为根的子树,递归函数
{
    if (p==NULL)                                     //若二叉树空
        cout<<"∧";                                  //输出空结点标记
    else
    {    cout<<p->data<<" ";                          //输出当前结点元素
        preOrder(p->left);                           //按先根次序遍历 p 的左子树，递归调用
        preOrder(p->right);                          //按先根次序遍历 p 的右子树，递归调用
    }
}

template <class T>
void BinaryTree<T>::inOrder()                        //输出中根次序遍历序列
{
    cout<<"中根次序遍历二叉树：  ";
    this->inOrder(root);                             //调用中根次序遍历二叉树的递归函数
    cout<<endl;
}
template <class T>
void BinaryTree<T>::inOrder(BinaryNode<T> *p)        //中根次序遍历以 p 结点为根的子树，递归函数
{
    if (p!=NULL)
    {    inOrder(p->left);                            //按中根次序遍历 p 的左子树，递归调用
        cout<<p->data<<" ";
        inOrder(p->right);                           //按中根次序遍历 p 的右子树，递归调用
    }
```

```
        }
    }

template <class T>
void BinaryTree<T>::postOrder()                        //输出后根次序遍历序列
{
    cout<<"后根次序遍历二叉树:   ";
    this->postOrder(root);                             //调用后根次序遍历二叉树的递归函数
    cout<<endl;
}
template <class T>
void BinaryTree<T>::postOrder(BinaryNode<T> *p)        //后根次序遍历以 p 结点为根的子树,递归函数
{
    if (p!=NULL)
    {   postOrder(p->left);
        postOrder(p->right);
        cout<<p->data<<" ";
    }
}
```

递归函数必须有参数,通过不同的实际参数区别递归调用执行中的多个函数。一棵二叉树由多棵子树组成,一个结点也是一棵子树的根。因此,二叉树类中实现遍历规则的递归函数以结点 p 为参数,如 preOrder(p)表示以先根次序遍历以 p 结点为根的子树,当 p 指向不同结点时,遍历不同的子树;当 p 为空子树时,当前函数结束,返回调用函数。

此外,二叉树类还必须提供从根结点开始遍历的函数,因此,每种遍历算法由两个重载函数实现,如中根次序遍历的重载函数是 inOrder()和 inOrder(p)。

【思考题 6-2】实现 BinaryTree 类声明的基于遍历的操作:求结点个数、求高度等。根据不同的应用需求,采用不同次序遍历。

4．二叉树插入结点

在二叉树的二叉链表中插入一个结点,需要修改该结点的父母结点的 left 或 right 域,如图 6.20 所示。因此,插入函数要指定插入结点作为哪个结点的左孩子还是右孩子。

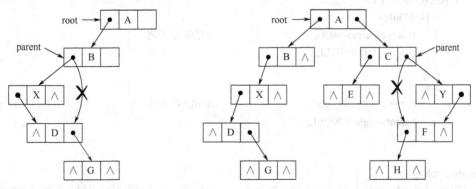

(a)创建 X 结点作为 parent 的左孩子,
parent 的原左孩子 D 作为 X 结点的左孩子

(b)创建 Y 结点作为 parent 的右孩子,
parent 的原右孩子 F 作为 Y 结点的右孩子

图 6.20　在二叉树中插入值为 x 结点作为 parent 的左或右孩子结点

BinaryTree 类的 insert(x) 和 insert(parent, x, leftChild)插入结点函数声明如下：

```
//插入元素 x 作为根结点，原根结点作为其左孩子，返回插入结点地址
template <class T>
BinaryNode<T>* BinaryTree<T>::insert(T x)
{    return this->root = new BinaryNode<T>(x, this->root, NULL);
}
//插入 x 为 parent 结点的左/右孩子，原 parent 的左/右孩子为 x 结点的左/右孩子；返回插入结点；
//若 parent 为空，则不插入；leftChild 指定孩子，取值为 true（左孩子，默认）、false（右孩子）
template <class T>
BinaryNode<T>* BinaryTree<T>::insert(BinaryNode<T> *parent, T x, bool leftChild)
{
    if (parent==NULL)
        return NULL;
    if (leftChild)                                    //插入 x 结点作为 parent 的左/右孩子
        return parent->left = new BinaryNode<T>(x, parent->left, NULL);
    return parent->right = new BinaryNode<T>(x, NULL, parent->right);
}
```

5．二叉树删除子树

在二叉树中删除一个结点，不仅要修改其父母结点的 left 或 right 域，还要约定如何调整子树结构的规则，即删除一个结点，原先以该结点为根的子树则变成由原左子树和右子树组成的森林，约定一种规则使这个森林组成一棵子树。此处，因为无法约定左右子树的合并规则，只能删除以一个结点为根的一棵子树。

BinaryTree 类删除指定子树的函数声明如下，要释放删除结点占用的存储空间。

```
//删除 parent 结点的左或右子树，若 leftChild 为 true，删除左子树，否则删除右子树
template <class T>
void BinaryTree<T>::remove(BinaryNode<T> *parent, bool leftChild)
{
    if (parent!=NULL)
        if (leftChild)
        {    remove(parent->left);                    //删除左子树
            parent->left = NULL;
        }
        else
        {    remove(parent->right);                   //删除右子树
            parent->right = NULL;
        }
}
template <class T>
void BinaryTree<T>::remove(BinaryNode<T> *p)          //删除以 p 结点为根的子树，后根次序遍历
{
    if (p!=NULL)
```

```
    {   remove(p->left);
        remove(p->right);
        delete p;                              //释放结点占用的存储空间
    }
}
```

BinaryTree 类的析构函数和删除二叉树函数声明如下：

```
template <class T>
BinaryTree<T>::~BinaryTree()                   //析构函数
{   this->remove(this->root);
}
template <class T>
void BinaryTree<T>::remove()                   //删除根结点，删除二叉树
{   this->remove(this->root);
}
```

6. 构造二叉树

（1）标明空子树的先根序列表示

由标明空子树的先根序列表示构造一棵二叉树，构造过程如图 6.21 所示。

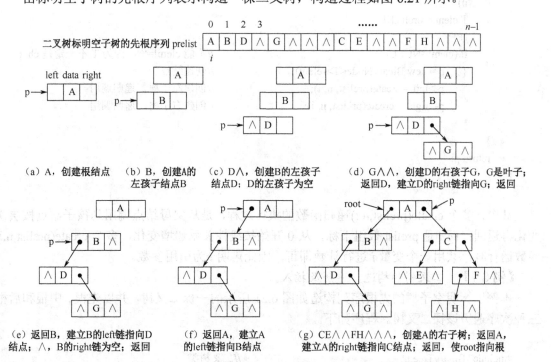

图 6.21 以标明空子树的先根序列构造二叉树

设 prelist 表示一棵二叉树标明空子树的先根次序遍历序列，构造二叉树的递归算法描述如下：

① prelist[0]一定是二叉树的根，创建根结点；prelist[1]一定是根的左孩子。

② 若 prelist[i]不是空子树∧，则创建一个结点，该结点的左孩子结点元素是 prelist[i+1]，但父母与孩子之间的链还未建立；否则当前子树为空，返回上一层结点。

③ 返回到当前结点时，下一个元素 prelist[i+1]是当前结点的右孩子结点；当一个结点的左右孩子链都已建立，则以当前结点为根的一棵子树就已建好，返回上一层结点。

④ 重复执行步骤②～③，直到返回根结点，则二叉树建成，使 root 指向根结点。

BinaryTree 类的构造函数声明如下，以标明空子树的先根序列构造一棵二叉树。

```cpp
//构造二叉树，prelist 数组指定二叉树标明空子树的先根遍历序列，n 指定序列长度
template <class T>
BinaryTree<T>::BinaryTree(T prelist[], int n)
{
    int i=0;
    this->root = this->create(prelist, n, i);
}
//以标明空子树的先根序列（从 i 开始）创建一棵以 prelist[i]为根的子树，返回根结点，递归算法
template <class T>
BinaryNode<T>* BinaryTree<T>::create(T prelist[], int n, int &i)
{
    BinaryNode<T> *p=NULL;
    if (i<n)
    {   T elem = prelist[i];
        i++;
        if (elem!=NULL)                        //不能 elem!='^'，因为 T 不一定是 char
        {   p = new BinaryNode<T>(elem);        //创建结点
            p->left = create(prelist, n, i);    //创建左子树，递归调用
            p->right = create(prelist, n, i);   //创建右子树，递归调用
        }
    }
    return p;
}
```

其中，多个 create(prelist,n,i)递归函数的执行过程，是从父母结点调用到孩子结点按层次变化再返回；而 i 是 prelist 数组下标，从 0 开始按线性关系递增变化，多个 create(prelist,n,i)函数运行时，共用一个变量 i 进行计数即可，因此声明 i 为引用参数。

【例 6.1】 二叉树的构造、遍历及插入。

本例以标明空子树的先根序列构造如图 6.21 所示的一棵二叉树，并以先根、中根和后根三种次序遍历该棵二叉树。程序如下。

```cpp
#include "BinaryTree.h"                    //二叉树类
int main()
{                                          //图 6.21 所示二叉树标明空子树的先根序列
    char prelist[] = {'A','B','D',NULL,'G',NULL,NULL,NULL,'C','E',NULL,NULL,'F','H'};
    BinaryTree<char> bitree(prelist, 14);
```

```
    cout<<bitree;                              //输出先根次序遍历序列（标明空子树）
    bitree.inOrder();                          //输出中根次序遍历序列
    bitree.postOrder();                        //输出后根次序遍历序列
    bitree.insert(bitree.root->left, 'X');     //插入左孩子，图6.20（a）
    bitree.insert(bitree.root->right, 'Y', false);  //插入右孩子，图6.20（b）
    bitree.insert('Z');                        //插入根
    cout<<bitree;
    return 0;
}
```

（2）广义表表示

二叉树的广义表表示语法图见图6.15。BinaryTree类的printGenList()函数声明如下：

```
template <class T>
void BinaryTree<T>::printGenList()             //输出二叉树的广义表表示字符串
{
    this->printGenList(root);
    cout<<endl;
}
//输出以p结点为根的一棵子树的广义表表示字符串，先根次序遍历，递归算法
template <class T>
void BinaryTree<T>::printGenList(BinaryNode<T> *p)
{
    if (p==NULL)
        cout<<"∧";                            //输出空子树表示
    else
    {   cout<<p->data;
        if (p->left!=NULL || p->right!=NULL)  //非叶子结点
        {   cout<<"(";
            printGenList(p->left);            //输出左子树，递归调用
            cout<<",";
            printGenList(p->right);           //输出右子树，递归调用
            cout<<")";
        }
    }
}
```

一棵二叉树的广义表表示字符串及构造算法描述如下，构造过程如图6.22所示，将每个结点元素简化为用一个大写字母表示。

"A(B(D(∧,G),∧),C(E,F(H,∧)))"

① 遇到大写字母'A'，创建结点，作为该二叉树的根结点。

② 遇到'('表示其后是左子树，如"(B(D(∧"，分别创建左孩子结点。

③ 遇到','表示其后是右子树，如",G"，创建右孩子结点。

④ 遇到')'表示一棵子树创建完成，返回所创建结点引用给调用者，建立left链或right

链，直到遇到与其匹配的 '('。

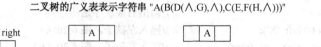

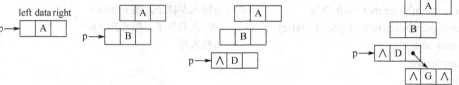

（a）"A"，　　　（b）"(B"，遇到'('，　　（c）"(D∧"，创建B的左　　（d）",G)"，遇到','，创建D的右孩子G，G是叶子；
创建根结点　　　创建A的左孩子结点B　　孩子结点D；D的左孩子为空　　遇到')'，返回D，建立D的right链指向G；返回

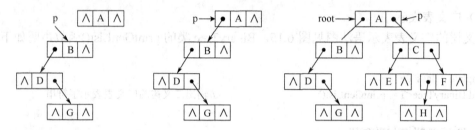

（e）返回B，建立B的left链指向D结点；　（f）返回A，建立A的　　（g）",C(E,F(H,∧)))"，创建A的右子树；返回A，建
",∧)"，B的right链为空，返回　　　　left链指向B结点　　立A的right链指向C结点；返回，使root指向根结点

图 6.22　以二叉树的广义表表示构造二叉树

以二叉树的广义表表示字符串，构造一棵二叉链表存储的二叉树，函数声明如下：

```
//以广义表表示构造二叉树，genlist 指定广义表表示字符串。T 必须有 MyString 类参数的构造函数
template <class T>
BinaryTree<T>::BinaryTree(MyString genlist)
{
    int i=0;
    this->root = this->create(genlist, i);
}
//以广义表表示字符串（从 i 开始）创建一棵以 genlist[i]为根的子树，返回根结点，递归算法
template <class T>
BinaryNode<T>* BinaryTree<T>::create(MyString &genlist, int &i)
{
    if (genlist[i]=='^')                                //跳过'^'
    {   i++;
        return NULL;
    }
    int n=0;
    char ch;
    while (i<genlist.count() && (ch=genlist[i+n]) && ch!='(' && ch!=',' && ch!=')')
        n++;
    MyString str = genlist.substring(i,n);              //获得从 i 开始长度为 n 的子串
    i+=n;
```

```
        BinaryNode<T> *p = new BinaryNode<T>(str);          //创建叶子结点
        if (genlist[i]=='(')
        {   i++;                                            //跳过'('
            p->left = create(genlist, i);                   //创建左子树
            i++;                                            //跳过','
            p->right = create(genlist, i);                  //创建右子树
            i++;                                            //跳过')'
        }
        return p;
}
```

调用语句如下：

```
BinaryTree<MyString> bitree("A(B(D(^,G),^),C(E,F(H,^)))");   //构造二叉树，图 6.22 广义表表示
    bitree.printGenList();                                   //输出二叉树的广义表表示字符串
```

7．二叉树遍历的非递归算法

对于二叉树的先根、中根和后根次序遍历的递归算法，通过设立一个栈，也可以用非递归算法实现。下述以中根次序遍历为例讨论二叉树的非递归遍历算法。

以中根次序遍历二叉树，以图 6.23（a）所示二叉树为例，指针 p 从根结点 A 开始，沿着 left 链到达 A 左子树上的结点 B、D，再沿着 right 链到达叶子结点 G，遍历了 A 的左子树，此时需要返回根结点 A，继续遍历 A 的右子树，但从 G 没有到达 A 的链。

采用二叉链表存储二叉树，结点的两条链均是指向孩子结点的，没有指向父母结点的链。所以，从根结点开始，沿着链前行可到达一个叶子结点，经过从根到叶子结点的一条路径。而遍历二叉树必须访问所有结点，经过所有路径。按照中根次序遍历规则，在每个结点处，先选择遍历左子树，当左子树遍历完后，必须返回该结点，访问该结点后，再遍历右子树。但是在二叉树中的任何结点均无法直接返回其父母结点。这说明，二叉树本身的链已无法满足需要，必须设立辅助的数据结构，指出下一个访问结点是谁。

在从根到叶子结点的一条路径上，所经过结点的次序与返回结点的次序正好相反。如果能够依次保存路径上所经过的结点，只要按照相反次序就能找到返回的路径。因此，辅助结构应该选择具有"后进先出"特点的栈。

二叉树中根次序遍历的非递归算法描述如下，如图 6.23 所示。

设置一个空栈；指针 p 从二叉树的根结点开始，当 p 不空或栈不空时，循环执行以下操作，直到走完二叉树且栈为空。

① 若 p 不空，表示刚刚到达 p 结点，则将 p 结点入栈，进入 p 的左子树；

② 若 p 为空但栈不空，表示已走完一条路径，则需返回寻找另一条路径。而返回的结点就是刚才经过的最后一个结点，它已保存在栈顶，所以出栈一个结点，使 p 指向它，访问 p 结点，再进入 p 的右子树。

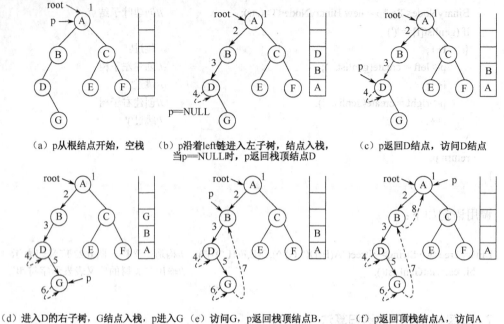

（a）p从根结点开始，空栈 （b）p沿着left链进入左子树，结点入栈， （c）p返回D结点，访问D结点
当p==NULL时，p返回栈顶结点D

（d）进入D的右子树，G结点入栈，p进入G （e）访问G，p返回栈顶结点B， （f）p返回顶栈结点A，访问A
的左子树，p==NULL，p再返回栈顶结点G 访问B结点

（g）继续按中根次序遍历A的右子树，栈随之变化；访问完所有结点之后，p==NULL，栈为空

图 6.23　二叉树中根次序遍历的非递归算法描述及栈变化

在 BinaryTree 类中增加以下以中根次序遍历二叉树的非递归算法，其中可使用顺序栈或
链式栈，栈中存储二叉树结点地址 BinaryNode<T>*。

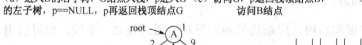

```cpp
#include "LinkedStack.h"                      //链式栈（第4章）
template <class T>
void BinaryTree<T>::inOrderTraverse()         //中根次序遍历二叉树的非递归算法
{
    cout<<"中根次序遍历（非递归）：    ";
    LinkedStack<BinaryNode<T>*> stack;        //创建空栈，元素为结点地址
    BinaryNode<T> *p = this->root;
    while (p!=NULL || !stack.empty())         //p 非空或栈非空时
        if (p!=NULL)
        {   stack.push(p);                    //p 结点地址入栈
            p = p->left;                      //进入左子树
        }
```

```
    else                                    //p 为空且栈非空时
    {   p = stack.pop();                    //p 指向出栈结点
        cout<<p->data<<" ";                 //访问结点
        p = p->right;                       //进入右子树
    }
    cout<<endl;
}
```

【思考题 6-3】怎样修改上述算法得到先根和后根次序遍历的非递归算法?

8. 二叉树的层次遍历

二叉树层次遍历的特点是兄弟优先。两个兄弟结点的访问次序是先左后右,连续访问;它们后代结点的访问次序是,左兄弟的所有孩子一定在右兄弟的所有孩子之前访问,左兄弟的后代结点一定在右兄弟的同层后代结点之前访问。

对采用二叉链表存储的二叉树进行层次遍历,设指针 p 指向某个结点,算法要解决的核心问题是,① p 如何到达它的右兄弟结点? ② p 如何到达它的同层下一个结点(非右兄弟)? ③ 当访问完一层的最后一个结点时, p 如何到达下一层的第一个结点?如图 6.24 (a) 所示的二叉树,访问 C 结点之后如何到达下一层的 D 结点?从 C 到 D 没有链,D 之后应该访问同层的 E,但从 D 到 E 也没有链。此时,二叉树本身的链无法满足需要,必须要设立辅助的数据结构,指出下一个访问结点是谁。由层次遍历规则可知,如果 B 在 C 之前访问,则 B 的孩子结点均在 C 的孩子结点之前访问。因此,辅助结构应该选择具有"先进先出"特点的队列。

二叉树的层次遍历算法描述如下:设置一个空队列;从根结点开始,当前结点 p 不空时,重复执行以下操作:

① 访问 p 结点,将结点的左、右孩子(如果有)入队;
② 出队一个结点,使 p 指向它,重复上一步,直到队列为空。

二叉树的层次遍历过程及队列变化如图 6.24 所示。

在 BinaryTree 类中增加以下二叉树的层次遍历算法,其中可使用顺序队列或链式队列,队列中存储二叉树结点地址 BinaryNode<T>*。

```
#include "SeqQueue.h"                       //顺序循环队列(第 4 章)
template <class T>
void BinaryTree<T>::levelOrder()            //按层次遍历二叉树
{
    cout<<"层次遍历:    ";
    SeqQueue<BinaryNode<T>*> que;           //创建空队列
    BinaryNode<T> *p = this->root;          //根结点没有入队
    while (p!=NULL)
    {   cout<<p->data<<" ";
        if (p->left!=NULL)
            que.enqueue(p->left);           //p 的左孩子结点入队
        if (p->right!=NULL)
```

```
            que.enqueue(p->right);           //p 的右孩子结点入队
        p = que.empty() ? NULL : que.dequeue();   //p 指向出队结点或 NULL
    }
    cout<<endl;
}
```

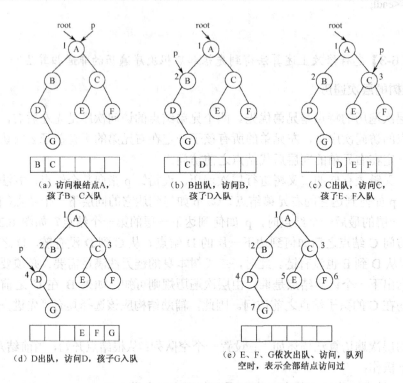

图 6.24　二叉树的层次遍历及队列变化

6.3　线索二叉树

对一棵二叉树进行遍历操作，所访问的结点构成一个线性序列。根据线性序列，可以获得一个结点的前驱结点和后继结点信息。

在二叉树的链式存储结构中，每个结点存储了指向其左、右孩子结点的链，而没有存储指向某种线性次序下的前驱或后继结点的链。当需要获得结点在一种遍历序列中的前驱或后继结点时，有以下两种解决办法：

⊙ 再进行一次遍历，寻找前驱或后继结点。这需要花费较多时间，效率较低。

⊙ 采用多重链表结构，每个结点增加两条链，分别指向前驱和后继结点。这需要花费较多的存储空间。

下面介绍的线索二叉树是一种较好地解决上述问题的方案。

6.3.1　线索二叉树定义

在二叉树的二叉链表表示中，若结点的子树为空，则指向孩子的链为空值。具有 n 个结点的二叉树，共有 $2×n$ 条链，其中 $n-1$ 条链表达各结点间的关系，$n+1$ 条链为空。

线索二叉树利用这些空链存储结点在某种遍历次序下的前驱和后继关系。意即原有非空的链保持不变，仍然指向该结点的左、右孩子结点；使空的 left 域指向前驱结点，空的 right 域指向后继结点。指向前驱或后继结点的链称为**线索**。为了区别每条链到底是指向孩子结点还是线索，每个结点需要增加两个链标记 ltag 和 rtag，定义如下：

$$ltag = \begin{cases} 0 & \text{left域指向左孩子} \\ 1 & \text{left域为线索，指向前驱结点} \end{cases} , \quad rtag = \begin{cases} 0 & \text{right域指向右孩子} \\ 1 & \text{right域为线索，指向后继结点} \end{cases}$$

因此，每个结点由 5 个域组成：data 数据域，left、right 左/右孩子结点指针域，ltag、rtag 左/右线索标记。

对二叉树以某种次序进行遍历并加上线索的过程称为**线索化**。按先（中、后）根次序进行线索化的二叉树称为先（中、后）序**线索二叉树**（Threaded Binary Tree）。

一棵中序线索二叉树及其二叉链表结构如图 6.25 所示，图中虚线表示线索。其中，root 指向根结点，D 没有前驱，D 的 left 域为空，约定 ltag=1；K 没有后继，K 的 right 域为空，约定 rtag=1。

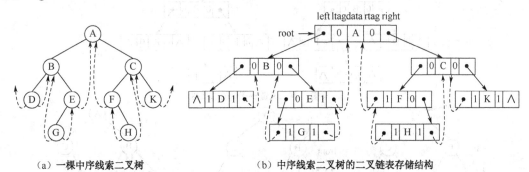

（a）一棵中序线索二叉树　　　　　　（b）中序线索二叉树的二叉链表存储结构

图 6.25　一棵中序线索二叉树及其二叉链表存储结构

线索二叉树的二叉链表结点类 ThreadNode 声明如下，文件名为 ThreadNode.h。

```cpp
template <class T>
class ThreadNode                        //线索二叉树的二叉链表结点类，T指定结点的元素类型
{
  public:
    T data;                             //数据域，保存元素
    ThreadNode<T> *left,*right;         //指针域，分别指向左、右孩子结点
    bool ltag, rtag;                    //左、右线索标记，1 个字节

    //构造结点，data 指定元素，left、right 指针分别指向左孩子和右孩子结点，默认空；
    //ltag、rtag 分别表示左、右线索标志，默认 0
    ThreadNode(T data, ThreadNode<T> *left=NULL, ThreadNode<T> *right=NULL,
               bool ltag=0, bool rtag=0)
    {
        this->data = data;
        this->left = left;
        this->right = right;
```

```
            this->ltag = ltag;
            this->rtag = rtag;
        }
};
```

6.3.2 中序线索二叉树

本书以中序线索二叉树为例讨论线索二叉树类的设计及操作实现。

1. 二叉树的中序线索化

对一棵二叉树进行中序线索化，就是在遍历二叉树时为每个结点添加线索和链标记。递归算法描述如下，过程如图 6.26 所示。

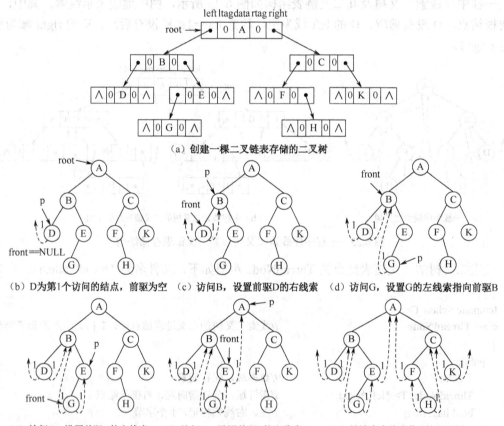

（a）创建一棵二叉链表存储的二叉树

（b）D为第1个访问的结点，前驱为空　（c）访问B，设置前驱D的右线索　（d）访问G，设置G的左线索指向前驱B

（e）访问E，设置前驱G的右线索　（f）访问A，设置前驱E的右线索　（g）继续中序线索化A的右子树

图 6.26　二叉树中序线索化过程

（1）已知一棵二叉树采用具有线索二叉树结点的二叉链表存储，root 指向根结点，每个结点的 left、right 域分别指向左、右孩子结点，线索标记为 0，如图 6.26（a）所示。

（2）设指针 p 指向某个结点，front 指向 p 的中根次序下的前驱结点，front 初值为 NULL。p 从根 root 开始，当 p 非空时，执行以下操作：

① 中序线索化 p 结点的左子树。

② 若 p 的左子树为空，则设置 p 的 left 链为指向前驱结点 front 的线索，设置左线索标记 p->ltag 为 1。

③ 若 p 的右子树为空，则设置右线索标记 p->rtag 为 1；若前驱 front 的右线索标记 front->rtag 为 1，则设置前驱 front 的 right 链为指向后继 p 的线索。

④ 使 front 指向结点 p。

⑤ 中序线索化 p 结点的右子树。

2．中序线索二叉树类

中序线索二叉树类 ThreadBinaryTree 声明如下：

```
#include <iostream>
using namespace std;
#include "ThreadNode.h"                    //线索二叉树的二叉链表结点类

template <class T>
class ThreadBinaryTree                     //中序线索二叉树类，T 指定结点的元素类型
{
  public:
    ThreadNode<T> *root;                   //指向根结点

    ThreadBinaryTree();                    //构造空线索二叉树
    ThreadBinaryTree(T prelist[], int n);  //以标明空子树的先根序列构造中序线索二叉树
    ~ThreadBinaryTree();                   //析构函数

    bool empty();                          //判断是否空二叉树
    void inOrder();                        //中根次序遍历中序线索二叉树
    void preOrder();                       //先根次序遍历中序线索二叉树
    void postOrderPrevious();              //后根次序遍历（反序）

    ThreadNode<T>* parent(ThreadNode<T> *node);      //返回 node 结点的父母结点
    void insert(T x);                      //插入根
    ThreadNode<T>* insert(ThreadNode<T> *parent,T x, bool leftChild=true); //插入左/右孩子
    void remove();                         //删除根
    void remove(ThreadNode<T> *parent, bool leftChild);  //删除 parent 的左或右孩子结点

  private:
    ThreadNode<T>* create(T prelist[], int n, int &i);  //以先根序列创建二叉树
    void inThread(ThreadNode<T> *p, ThreadNode<T> *&front);  //中序线索化
    ThreadNode<T>* inNext(ThreadNode<T> *p);    //返回 p 在中根次序下的后继
    ThreadNode<T>* preNext(ThreadNode<T> *p);   //返回 p 在先根次序下的后继
    ThreadNode<T>* inPrev(ThreadNode<T> *p);    //返回 p 在中根次序下的前驱
    ThreadNode<T>* postPrev(ThreadNode<T> *p);  //返回 p 在后根次序下的前驱
    void remove(ThreadNode<T> *p);              //删除以 p 结点为根的子树
};
```

其中，构造空树、判断空树、撤销等函数实现省略。构造中序线索二叉树函数声明如下：

```
//以标明空子树的先根序列构造一棵中序线索二叉树
template <class T>
ThreadBinaryTree<T>::ThreadBinaryTree(T prelist[], int n)
{
    int i=0;
    this->root = create(prelist, n, i);        //以标明空子树的先根序列构造一棵二叉树，函数体省略
    ThreadNode<T>* front=NULL;
    inThread(this->root, front);               //中序线索化二叉树
}
//中序线索化以 p 结点为根的子树，front 指向 p 的前驱结点
void ThreadBinaryTree<T>::inThread(ThreadNode<T>* p, ThreadNode<T>* &front)
{
    if (p!=NULL)
    {   inThread(p->left, front);              //中序线索化 p 的左子树
        if (p->left==NULL)                     //若 p 的左子树为空
        {   p->ltag = 1;                       //设置左线索标记
            p->left = front;                   //设置 p 的 left 为指向前驱 front 的线索
        }
        if (p->right==NULL)                    //若 p 的右子树为空
            p->rtag = 1;                       //设置右线索标记
        if (front!=NULL && front->rtag)
            front->right=p;                    //设置前驱 front 的 right 为指向后继 p 的线索
        front = p;
        inThread(p->right, front);             //中序线索化 p 的右子树
    }
}
```

其中，递归函数 inThread(p, &front)的参数 p 按层次关系变化，逐层深入；而 front 指向 p 的前驱结点，按中根次序下的线性关系变化，多个 inThread(p, &front)运行时，共用一个 front 变量即可，因此，声明 front 为引用类型&front。

3. 中根次序遍历中序线索二叉树

建立线索二叉树的目的是，为了直接找到某结点在某种遍历次序下的前驱或后继结点，而不必再次遍历二叉树。在中序线索二叉树中，不仅能够直接求得任意一个结点在中根次序下的前驱和后继结点，还能够很方便地求得其在先根次序下的后继结点和后根次序下的前驱结点，使得二叉树的先根、中根、后根次序遍历算法都是非递归的，并且不使用栈，这就是线索化的好处。

已知二叉树的中根次序遍历规则是：遍历左子树、访问根结点、遍历右子树。因此，一个结点 p 的后继结点是 p 右子树上第一个访问结点，也就是 p 右孩子的最左边的一个后代结点。

在中序线索二叉树中，一个结点 p 在中根次序下的后继结点仅与 p->right 有关，算法描述如下：

① 如果 p->rtag 值为 1，则 p->right 线索指向 p 的后继，或 p 没有后继结点。

② 如果 p->rtag 值为 0，p->right 指向 p 的右孩子，则 p 的后继结点是 p 右子树在中根次序下第一个访问结点，也就是 p 右孩子的最左边的一个后代结点。例如，在图 6.25 中，A 的后继结点是 F。

中序线索二叉树类 ThreadBinaryTree 的 inNext(p)函数声明如下：

```
//返回 p 在中根次序下的后继结点
template <class T>
ThreadNode<T>* ThreadBinaryTree<T>::inNext(ThreadNode<T> *p)
{
    if (p->rtag==1)                          //若右子树为空
        p=p->right;                          //p->right 就是指向 p 后继结点的线索
    else
    {   p=p->right;                          //若右子树非空，进入右子树
        while (p->ltag==0)                   //找到最左边的后代结点
            p=p->left;
    }
    return p;
}
```

按中根次序遍历一棵中序线索二叉树，第一个访问结点是根的左子树上最左边的一个后代结点，此后，反复求得当前访问结点的后继结点，即可遍历整棵二叉树。函数声明如下：

```
void ThreadBinaryTree<T>::inOrder()         //中根次序遍历中序线索二叉树，非递归算法
```

【思考题 6-4】 求 p 结点在中根次序下的前驱结点，按中根次序遍历中序线索二叉树。

4．先根次序遍历中序线索二叉树

在中序线索二叉树中，求一个结点 p 在先根次序下的后继结点，算法描述如下，如图 6.27 所示。

① 如果 p 结点有左孩子，则 p 的左孩子是 p 的后继结点。如 A 的后继结点是 B。

② 如果 p 结点没有左孩子有右孩子，则 p 的右孩子是 p 的后继结点。如 F 的后继结点是 H。

③ 如果 p 是叶子结点，则 p 的右兄弟结点是 p 的后继结点；如 D 的后继结点是 E。

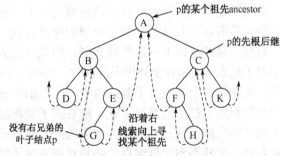

图 6.27　中序线索二叉树求结点 p 在先根次序下的后继结点

如果 p 没有右兄弟，则 p 结点作为先根次序下最后一个访问结点所在子树的右兄弟是 p 的后继结点。此时 p 是某棵子树上最后一个访问结点，沿着 right 线索向上首先遇到有右孩子的祖先结点 ancestor，则 p 就是 ancestor 的左子树上最后一个访问结点，ancestor 的右孩子即

数据结构（C++版）（第3版）

是 p 的后继结点。例如，G 是没有右兄弟的叶子结点，沿着 right 线索（G 的 right 和 E 的 right）向上到达 A，确定 G 是 A 的左子树上最后一个访问结点，因此 A 的右孩子 C 即为 G 的后继结点。

上述②、③可合并描述为，当 p 结点没有左孩子时，p 的后继结点是 p 的某个祖先结点 ancestor 的右孩子，这个 ancestor 或者是 p 自己，或者是 p 的父母结点，或者是 p 的某个祖先结点。

preNext(p)函数声明如下，返回 p 在先根次序下的后继结点。

```
template <class T>
ThreadNode<T>* ThreadBinaryTree<T>::preNext(ThreadNode<T> *p)
{
    if (p->ltag==0)                              //若左子树非空
        p=p->left;                               //左孩子是 p 的后继结点
    else                                         //否则，后继是右兄弟或某个中序祖先的右孩子
    {   while (p->rtag==1 && p->right!=NULL)      //沿着右线索向上，寻找某个中序祖先
            p=p->right;
        p=p->right;                              //右孩子是后继结点
    }
    return p;
}
```

按先根次序遍历中序线索二叉树，第一个访问的结点是根，此后反复求得当前访问结点在先根次序下的后继结点，即可遍历整棵二叉树。

【思考题 6-5】求 p 结点在后根次序下的前驱结点，按后根次序遍历中序线索二叉树。

5. 求父母结点

在中序线索二叉树中，寻找指定结点的父母结点有左右二条路径。例如，如图 6.28 所示，寻找结点 J 的父母结点，首先从 J 开始，沿着左孩子链经过 K、L 到达最左边最深的一个子孙结点 M，通过 M 的前驱线索到达结点 A，A 即是 J 的一个祖先结点；判断该祖先 A 是否是 J 的父母结点，若不是，到达 A 的右孩子 H，再沿着 H 的左孩子链逐层向下，直到找到 J 的父母结点 I。此时，寻找经过的结点序列由以下成分组成一条三角形的环形路径：

左孩子链逐层向下 → 前驱线索到达祖先→祖先的右孩子→左孩子链逐层向下

也可沿着以下右孩子链和后继线索路径寻找，寻找 J 父母结点的路径是{O,P,Q,I}。

右孩子链逐层向下→后继线索到达祖先→祖先的左孩子→右孩子链逐层向下。

对于结点 J，选择上述两条路径之一即可。而对于结点 B，一条路径是不够的。因为，如果先走左边，沿着左孩子链到达 C，经 C 的前驱线索得到的祖先结点为空，此路不通；则必须再转而向右孩子链继续寻找，沿右孩子链逐层向下经过 D、E 直到 G，经 G 的后继线索向上到达祖先结点 A，再判断。如果选择先向右孩子链寻找，同样存在该问题。结点 H 和 S 沿着右孩子链找不到父母结点，必须再走左孩子链寻找。

6. 插入结点

中序线索二叉树的插入结点操作，需要修改父母与孩子结点的链接关系，以及中根次序下的前驱与后继的线索关系。以下说明插入左孩子结点，插入根和插入右孩子情况省略。

设 p 指向一棵中序线索二叉树中的某结点，插入值为 x 结点 q 作为 p 的左孩子结点，如图 6.29 所示，不仅要修改 p 指向孩子结点的链，还要修改 p 的原后继（或前驱）结点指向 p 的前驱（或后继）线索。

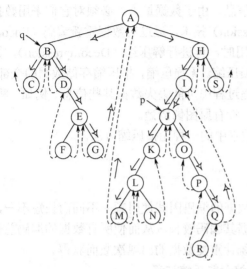
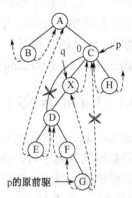

图 6.28　在中序线索二叉树中寻找父母结点　　图 6.29　插入 X 作为 C 的左孩子结点

7．删除结点

在中序线索二叉树中删除指定结点的右孩子，也要改变父母与孩子结点的链接关系，涉及前驱后继线索的链接关系。删除右孩子结点算法描述如图 6.30 所示，其中删除 2 度结点用左孩子结点顶替，也可用右孩子结点顶替。其他情况省略。

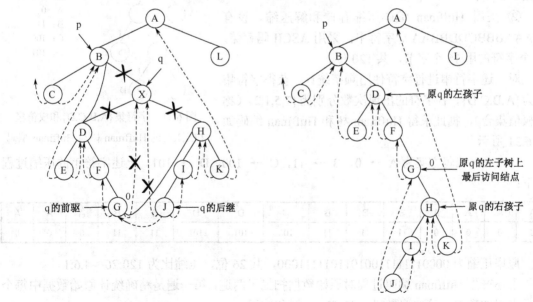

（a）X是2度结点，用X的左孩子D顶替X，并将X　　　　（b）删除B的右孩子结点X之后
　　的右子树链接到原X的左子树之右

图 6.30　删除 B 的右孩子结点 X，用 X 的左孩子顶替

6.4 Huffman 树

目前常用的图像、音频、视频等多媒体信息，由于数据量大，必须对它们采用数据压缩技术来存储和传输。数据压缩（Data Compression）技术，通过对数据重新编码（Encode）进行压缩存储，减少数据占用的存储空间；使用时，再进行解压缩（Decompression），恢复数据原有特性。压缩方法主要有无损压缩和有损压缩。无损压缩，指压缩存储数据的全部信息，确保解压后的数据不失真；有损压缩指，压缩过程中可能丢失数据某些信息。例如，将 BMP 位图压缩成 JPEG 格式图像，会有精度损失，没有原图像清楚。

Huffman 编码（Encoding）是数据压缩技术中的一种无损压缩方法。

6.4.1 Huffman 编码

Huffman 编码是一种变长的编码方案，数据的编码因其使用频率不同而长短不一，使用频率高的数据其编码较短，使用频率低的数据其编码较长，从而使所有数据的编码总长度最短。各数据的使用频率，通过在全部数据中统计重复数据的出现次数而获得。

【例 6.2】 采用 Huffman 编码的数据压缩和解压缩过程。

本题目的：以字符串为例，说明采用 Huffman 编码的数据压缩和解压缩过程。

① 采用 ASCII 码存储和显示。目前所有程序设计语言支持 ASCII 码，字符能够以 ASCII 码形式显示和输出。ASCII 码是一种定长编码方案，一个字符由 8 位二进制数表示，每个字符编码与字符的使用频率无关。

② 采用 Huffman 编码压缩存储和解压缩。设有 "AAAABBBCDDBBAAA"字符串，采用 ASCII 码存储，15 个字符占用 15 个字节，共 120 位。

对上述字符串进行字符使用频率统计，获得字符集合为{A,B,C,D}，各字符的出现次数分别为{7,5,1,2}（称为权值集合），据此求得 Huffman 树和 Huffman 编码如图 6.31 所示。

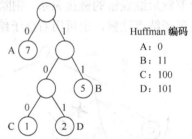

图 6.31　字符集{A,B,C,D}和权值集{7,5,1,2}的 Huffman 树与 Huffman 编码

Huffman 编码方案为 A → 0，B → 11，C → 100，D → 101。上述字符串的压缩过程如下：

A	A	A	A	B	B	B	C	D	D	B	B	A	A	A
0	0	0	0	11	11	11	100	101	101	11	11	0	0	0

原串压缩为 00001111110010110111111000，共 26 位，压缩比为 120:26≈4.6:1。

上述产生 Huffman 编码过程对原始数据扫描了两遍，第一遍是精确统计原始数据中每个符号出现的频率，第二遍是建立 Huffman 树和编码。

变长编码方案必须满足这样一条基本要求：任何一个字符的编码都不是另一个字符编码的前缀。这样才能保证译码的唯一性。Huffman 编码满足这一基本要求。将一个编码恢复成原数据的过程称为译码（Decode）。上述压缩数据 00001111110010110111111000，采用相同

Huffman 编码方案的解压缩过程如下：

0	0	0	0	11	11	11	100	101	101	11	11	0	0	0
A	A	A	A	B	B	B	C	D	D	B	B	A	A	A

采用 Huffman 编码压缩后，数据信息没有损失，能够恢复到原数据，因此 Huffman 编码是一种无损压缩。

6.4.2 Huffman 树及其构造算法

为得到一种 Huffman 编码方案，必须建立一棵 Huffman 树。那么，Huffman 树是怎样的二叉树？具有哪些特性？下面从二叉树的路径长度说起。

1．二叉树的路径长度

在二叉树中，从 X 到 Y 结点所经过的结点序列称为从 X 到 Y 结点的一条路径，路径长度为路径上的边数。从根结点到所有结点的路径长度之和称为该二叉树的**路径长度**（Path Length，PL），$PL = \sum_{i=0}^{n-1} l_i$，$l_i$ 为从根到第 i 个结点的路径长度。

从根到 X 结点有且仅有一条路径，路径长度为 X 结点的层次减 1。n 个结点的不同形态的二叉树，其路径长度也不同，完全二叉树的路径长度最短，但路径长度最短的二叉树不只完全二叉树一种。8 个结点的多棵二叉树及其路径长度如图 6.32 所示。

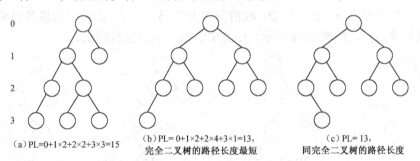

图 6.32　8 个结点的多棵二叉树及其路径长度

n 个结点的完全二叉树的路径长度，是以下序列的前 n 项之和：

$$0，1，1，2，2，2，2，3，3，3，3，3，3，3，3，4，\cdots$$

2．二叉树的外路径长度

一棵二叉树，从根结点到所有叶子结点的路径长度之和称为该**二叉树的外路径长度**。

一棵二叉树可表示一种编码方案，每条边表示一个二进制位 0 或 1，左子树的边表示 0，右子树的边表示 1，每个叶子结点表示一个字符。从根到叶子结点的一条路径上所有边的值组成该字符的编码。表示编码的二叉树中只有 2 度结点和叶子结点，没有 1 度结点。

一种编码方案的编码总长度为对应编码二叉树的外路径长度，完全二叉树的外路径长度最短。例如，四进制的定长编码对应 7 个结点的满二叉树，如图 6.33（a）所示，其外路径长度为 8，这是所有 7 个结点二叉树中外路径长度最短的。

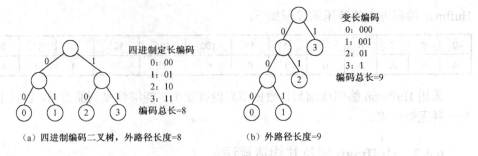

图 6.33　一棵二叉树表示一种编码方案

同理，可画出八进制和十六进制的编码二叉树。以上讨论的是等概率情况，即编码方案中每个字符的使用概率相等。那么，如果考虑字符的使用概率不相等情况，该如何编码呢？

3．二叉树的带权外路径长度

在字符的使用概率各不相同的情况下，将字符的使用概率作为二叉树中叶子结点的值，称为**权**（weight），则设计编码方案转换为构造带权外路径长度最短的二叉树问题。

从根到 X 结点的带权路径长度是 X 结点的权值与从根到 X 结点路径长度的乘积。所有叶子结点的带权路径长度之和称为**二叉树的带权外路径长度**（Weighted external Path Length，WPL）。设二叉树有 n 个带权的叶子结点，该二叉树的带权外路径长度 $\text{WPL} = \sum_{i=0}^{n-1}(w_i \times l_i)$，$w_i$ 为第 i 个叶子结点的权值，l_i 为从根到第 i 个叶子结点的路径长度。

已知 4 个叶子结点 A、B、C、D，权值分别为 7、5、1、2，由此可构造多棵编码二叉树，带权外路径长度不同，如图 6.34 所示，结点中的值表示该结点的权。

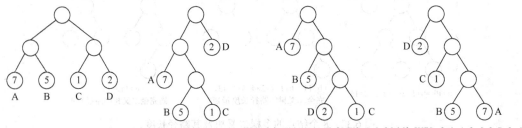

(a) WPL=7×2+5×2+1×2+2×2=30 (b) WPL=7×2+5×3+1×3+2×1=34 (c) WPL=7×1+5×2+2×3+1×3=26 (d) WPL=2×1+1×2+5×3+7×3=40

图 6.34　具有 4 个叶子结点的多棵编码二叉树及其带权外路径长度

4．构造 Huffman 树并获得 Huffman 编码

（1）Huffman 算法描述

Huffman 树是带权外路径长度最小的二叉树，也称最优二叉树。为了使所构造二叉树的带权外路径长度最小，应该尽量使权值较大结点的外路径长度较小。由 n 个权值作为 n 个叶子结点可构造出多棵 Huffman 树，因为没有明确约定左右子树。例如，上述 4 个叶子结点的多棵 Huffman 树如图 6.35 所示，WPL=26。

给定一个权值集合 $\{w_0, w_1, \text{L}, w_{n-1}\}$（$n>0$），将 w_i（$0 \leqslant i < n$）作为二叉树第 i 个叶子结点的权值，构造一棵 Huffman 树，使其带权外路径长度 WPL 最小。算法描述如下。

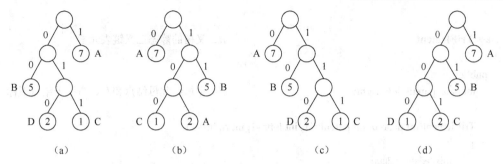

图 6.35　Huffman 树不唯一导致 Huffman 编码不同

① 初始，构造具有 n 棵二叉树的森林 $F=\{T_0,T_1,L,T_{n-1}\}$，其中每棵二叉树 T_i 只有一个权值为 w_i 的结点，该结点既是根结点也是叶子结点。

② 采取不断合并二叉树的策略。在 F 中选择当前根结点权值最小的两棵二叉树合并，左孩子结点权值较小，合并后根结点的权值为其孩子结点的权值之和。

③ 重复执行②，合并二叉树，直到 F 中只剩下一棵二叉树，就是所构造的 Huffman 树。

已知字符集 $\{A,B,C,D\}$ 的权值集合为 $\{7,5,1,2\}$，构造 Huffman 树的过程如图 6.36 所示。

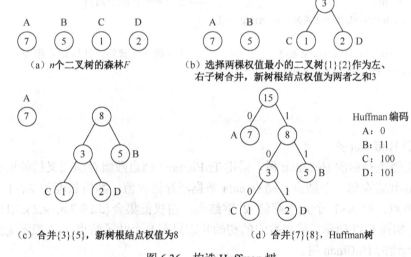

（a）n个二叉树的森林 F

（b）选择两棵权值最小的二叉树$\{1\}\{2\}$作为左、右子树合并，新树根结点权值为两者之和3

（c）合并$\{3\}\{5\}$，新树根结点权值为8

（d）合并$\{7\}\{8\}$，Huffman树

图 6.36　构造 Huffman 树

在 Huffman 树中，由从根到某个叶子结点的路径上的 0 和 1 组成的二进制位串构成该字符的 Huffman 编码。由于每个字符结点都是叶子结点，而叶子结点不可能在根到其他叶子结点的路径上，所以任何一个字符的 Huffman 编码都不是另一个字符 Huffman 编码的前缀。

（2）采用静态三叉链表存储 Huffman 树

由于 Huffman 树中没有 1 度结点，由二叉树性质 3 可知，具有 n 个叶子结点的 Huffman 树共有 $2n-1$ 个结点。在已知结点总数且没有插入删除操作的情况下，可采用静态链表存储 Huffman 树。在构造 Huffman 树并获得 Huffman 编码时，需要使用从父母结点到孩子结点的双向关系，因此采用静态三叉链表。

二叉树的静态三叉链表元素结构 TriElement 声明如下，每个结点存储其父母、左或右孩子结点下标，用于表示结点之间的关系。

```
class TriElement                                   //二叉树的静态三叉链表元素
{
  public:
    int data, parent, left, right;                 //数据域，父母结点和左、右孩子结点下标

    TriElement(int data=0, int parent=-1, int left=-1, int right=-1)
    {
        this->data = data;
        this->parent = parent;
        this->left = left;
        this->right = right;
    }
    friend ostream& operator<<(ostream& out, TriElement &e)
    {
        out<<"("<<e.data<<","<<e.parent<<","<<e.left<<","<<e.right<<")";
        return out;
    }
    bool isLeaf()                                  //判断是否叶子结点
    {   return this->left==-1 && this->right==-1;
    }
    bool operator==(TriElement &e)                 //重载==运算符，比较是否相等
    {   return this->data==e.data;
    }
};
```

（3）构造 Huffman 树

静态三叉链表存储的 Huffman 树，采用 TriElement 结点数组存储二叉树的所有结点，一个 TriElement 元素存储一个结点，结点 data 数据域存储权值。数组长度为 2n-1，前 n 个元素存储叶子结点，后 n-1 个元素存储 2 度结点。由权值集合{5,29,7,8,14,23,3,11}构造一棵 Huffman 树，如图 6.37 所示，结点数组的初始状态只有 8 个叶子结点，–1 表示无此结点，最终状态为所构造的 Huffman 树。

若上述权值集合对应字符 A~H，构造的 Huffman 树如图 6.38 所示。

（4）获得 Huffman 编码

字符的 Huffman 编码由变长的二进制位序列组成。从图 6.37 结点数组表示的 Huffman 树中，获得所有叶子结点表示字符 Huffman 编码的算法描述，从每个叶子结点开始向上寻找一条到根结点的路径，由该路径上的 0 和 1 组成的序列构成该字符的 Huffman 编码，0 或 1 取值由当前结点是其父母结点的左孩子或右孩子决定。这样得到的是反序的 Huffman 编码序列，再逆转序列各元素次序。

（5）Huffman 译码

数据解压缩过程必须使用与数据压缩过程相同的 Huffman 编码方案（即同一棵 Huffman 树），对二进制位序列进行译码。Huffman 译码算法描述：设有一个二进制位序列 S，从 S 的第 0 位开始，逐位地匹配二叉树边上标记的 0 和 1，由 Huffman 树的根结点出发，遇到 0 时

向左，遇到1时向右，若干连续的 0 和 1 确定一条从根到某个叶子结点的路径。一旦到达一个叶子结点，便译出一个字符；继续从 S 的下一位开始，再寻找一条从根到叶子结点的路径。

	data	parent	left	right
0	5	-1	-1	-1
1	29	-1	-1	-1
2	7	-1	-1	-1
3	8	-1	-1	-1
4	14	-1	-1	-1
5	23	-1	-1	-1
6	3	-1	-1	-1
7	11	-1	-1	-1
8				
9				
10				
11				
12				
13				
14				

（a）初始状态

	data	parent	left	right	
0	5	8	-1	-1	n个叶子结点
1	29	13	-1	-1	
2	7	9	-1	-1	
3	8	9	-1	-1	
4	14	11	-1	-1	
5	23	12	-1	-1	
6	3	8	-1	-1	
$n-1$ 7	11	10	-1	-1	
n 8	8	10	6	0	$n-1$个2度结点
9	15	11	2	3	
10	19	12	8	7	
11	29	13	4	9	
12	42	14	10	5	
13	58	14	1	11	
$2n-2$ 14	100	-1	12	13	根结点

（b）最终状态

图 6.37 Huffman 树结点数组的初始状态和最终状态

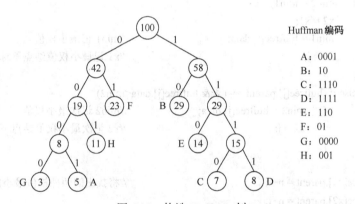

Huffman 编码

A：0001
B：10
C：1110
D：1111
E：110
F：01
G：0000
H：001

图 6.38 构造 Huffman 树

HuffmanTree 类声明如下，实现构造 Huffman 树，并进行 Huffman 编码和译码。

```
#include "SeqList.h"                    //顺序表类（第2章）
#include "MyString.h"                   //字符串类（第3章）
#include "TriElement.h"
class HuffmanTree                       //Huffman 树类
{
  private:
    MyString charset;                   //字符集
    SeqList<TriElement> huftree;        //结点顺序表
    MyString encode(int i);             //返回 charset[i]字符的编码字符串
```

```cpp
public:
    HuffmanTree(int weight[], int n);              //指定权值集合构造 Huffman 树
    void printCode();                              //输出所有字符的编码
    MyString encode(MyString &text);               //编码，数据压缩
    MyString decode(MyString &codestr);            //译码，数据解压缩
};

//构造 Huffman 树，weight[]指定权值集合，n 指定数组长度（叶子结点数）
HuffmanTree::HuffmanTree(int weight[], int n)
    : huftree(2*n-1)     //声明执行 SeqList<T>(int length)，n 个叶子的 Huffman 树共有 n-1 个结点
{                        //此处先执行 MyString(char *s, int length)，再执行 SeqList<T>(int length)
    for (int i=0; i<n; i++)                          //初始化
    {   this->charset.insert(i,'A'+i);               //默认字符集从'A'开始的 n 个字符
        this->huftree.insert(TriElement(weight[i],-1,-1,-1)); //初始有 n 个叶子结点
    }

    for (int i=0; i<n-1; i++)                        //构造 n-1 个 2 度结点，每次循环构造 1 个 2 度结点
    {   int min1=0x7fffffff, min2=min1, x1=0, x2=0;  //最小和次最小权值及其下标
        for (int j=0; j<n+i; j++)                    //查找两个无父母的最小权值结点
            if (huftree[j].parent==-1 && huftree[j].data<min1)
            {   min2 = min1;
                x2 = x1;
                min1 = huftree[j].data;              //min1 记最小权值
                x1 = j;                              //x1 记最小权值结点下标
            }
            else if (huftree[j].parent==-1 && huftree[j].data<min2)
            {   min2 = huftree[j].data;              //min2 记次最小权值
                x2 = j;                              //x2 记次最小权值结点下标
            }

        huftree[x1].parent = n+i;                    //将找出的两棵权值最小的子树合并
        huftree[x2].parent = n+i;
        huftree.insert(TriElement(huftree[x1].data+huftree[x2].data,-1,x1,x2));//添加第 n+i 结点
    }
    cout<<"Huffman 树的结点顺序表："<<this->huftree;
}
MyString HuffmanTree::encode(int i)                  //返回 charset[i]字符的编码字符串
{
    MyString str;                                    //以 MyString 字符串保存 Huffman 编码
    int child=i, parent=huftree[child].parent;
    while (parent!=-1)                               //由叶结点向上直到根结点循环
    {   str += (huftree[parent].left==child) ? '0' : '1'; //左、右孩子结点编码为 0、1。+=连接串
        child = parent;
        parent = huftree[child].parent;
```

```
    }
        str.reverse();                                    //将 str 串逆转，得到编码字符串
        return str;
    }
    void HuffmanTree::printCode()                         //输出所有字符的编码
    {
        cout<<"Huffman 编码，";
        for (int i=0; i<this->charset.count(); i++)       //输出所有叶子结点的 Huffman 编码
            cout<<this->charset[i]<<": "<<encode(i)<<", ";
        cout<<endl;
    }
    MyString HuffmanTree::encode(MyString &text)          //返回将 text 中所有字符压缩的编码字符串
    {
        MyString codestr;
        for (int i=0; i<text.count(); i++)
            codestr += encode(text[i]-'A');               //默认字符集是从 A 开始的 n 个字符
        return codestr;
    }
    MyString HuffmanTree::decode(MyString &codestr)       //返回将编码串 str 解压后的译码字符串
    {
        MyString text;
        int node=this->huftree.count()-1;                 //node 搜索一条从根到达叶子的路径
        for (int i=0; i<codestr.count(); i++)
        {   if (codestr[i]=='0')                           //根据 0/1 分别向左右孩子走
                node = huftree[node].left;
            else node = huftree[node].right;
            if (huftree[node].isLeaf())                    //到达叶子结点
            {   text += this->charset[node];               //获得一个字符
                node=this->huftree.count()-1;              //node 再从根结点开始
            }
        }
        return text;
    }
```

【例 6.3】 采用 Huffman 算法对一段文本进行数据压缩和解压缩。

对例 6.2 给定的一段文本，计算其权值集合，默认字符集为"ABCD"，构造如图 6.32 所示的一棵 Huffman 树；将该文本压缩成 Huffma 编码序列，再将压缩的 Huffma 编码序列解压缩成原文本，没有丢失任何信息，所以是无损压缩。调用程序如下。

```
int weight[]={7,5,1,2};                             //权值集合，默认字符集为"ABCD"
HuffmanTree huftree(weight, 4);
huftree.printCode();
MyString text("AAAABBBCDDBBAAA "), codestr;
codestr = huftree.encode(text);
cout<<"将"<<text<<"压缩为"<<codestr<<endl;
cout<<"将"<<codestr<<"解码为"<<huftree.decode(codestr)<<endl;
```

运行结果如下：

Huffman 树的结点顺序表：((7,6,-1,-1),(5,5,-1,-1),(1,4,-1,-1),(2,4,-1,-1),(3,5,2,3),(8,6,4,1),(15,-1,0,5))
Huffman 编码：A "0"，B "11"，C "100"，D "101"，
将"AAAABBBCDDBBAAA"压缩为"00001111111001011011111000"，26 位
将"00001111111001011011111000"解码为"AAAABBBCDDBBAAA"

6.5 树的表示和实现

6.5.1 树的遍历规则

树的遍历规则主要有两种：先根次序遍历和后根次序遍历。树的遍历规则也是递归的。

树的先根次序遍历算法描述：① 访问根结点；② 按从左到右次序遍历根的每一棵子树。

树的后根次序遍历算法描述：① 按从左到右次序遍历根的每一棵子树；② 访问根结点。

一棵树如图 6.39 所示，其先根和后根次序遍历序列分别为：ABEFCDG；EFBCGDA。

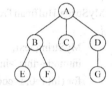

图 6.39 一棵度为 3 的树

6.5.2 树的存储结构

采用链式存储结构存储一棵度为 k 的树，父母结点与孩子结点之间使用链连接；一个结点的多个孩子结点之间可以采用顺序存储结构或链式存储结构存储，分别称为树的孩子链表和孩子兄弟链表。每结点可增加一条指向父母结点的链。图 6.39 所示树的父母孩子链表和父母孩子兄弟链表存储结构如图 6.40 所示。

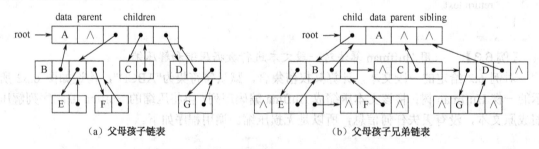

(a) 父母孩子链表　　　　　　　　　　　(b) 父母孩子兄弟链表

图 6.40 树的孩子链表和孩子兄弟链表存储结构

① 父母孩子链表。每个结点使用一个指针数组 children 存储各孩子结点地址，各结点 children 数组元素个数可不同，为孩子个数。结点结构如下：

（data 数据域，parent 父母结点链，children 孩子结点链数组）

② 父母孩子兄弟链表。每个结点采用 3 条链分别连接父母孩子和兄弟结点，结点结构如下：

　　　　（data 数据域，parent 父母结点链，child 孩子结点链，sibling 兄弟结点链）

这种存储结构实际上将一棵树转换成一棵二叉树存储。按照孩子兄弟表示法，一棵树能够转换成唯一的一棵二叉树；反之，一棵二叉树也能够还原成唯一的一棵树。由于树的根结点没有兄弟，所以对应二叉树的根结点的右子树为空。

树的孩子兄弟链表也可表示森林，存储规则如下：

① 将每棵树采用树的孩子兄弟链表存储；

② 森林中的多棵树之间是兄弟关系，将若干棵树通过根的 sibling 链连接起来。

6.5.3　树的父母孩子兄弟链表实现

1．树的父母孩子兄弟链表结点类

树的父母孩子兄弟链表结点类 TreeNode 声明如下，文件名为 TreeNode.h。

```
template <class T>
class TreeNode                          //树的父母孩子兄弟链表结点类，T 指定结点的元素类型
{
  public:
    T data;                             //数据域
    TreeNode<T> *parent, *child, *sibling; //指针域，分别指向父母、孩子、兄弟结点

    //构造结点，参数分别指定元素、父母结点、孩子结点和兄弟结点
    TreeNode(T data, TreeNode<T> *parent=NULL, TreeNode<T> *child=NULL,
             TreeNode<T> *sibling=NULL)
    {
        this->data = data;
        this->parent = parent;
        this->child = child;
        this->sibling = sibling;
    }
};
```

2．以父母孩子兄弟链表表示的树类

以父母孩子兄弟链表表示的树类 Tree 声明如下，文件名为 Tree.h。

```
#include <iostream.h>
#include "TreeNode.h"                   //树的父母孩子兄弟链表结点类
#include "MyString.h"                   //字符串类（第 3 章）
template <class T>
class Tree                              //父母孩子兄弟链表表示的树类，T 指定结点的元素类型
{
  public:
```

```
        TreeNode<T> *root;                                    //指向根结点

        Tree();                                               //构造空树
        Tree(MyString prelist[], int n);                      //以横向凹入表示构造树
        ~Tree();                                              //析构函数
        friend ostream& operator<<<>(ostream& out, Tree<T>&); //输出树的横向凹入表示

    private:
        void preOrder(TreeNode<T> *p, int i);                 //先根次序遍历以 p 结点为根的子树
};
```

树类的 Tree()、~Tree()等函数算法同二叉树类 BinaryTree，函数体省略。

（1）树的遍历

树的先根遍历算法实现如下，以树的横向凹入表示法输出各结点元素。

```
template <class T>
ostream& operator<<(ostream& out, Tree<T> &tree)   //输出树的横向凹入表示，先根次序遍历
{
    tree.preOrder(tree.root, 0);
    return out;
}
//先根次序遍历以 p 为根的子树，参数 i 指定结点的层次，输出 i 个 tab 缩进量，递归算法
template <class T>
void Tree<T>::preOrder(TreeNode<T> *p, int i)
{
    if (p!=NULL)
    {   for (int j=0; j<i; j++)
            cout<<"\t";
        cout<<p->data<<endl;
        preOrder(p->child, i+1);
        preOrder(p->sibling, i);
    }
}
```

【思考题 6-6】Tree 类增加并实现树 ADT（见 6.1 节）声明的 empty()等成员函数。

（2）以横向凹入表示构造树（森林）

【例 6.4】 以树的横向凹入表示构造一棵城市树（森林）。

设以下 prelist 数组表示树的横向凹入表示元素序列，元素是各国及其城市名字符串。

```
char* prelist[]={"中国","\t 北京","\t 江苏","\t\t 南京","\t\t 苏州","韩国","\t 首尔"};
```

prelist 数组中每个元素表示一个结点值，每个字符串的'\t'前缀表示该结点的层次关系。

由于父母孩子兄弟链表存储的树，每个结点能够直接找到其父母结点，因此以树的横向凹入表示构造一棵树是不使用栈的非递归算法，说明如下，算法构造过程如图 6.41 所示。

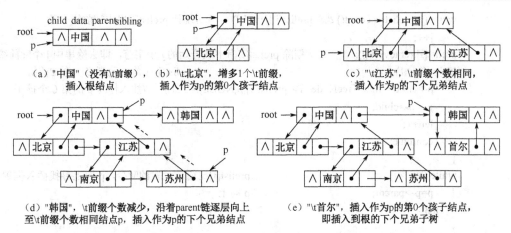

图 6.41 以树的横向凹入表示构造一棵父母孩子兄弟链表表示的树

依次创建元素为 prelist[*i*]（0≤*i*<prelist 数组长度）的结点，将 prelist[i]与前一元素 prelist[i-1]比较'\t'前缀个数，根据不同的'\t'前缀个数确定结点的插入位置，分以下 4 种情况，结点值是去除了所有'\t'前缀的子串。

① 如果 prelist[i]元素没有'\t'前缀，表示这是森林中一棵树的根结点，则将其存储为根结点或根的兄弟结点，如"中国"是所建树的根结点，"韩国"是根结点的兄弟结点。

② 如果 prelist[i]与前一元素 prelist[i-1]（由 p 指针指向）的'\t'前缀个数相同，则创建值为 prelist[i]结点作为 p 的兄弟结点，如"\t 江苏"是"\t 北京"的兄弟结点，"\t\t 苏州"是"\t\t 南京"的兄弟结点。

③ 如果 prelist[i]比 prelist[i-1]的'\t'前缀个数多一个，则将其存储为 p 的孩子结点；如"\t 北京"是"中国"的孩子结点，"\t\t 南京"是"\t 江苏"的孩子结点。

④ 如果 prelist[i]比 prelist[i-1]的'\t'前缀个数少，则沿着 parent 链逐层向上寻找插入位置，每向上一层，减少一个'\t'，直到遇到一个与其前缀个数相同的结点 p，插入 prelist[i]作为 p 的兄弟结点。例如，"韩国"是"\t\t 苏州"的下一个元素，从"苏州"结点向上找到"江苏"再到"中国"结点，将"韩国"插入作为"中国"的兄弟结点。

函数声明如下。

```
//以横向凹入表示构造树，prelist 数组存储一棵树的横向凹入表示序列，n 为 prelist 数组长度。
//T 必须有 MyString 类的构造函数，结点值去除了所有\t 前缀。非递归算法
template <class T>
Tree<T>::Tree(MyString prelist[], int n)
{
    this->root = NULL;
    if (n<=0)
        return;
    this->root = new TreeNode<T>(prelist[0]);      //创建根结点
    TreeNode<T> *p = this->root;
    int len=0;                                      //p 结点的'\t'前缀个数
    for (int i=1; i<n; i++)          //将 prelist[i]插入作为森林中最后一棵子树的最后一个孩子
    {   int j=0;
```

```
        while (j<prelist[i].count() && prelist[i][j]=='\t')        //统计 prelist[i]串中'\t'前缀个数
            j++;
        prelist[i].remove(0,j);            //删除 prelist[i]串中从开始的 j 个字符，即去除串中 j 个'\t'前缀
        if (j==len+1)                      //prelist[i]比前一元素多一个'\t'前缀
        {   p->child = new TreeNode<T>(prelist[i],p,NULL,NULL);    //插入作为 p 的第 0 个孩子
            p = p->child;
            len++;
            continue;
        }
        while (len > j)                    //prelist[i]比前一元素的'\t'少，p 向上寻找插入位置
        {   p=p->parent;                   //p 向上一层
            len--;
        }
        p->sibling = new TreeNode<T>(prelist[i],p->parent,NULL,NULL);
                                           //前缀个数相同，插入作为 p 结点的下个兄弟
        p = p->sibling;
    }
}
```

调用语句如下：

```
MyString china[]={"中国","\t 北京","\t 江苏","\t\t 南京","\t\t 苏州","韩国","\t 首尔"};
                                           //MyString 有 char*类型的构造函数
Tree<MyString> tree(china, 7);             //以树的横向凹入表示法构造树（森林）
cout<<tree;                                //输出树的横向凹入表示字符串
```

习 题 6

6-1　什么是树？树结构与线性结构的区别是什么？树与线性表有何关联？

6-2　什么是有序树？什么是无序树？

6-3　什么是结点的度？定义结点的度有何意义？什么是树的度？

6-4　树中各结点的层次是如何定义的？结点的层次有何意义？什么是树的高度？

6-5　树有哪几种表示方法？各有何特点？

6-6　什么是二叉树？二叉树是不是度为 2 的树？二叉树是不是度为 2 的有序树？为什么？

6-7　设二叉树中所有非叶结点均有非空左右子树，并且叶子结点数目为 n，该棵二叉树共有多少个结点？

6-8　什么是满二叉树？什么是完全二叉树？满二叉树一定是完全二叉树吗？完全二叉树一定是满二叉树吗？分别画出 15 个结点的满二叉树和 12 结点的完全二叉树。

6-9　一棵二叉树，如果所有分支结点都存在左子树和右子树，并且所有叶子结点都在同一层上，这是什么二叉树？

6-10　如果一棵具有 n 个结点的二叉树的结构与满二叉树的前 n 个结点的结构相同，这

是什么二叉树？

6-11 一棵完全二叉树有 1001 个结点，其中有多少个叶子结点？

6-12 高度为 h 的完全二叉树，其结点个数最多是多少？最少是多少？

6-13 具有 3000 个结点的二叉树，其高度最少是多少？

6-14 什么样的二叉树能够采用顺序存储结构？顺序存储结构如何表示数据元素间的非线性关系？

6-15 二叉树的链式存储结构有何特点？

6-16 如果结点中只有一个地址域，这样的结点结构能否存储一棵二叉树？为什么？

6-17 证明：一棵具有 n 个结点的二叉树，若采用二叉链表存储，则空链数 $T=n+1$。

6-18 分别给出如图 6.42 所示二叉树的先根、中根、后根次序遍历序列和层次遍历序列。

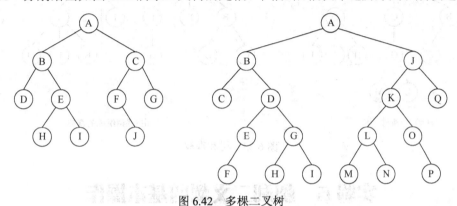

图 6.42 多棵二叉树

6-19 先根遍历序列为 ABCD 的二叉树有多少种形态？

6-20 找出分别满足下面条件的所有二叉树：

① 先根遍历序列和中根遍历序列相同；

② 中根遍历序列和后根遍历序列相同；

③ 先根遍历序列和后根遍历序列相同。

6-21 已知一棵二叉树的先根和中根遍历序列如下，画出据此构造的二叉树。

先根遍历序列：A B C I D E H F J G；中根遍历序列：B I C A H E J F G D

6-22 已知一棵二叉树的中根和后根遍历序列如下，画出据此构造的二叉树。

中根遍历序列：D C B G E A H F I J K；后根遍历序列：D C E G B F H K J I A

6-23 证明：已知二叉树的中根和后根两种次序的遍历序列，可唯一确定一棵二叉树。

6-24 画出表达式 $(a-b+c)*d/(e+f)$ 对应的二叉树，并给出后缀表达式。

6-25 画出用广义表形式 A(B(^, C(I,^)), D(E(^,F(J,G)),^)) 表示的一棵二叉树。

6-26 什么是线索二叉树？线索有什么作用？为什么要将二叉树线索化？

6-27 线索二叉树采用怎样的存储结构？在二叉树线索化的过程中，对二叉链表的二叉树做了哪些改动？

6-28 将图 6.42 所示二叉树以及 6-21、6-22、6-25 题构造出的二叉树进行中序线索化。

6-29 对图 6.42 所示的二叉树，分别画出其先序线索二叉树和后序线索二叉树。

6-30 在一棵二叉树中，两个结点间的路径是如何定义的？两个结点的路径长度是如何定义的？二叉树的路径长度是如何定义的？

6-31　什么是 Huffman 树？为什么要研究 Huffman 树？

6-32　设一棵 Huffman 树有 n 个叶子结点，该树共有多少个结点？

6-33　设一段正文由字符集{A,B,C,D,E,F,G,H}组成，其中每个字符在正文中出现的次数分别为{19,2,13,5,11,7,3,17}。采用 Huffman 编码对这段正文进行压缩存储，画出所构造的 Huffman 树，并写出每个字符的 Huffman 编码。

6-34　树的孩子链表和孩子兄弟链表存储结构各有何特点？为什么树要转换成二叉树存储？树转换成二叉树的规则是怎样的？将图 6.43 所示的树和森林分别采用（父母）孩子链表和（父母）孩子兄弟链表存储，画出存储结构图，分别写出其先根遍历序列和后根遍历序列。

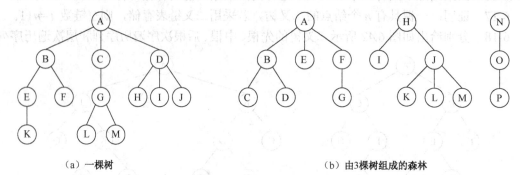

（a）一棵树　　　　　　　　　　　　　　（b）由3棵树组成的森林

图 6.43　树和森林

实验6　树和二叉树的基本操作

1. 实验目的和要求

理解树的基本概念，熟悉树的多种存储结构，掌握采用父母孩子兄弟链表存储结构实现树的构造、遍历、插入、删除等操作算法。

理解二叉树的定义、性质、存储结构等基本概念，熟练使用多种表示法构造二叉树，掌握采用二叉链表存储结构实现二叉树的构造、遍历、插入、删除等操作算法；理解线索二叉树的作用，掌握获得线索二叉树结点在指定遍历次序下的前驱或后继结点的方法；理解 Huffman 编码和 Huffman 树的作用，掌握由指定字符集合和权值集合求得 Huffman 编码的方法。

通过研究树和二叉树，深刻理解链式存储结构用于表达非线性结构的作用，掌握采用递归算法实现递归数据结构基本操作的设计方法。

2. 重点与难点

重点：二叉树的存储结构和递归算法实现的基本操作；线索二叉树、Huffman 树的特点和设计方法；树的存储结构和基本操作。

难点：两个以上地址域的链式存储结构存储非线性数据结构；递归算法。

3. 实验内容

6-1　求一棵 BinaryTree<int>二叉树中结点数值的最大值、平均值等。

6-2　实现 BinaryTree 二叉树类声明的以先根和中根序列（或中根和后根序列）构造二叉

树、深拷贝、重载=赋值运算符、求结点个数、求高度、查找、求父母结点、求结点层次、比较相等及以下成员函数。

void BinaryTree<T>::leaf()	//遍历输出叶子结点
int BinaryTree<T>::leafCount()	//返回二叉树的叶子结点数
void BinaryTree<T>::replaceAll(T key, T x)	//替换所有值为 key 结点为 x
bool BinaryTree<T>::isCompleteBinaryTree()	//判断是否完全二叉树
void swap(BinaryTree<T> &bitree)	//交换二叉树结点的左右子树
void property3(BinaryTree<T> &bitree)	//验证二叉树性质 3，$n_0 = n_2 + 1$
void printDiameter(BinaryTree<T> &bitree)	//输出二叉树的一条直径

6-3   声明完全二叉树类如下，继承二叉树类，提供按层次遍历序列构造二叉链表结构存储的完全二叉树。

class **CompleteBinaryTree** : public BinaryTree <T>	//完全二叉树，继承二叉树
{	
CompleteBinaryTree(T levellist[], int n);	//以层次遍历序列构造完全二叉树
};	

6-4   使用栈实现二叉树后根次序遍历的非递归算法。

6-5   使用栈将构造二叉树、广义表表示输出及构造等递归算法实现为非递归算法。

6-6   声明三叉链表存储的二叉树类，实现 6.2.5 节所要求的操作。

6-7   ☆☆☆创建表达式二叉树（见图 6.11），以后根次序遍历表达式二叉树并求值。表达式要求见实验 4。

6-8   在一棵中序线索二叉树中，实现以下操作。

① 在构造二叉树时进行线索化。

② 调用求结点的中根遍历前驱结点算法，按中根次序遍历一棵中序线索二叉树。

③ 按后根次序遍历中序线索二叉树。

④ ☆返回 node 结点的父母结点。

⑤ ☆插入根，插入左/右孩子操作。

⑥ ☆☆删除根，删除指定结点的左/右孩子结点，分别用删除结点的左或右孩子顶替。

6-9   ☆☆☆采用 Huffman 编码进行文件压缩。给定一个文本文件，统计其中字符使用频率，建立 Huffman 树，采用变长的二进制位串表示字符的 Huffman 编码，计算压缩比。

6-10   ☆☆☆采用三叉链表表示 Huffman 树，实现文件压缩。

6-11   Tree 树类实现树 ADT（见 6.1 节）声明的函数及以下成员函数：

int childCount(TreeNode<T> *p)	//返回 p 结点的孩子结点个数
bool isChild(TreeNode<T> *p, TreeNode<T> *node)	//判断 node 是否是 p 的孩子结点
TreeNode<T>* getChild(TreeNode<T> *p, int i)	//返回 p 结点第 i（≥0）个孩子结点
TreeNode<T>* getLastChild(TreeNode<T> *p)	//返回 p 结点的最后一个孩子结点
TreeNode<T>* getLastSibling(TreeNode<T> *p)	//返回 p 结点的最后一个兄弟结点
TreeNode<T>* insertLastChild(TreeNode<T> *p, T x)	//插入最后一个孩子结点
TreeNode<T>* insertSibling(TreeNode<T> *p, T x, int i)	//插入 x 作为 p 结点的第 i 个兄弟
TreeNode<T>* insertLastSibling(TreeNode<T> p, T x)	//插入最后一个兄弟结点
Tree(Tree<T> &tree)	//拷贝构造函数，深拷贝

```
Tree<T>& operator=(Tree<T> &tree)                        //重载=赋值运算符，深拷贝
TreeNode<T>* insert(TreeNode<T> *p,Tree<T> &sub,int i)   //复制 sub 子树插入为 p 第 i 棵子树
void printGenList()                                       //输出树（森林）的广义表表示
Tree(MyString &genlist)                                   //以广义表表示构造树，T 必须有 MyString 类参数的构造函数
void printDiameter(Tree<T> &tree)                         //输出树的一条直径
```

6-12　使用栈将 Tree 树类中的递归算法实现为非递归算法。

6-13　声明孩子兄弟链表存储的树类，实现 6.5.3 节要求及以下操作。

```
TreeNode<T>* parent(TreeNode<T>* node)                    //返回 node 的父母结点
```

6-14　声明（父母）孩子链表存储的树类，实现 6.5.3 节要求的操作。

第7章

图

图是一种数据元素之间具有多对多关系的非线性数据结构。图中每个元素可有多个前驱元素和多个后继元素，任意两个元素都可以相邻。图结构比线性表和树更复杂。

在离散数学中，**图论**（Graphic Theory）注重研究图的纯数学性质；在数据结构中，图结构侧重于研究计算机中如何存储图以及如何实现图的操作和应用。

图是刻画离散结构的一种有力工具。在运筹规划、网络研究和计算机程序流程分析中，都存在图的应用问题。生活中，我们经常以图表达文字难以描述的信息，如城市交通图、线路图、网络图等。

本章也是数据结构课程的重点，首先介绍图的基本概念，再分别以图的邻接矩阵和邻接表存储结构实现图抽象数据类型，实现图的深度优先遍历和广度优先遍历，最后介绍求解图的最小生成树和最短路径问题。

7.1 图及其抽象数据类型

7.1.1 图的基本概念

1. 图的定义和术语

图（Graph）是由**顶点**（Vertex）集合及顶点间的关系集合组成的一种数据结构。顶点之间的关系称为**边**（Edge）。一个图 G 记为 $G=(V, E)$，V 是顶点 v_i 的有限集合，n 为顶点数；E 是边的有限集合，即

$$V = \{v_i \,|\, v_i \in 某个数据元素集合, 0 \le i < n, \quad n \ge 0\}$$

$$E = \{(v_i, v_j) \,|\, v_i, v_j \in V\} \quad 或 \quad E = \{< v_i, v_j > \,|\, v_i, v_j \in V\}, \quad (0 \le i, j < n, \quad i \ne j)$$

（1）无向图

无向图（Undirected Graph）中的边没有方向，每条边用两个顶点的无序对表示，如 (v_i, v_j) 表示连接顶点 v_i 和 v_j 之间的一条边，(v_i, v_j) 和 (v_j, v_i) 表示同一条边，如图 7.1（a）（b）所示。

无向图 G_1 的顶点集合 V 和边集合 E 分别为：

$$V(G_1) = \{A, B, C, D, E, F\}$$

$$E(G_1) = \{(A,B), (A,C), (A,D), (B,C), (B,E), (C,D), (C,E), (D,E), (D,F)\}$$

(a) 无向图G₁　　　(b) 树是连通的无回路的无向图　　　(c) 有向图G₂

图 7.1　无向图与有向图

同样可写出图 7.1（b）无向图的顶点集合和边集合，该图实际上是一棵树。

（2）有向图

有向图（Directed Graph）中的边有方向，每条边用两个顶点的有序对表示，如 $\langle v_i,v_j \rangle$ 表示从顶点 v_i 到 v_j 的一条有向边，v_i 是边的起点，v_j 是边的终点。因此，$\langle v_i,v_j \rangle$ 和 $\langle v_j,v_i \rangle$ 表示方向不同的两条边。有向图 G_2 见图 7.1（c），图中箭头表示边的方向，箭头从起点指向终点。

G_2 的顶点集合 V 和边集合 E 分别为：

$$V(G_2)=\{A, B, C, D, E\}$$

$$E(G_2)=\{\langle A,B \rangle, \langle A,E \rangle, \langle B,C \rangle, \langle B,D \rangle, \langle C,E \rangle, \langle D, C \rangle, \langle D,E \rangle\}$$

数据结构中讨论的是简单图，不讨论图论中的多重图和带自身环的图。**多重图**指图中两个顶点间有重复的边，如图 7.2（a）中，顶点 A 和 C 之间有两条边，边 $b_1=(C,A)$，$b_2=(C,A)$，称 b_1 和 b_2 为**重边**。**自身环**（Self Loop）指起点和终点相同的边，形如 (v_i,v_i) 或 $\langle v_i,v_i \rangle$，如图 7.2（b）中，$\langle C,C \rangle$ 是自身环。

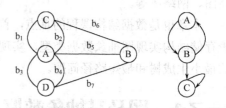

(a) 哥尼斯堡七桥，多重图　　(b) 带自身环的图

图 7.2　多重图和带自身环的图

（3）完全图

完全图（Complete Graph）是指图的边数达到最大值。n 个顶点的完全图记为 K_n。无向完全图 K_n 的边数为 $n\times(n-1)/2$，有向完全图 K_n 的边数为 $n\times(n-1)$。无向完全图 K_5 和有向完全图 K_3 如图 7.3 所示。

（4）带权图

带权图（Weighted Graph）是指图中的边具有**权**（Weight）值。在不同的应用中，权值有不同的含义。例如，如果顶点表示城市，则两个顶点间边的权值可以表示两个城市间的距离、从一个城市到另一个城市所需的时间或所花费的代价等。带权图也称为**网络**（Network）。带权图如图 7.4 所示，边上标出的实数为权值。

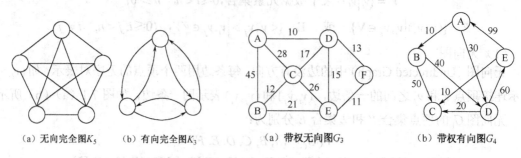

(a) 无向完全图K₅　　(b) 有向完全图K₃　　　　(a) 带权无向图G₃　　(b) 带权有向图G₄

　　　　图 7.3　完全图　　　　　　　　　　　　　图 7.4　带权图

（5）邻接顶点

若(v_i,v_j)是无向图$E(G)$中的一条边，则称v_i和v_j互为**邻接顶点**（Adjacent Vertex），且边(v_i,v_j)依附于顶点v_i和v_j，顶点v_i和v_j依附于边(v_i,v_j)。

若$\langle v_i,v_j\rangle$是有向图$E(G)$中的一条边，则称顶点v_i邻接到顶点v_j，顶点v_j邻接自顶点v_i，边$\langle v_i,v_j\rangle$与顶点v_i和v_j相关联。

2．顶点的度

顶点的度（Degree）是指与顶点v_i关联的边数，记为$\mathrm{degree}(v_i)$。度为0的顶点称为孤立点，度为1的顶点称为**悬挂点**（Pendant Node）。G_1中顶点B的度$\mathrm{degree}(B)=3$。

在有向图中，以v_i为终点的边数称为v_i的入度，记作$\mathrm{indegree}(v_i)$；以v_i为起点的边数称为v_i的**出度**，记为$\mathrm{outdegree}(v_i)$。出度为0的顶点称为终端顶点（或叶子顶点）。顶点的**度**是入度与出度之和，有

$$\mathrm{degree}(v_i)=\mathrm{indegree}(v_i)+\mathrm{outdegree}(v_i)$$

G_2中顶点B的入度$\mathrm{indegree}(B)=1$，出度$\mathrm{outdegree}(B)=2$，度$\mathrm{degree}(B)=3$。

若G为无向图，顶点集合$V=\{v_1,v_2,\mathrm{L},v_n\}$，且有$e$条边，则$e=\dfrac{1}{2}\sum\limits_{i=1}^{n}\mathrm{degree}(v_i)$；若$G$为有向图，则

$$\sum_{i=1}^{n}\mathrm{indegree}(v_i)=\sum_{i=1}^{n}\mathrm{outdegree}(v_i)=e$$

$$\sum_{i=1}^{n}\mathrm{degree}(v_i)=\sum_{i=1}^{n}\mathrm{indegree}(v_i)+\sum_{i=1}^{n}\mathrm{outdegree}(v_i)=2e$$

3．子图

设图$G=(V,E)$，$G'=(V',E')$，若$V'\subseteq V$且$E'\subseteq E$，则称图G'是G的子图（Subgraph）。如果$G'\neq G$，称图G'是G的**真子图**。若G'是G的子图，且$V'=V$，称图G'是G的**生成子图**（Spanning Subgraph）。无向/有向完全图K_4及其真子图和生成子图如图7.5和图7.6所示。

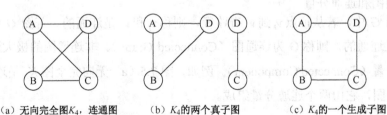

(a) 无向完全图K_4，连通图　　(b) K_4的两个真子图　　(c) K_4的一个生成子图

图7.5　无向完全图K_4及其真子图和生成子图

4．路径

一个有n个顶点的图$G=(V,E)$，若$(v_i,v_{p1}),(v_{p1},v_{p2}),\mathrm{L},(v_{pm},v_j)$（$0\leqslant p_1,p_2,\mathrm{L},p_m<n$）都是$E(G)$的边，则称顶点序列$(v_i,v_{p1},v_{p2},\mathrm{L},v_{pm},v_j)$是从顶点$v_i$到$v_j$的一条**路径**（Path）。若$G$是有向图，则路径$\langle v_i,v_{p1},v_{p2},\mathrm{L},v_{pm},v_j\rangle$也是有向的，$v_i$为路径起点，$v_j$为终点。例如，在图7.5

（a）中，从顶点 A 到 C 有多条路径 (A,B,C)、(A,C)、(A,B,D,C) 等。

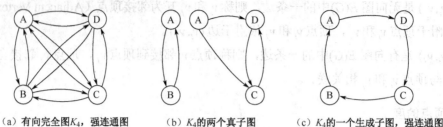

（a）有向完全图 K_4，强连通图　　　（b）K_4 的两个真子图　　　（c）K_4 的一个生成子图，强连通图

图 7.6　有向完全图 K_4 及其真子图和生成子图

简单路径（Simple Path）是指路径 (v_1, v_2, L, v_m)（$0 \leqslant m < n$）上各顶点互不重复。**回路**（Cycle Path）是指起点和终点相同且长度大于 1 的简单路径，回路又称**环**。在图 7.7 中，(A,B,D,C) 是一条简单路径，(A,B,C,A) 是一条回路。

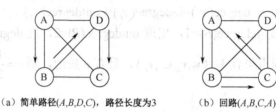

（a）简单路径 (A,B,D,C)，路径长度为3　　　（b）回路 (A,B,C,A)

图 7.7　简单路径与回路

对于不带权图，**路径长度**（Path Length）指该路径上的边数。图 7.7 中，(A,B,D,C) 路径长度为 3。对于带权图，路径长度指该路径上各条边的权值之和。如图 7.4（a），(A,B,C) 路径长度为 45+12=57。

一个有向图 G 中，若存在一个顶点 v_0，从 v_0 有路径可以到达图 G 中其他所有顶点，则称此有向图为有根的图，称 v_0 为图 G 的根。

5. 连通性

（1）连通图和连通分量

在无向图 G 中，若从顶点 v_i 到 v_j 有路径，则称 v_i 和 v_j 是**连通的**。若图 G 中任意一对顶点 v_i 和 v_j 都是连通的，则称 G 为**连通图**（Connected Graph）。非连通图的极大连通子图称为该图的**连通分量**（Connected Component）。例如，图 7.5（a）无向完全图 K_4 是连通图；图 7.8（a）是非连通图，它由两个连通分量组成。

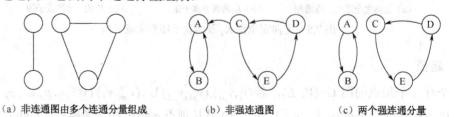

（a）非连通图由多个连通分量组成　　　（b）非强连通图　　　（c）两个强连通分量

图 7.8　非连通图由多个连通分量组成

（2）强连通图和强连通分量

在有向图中，若在每一对顶点 v_i 和 v_j 之间都存在一条从 v_i 到 v_j 的路径，也存在一条从 v_j 到 v_i 的路径，则称该图是**强连通图**（Strongly Connected Graph）。非强连通图的极大强连通子图称为该图的**强连通分量**。例如，图 7.6（a）（c）是强连通图；图 7.6（c）中，顶点 A 和 B 之间的两条路径是 $\langle A,D,C,B\rangle$ 和 $\langle B,A\rangle$。图 7.8（b）是非强连通图，因为从顶点 A 到 C 没有路径；图 7.8（b）的两个强连通分量如图 7.8（c）所示。

7.1.2 图抽象数据类型

图的基本操作有返回顶点数、返回顶点元素、插入顶点或边、删除顶点或边、遍历等。图抽象数据类型 Graph 声明如下：

```
ADT Graph<T>                              //图抽象数据类型，T 指定顶点元素类型
{
    int vetexCount()                      //返回顶点数
    T& getVertex(int i)                   //返回顶点 vi 的数据元素
    void setVertex(int i, T x)            //设置第 i 个顶点元素为 x
    int weight(int i, int j)              //返回 <vi,vj> 边的权值
    int next(int i, int j)                //返回 vi 在 vj 后的下一个邻接顶点序号
    int insertVertex(T x)                 //插入元素值为 x 的顶点，返回顶点序号
    void insertEdge(int i, int j, int weight)  //插入一条权值为 weight 的边 <vi,vj>
    void removeVertex(int i)              //删除顶点 vi 及其关联的边
    void removeEdge(int i, int j)         //删除边 <vi,vj>
    void DFSTraverse(int i)               //图的深度优先搜索遍历，从顶点 vi 出发
    void BFSTraverse(int i)               //图的广度优先搜索遍历，从顶点 vi 出发
}
```

在图的顶点集合中，各顶点之间没有约定次序，与一个顶点关联的若干邻接顶点之间也没有次序。当存储一个图时，每个顶点用一个唯一的顶点序号来标识，对图的操作通常采用顶点序号来指定一个顶点。因此，在 Graph 中采用顶点序号 i、j 作为图的插入、删除等函数的参数，i、j 指定 $\langle v_i,v_j\rangle$ 边的顶点序号，$0\leqslant i,j<$顶点数 n，$i\neq j$；若 i、j 指定顶点序号超出范围，则抛出序号越界异常，下同。

7.2 图的表示和实现

存储一个图包括存储图的顶点集合和边集合，通常采用顺序表存储图的顶点集合，而边集合有邻接矩阵、邻接表、邻接多重表等多种存储结构，本章主要介绍前两种结构。

7.2.1 图的邻接矩阵表示和实现

图的邻接矩阵表示，指采用顺序表存储图的顶点集合，采用邻接矩阵存储图的边集合。

1．邻接矩阵

图的**邻接矩阵**（Adjacency Matrix）是表示图中各顶点之间邻接关系的矩阵。根据边是否带权值，邻接矩阵有两种定义。

（1）不带权图的邻接矩阵

设图 $G=(V, E)$ 有 n 个顶点，$V = [v_0, v_1, v_2, L, v_{n-1}]$，$n \geq 0$，$E$ 可用一个图 G 的**邻接矩阵** A_n 描述，A_n 的元素 a_{ij} 表示图 G 中顶点 v_i 到 v_j 之间的邻接关系，若存在从顶点 v_i 到 v_j 的边，则 $a_{ij}=1$，否则 $a_{ij}=0$。$A_n = [a_{ij}]$（$0 \leq i,j < n$）定义如下：

$$a_{ij} = \begin{cases} 1 & \text{若} (v_i, v_j) \in E \text{或} <v_i, v_j> \in E \\ 0 & \text{若} (v_i, v_j) \notin E \text{或} <v_i, v_j> \notin E \end{cases}$$

无向图 G_1 和有向图 G_2 的邻接矩阵如图 7.9 和图 7.10 所示。

无向图的邻接矩阵是对称的，有向图的邻接矩阵不一定对称。

从邻接矩阵可知顶点的度。对于无向图，邻接矩阵第 i 行/列上各元素之和是顶点 v_i 的度；对于有向图，邻接矩阵第 i 行上各元素之和是顶点 v_i 的出度，第 i 列上各元素之和是顶点 v_i 的入度。

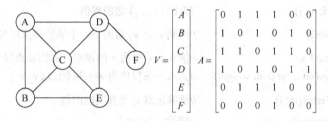

图 7.9　无向图 G_1 及其邻接矩阵表示

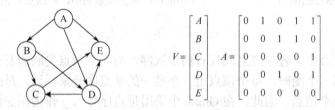

图 7.10　有向图 G_2 及其邻接矩阵表示

（2）带权图的邻接矩阵

带权图的邻接矩阵 $A_n = [a_{ij}]$（$0 \leq i,j < n$）定义如下，其中 $w_{ij}(>0)$ 表示边 (v_i, v_j) 或 $\langle v_i, v_j \rangle$ 的权值：

$$a_{ij} = \begin{cases} w_{ij} & \text{若} v_i \neq v_j \text{且} (v_i, v_j) \in E \text{或} <v_i, v_j> \in E \\ \infty & \text{若} v_i \neq v_j \text{且} (v_i, v_j) \notin E \text{或} <v_i, v_j> \notin E \\ 0 & \text{若} v_i = v_j \end{cases}$$

带权无向图 G_3 和带权有向图 G_4 的邻接矩阵表示如图 7.11 和图 7.12 所示。

$$V=\begin{bmatrix} A \\ B \\ C \\ D \\ E \\ F \end{bmatrix} \quad A=\begin{bmatrix} 0 & 45 & 28 & 10 & \infty & \infty \\ 45 & 0 & 12 & \infty & 21 & \infty \\ 28 & 12 & 0 & 17 & 26 & \infty \\ 10 & \infty & 17 & 0 & 15 & 13 \\ \infty & 21 & 26 & 15 & 0 & 11 \\ \infty & \infty & \infty & 13 & 11 & 0 \end{bmatrix}$$

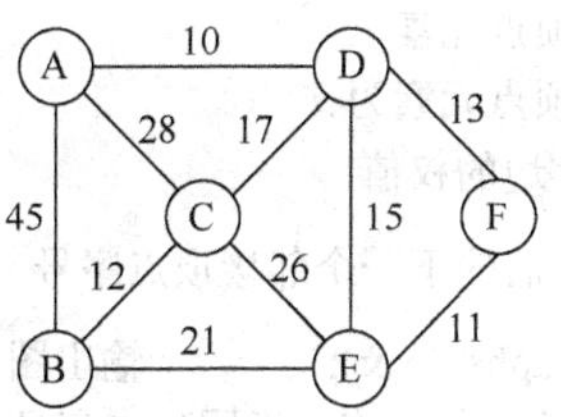

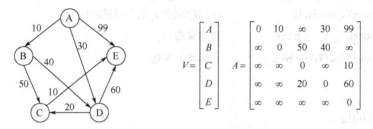

图 7.11　带权无向图 G_3 的邻接矩阵表示

$$V=\begin{bmatrix} A \\ B \\ C \\ D \\ E \end{bmatrix} \quad A=\begin{bmatrix} 0 & 10 & \infty & 30 & 99 \\ \infty & 0 & 50 & 40 & \infty \\ \infty & \infty & 0 & \infty & 10 \\ \infty & \infty & 20 & 0 & 60 \\ \infty & \infty & \infty & \infty & 0 \end{bmatrix}$$

图 7.12　带权有向图 G_4 的邻接矩阵表示

2. 邻接矩阵表示的带权图类

邻接矩阵表示的带权图类 MatrixGraph 声明如下，其中，T 表示顶点元素类型，成员变量 verlist 是一个顺序表，存储图的顶点集合，顶点顺序表长度是图的顶点数；mat 是一个矩阵对象，存储图的邻接矩阵。文件名为 MatrixGraph.h。

MatrixGraph 声明继承抽象图类 AbstractGraph（详见 7.3 节），其中声明常量 MAX_WEIGHT 最大权值表示无穷大∞。

```
#include "SeqList.h"                    //顺序表类（见 2.2.2 节）
#include "Matrix.h"                     //矩阵类（见例 5.1）
#include "Triple.h"                     //矩阵三元组类，表示边（见 5.2.2 节）
#include "AbstractGraph.h"              //抽象图类（见 7.3 节）

template <class T>
class MatrixGraph : public AbstractGraph<T>      //邻接矩阵表示的带权图类，继承抽象图类
{
  private:
    int n;                              //顶点数
    SeqList<T> verlist;                 //顺序表对象，存储图的顶点集合，长度为 n
    Matrix mat;                         //矩阵对象，存储图的邻接矩阵

  public:
    MatrixGraph();                      //构造空图，顶点数为 0
    MatrixGraph(T vertices[], int vertexCount, Triple edges[], int edgeCount);       //构造图

    int vertexCount();                  //返回顶点数
```

T& getVertex(int i);	//返回第 *i* 个顶点元素
void setVertex(int i, T x);	//设置第 *i* 个顶点元素为 *x*
int weight(int i, int j);	//返回 $\langle v_i, v_j \rangle$ 边的权值
int next(int i, int j=-1);	//返回 v_i 在 v_j 后的下一个邻接顶点序号
friend ostream& operator<<<>(ostream& out, MatrixGraph<T> &);	//输出图
int insertVertex(T x);	//插入元素值为 *x* 的顶点，返回顶点序号
void insertEdge(int i, int j, int weight);	//插入一条权值为 weight 的边 $\langle v_i, v_j \rangle$
void insertEdge(Triple edge);	//插入一条边
void removeVertex(int i);	//删除顶点 v_i 及其关联的边
void removeEdge(int i, int j);	//删除边 $\langle v_i, v_j \rangle$
void removeEdge(Triple edge);	//删除一条边

```
};
```

（1）带权值的边

一条带权值的边结构为

（起点序号，终点序号，权值）

图的边与矩阵元素三元组的含义及结构相同，因此，图类使用矩阵元素三元组类 Triple（见 5.2.2 节）表示边，结构如下，若权值为 1，则表示不带权的图。

（row 起点序号，column 终点序号，value 权值）

（2）图的构造函数

MatrixGraph 类的构造函数声明如下：

```
template <class T>
MatrixGraph<T>::MatrixGraph()            //构造空图，顶点数为 0
{                                        //此处执行 SeqList<T>()、Matrix()
    this->n = 0;
}
//以顶点集和边集构造一个图，参数分别指定顶点集、顶点数、边集、边数
template <class T>
MatrixGraph<T>::MatrixGraph(T vertices[], int vertexCount, Triple edges[], int edgeCount)
    : verlist(vertices, vertexCount),    //声明执行 SeqList<T>(T value[], int n)
      mat(vertexCount*2)                 //声明执行 Matrix(int rows)构造函数
{
    this->n = vertexCount;               //顶点数
    for (int i=0; i<n; i++)              //初始化邻接矩阵，主对角线元素为 0，其他为最大权值
        for (int j=0; j<n; j++)
            this->mat.set(i, j, (i==j ? 0 : MAX_WEIGHT));
    if (vertices!=NULL && vertexCount>0 && edges!=NULL)
        for (int j=0; j<edgeCount; j++)  //插入 edges 边数组中的所有边
            this->insertEdge(edges[j]);
}
```

（3）获得属性和存取元素

```
template <class T>
int MatrixGraph<T>::vertexCount()          //返回图的顶点数，同顺序表长度
{    return this->n;                        //同 this->verlist.count()
}
template <class T>
T& MatrixGraph<T>::getVertex(int i)         //返回第 i 个顶点元素
{    return this->verlist[i];               //返回顺序表第 i 个元素，若 i 表示序号无效则抛出异常
}
template <class T>
void MatrixGraph<T>::setVertex(int i, T x)  //设置第 i 个顶点元素为 x
{    this->verlist[i] = x;                  //设置顺序表第 i 个元素为 x，若 i 表示序号无效则抛出异常
}
template <class T>
int MatrixGraph<T>::weight(int i, int j)    //返回<v_i,v_j>边的权值
{    return this->matrix.get(i,j);          //返回矩阵(i,j)元素值，若 i、j 表示序号无效则抛出异常
}
```

（4）输出

```
template <class T>
ostream& operator<<(ostream& out, MatrixGraph<T> &graph)      //输出图的顶点集合和邻接矩阵
{
    out<<"顶点集合: "<<graph.verlist<<"邻接矩阵: \n";
    for (int i=0; i<graph.n; i++)
    {    int w;
        for(int j=0; j<graph.n; j++)
            if ((w=graph.weight(i,j))==MatrixGraph<T>::MAX_WEIGHT)
                out<<setw(6)<<"∞";
            else out<<setw(6)<<w;
        out<<"\n";
    }
    return out;
}
```

（5）插入、删除边

在邻接矩阵表示的图中插入一条权值为 weight 的边 $\langle v_i, v_j \rangle$，是将该边的权值设置为 weight（$0<\text{weight}<\infty$）。由于简单图不能包括自身环，所以，若 $i{=}{=}j$，不操作，抛出异常；否则，若 weight≤0，设置该边权值 weight 为 ∞。插入、删除边的函数声明如下：

```
template <class T>
void MatrixGraph<T>::insertEdge(int i, int j, int weight)   //插入一条权值为 weight 的边⟨vᵢ,vⱼ⟩
{
    if (i!=j)
    {   if (weight<=0 || weight>MAX_WEIGHT)      //边的权值容错
            weight=MAX_WEIGHT;
        this->mat.set(i,j,weight);               //若 i、j 指定序号无效则抛出异常
    }
    else   throw invalid_argument("边的起点与终点序号相同，图不能插入自身环。");
}
template <class T>
void MatrixGraph<T>::insertEdge(Triple edge)     //插入一条边
{   this->insertEdge(edge.row, edge.column, edge.value);
}
```

在邻接矩阵表示的图中，删除一条边⟨vᵢ,vⱼ⟩，只要在邻接矩阵中将该边的权值设置为∞即可。removeEdge(i, j)声明函数如下：

```
template <class T>
void MatrixGraph<T>::removeEdge(int i, int j)    //删除边⟨vᵢ,vⱼ⟩，若 i==j，则不操作
{
    if (i!=j)
        this->mat.set(i, j, MAX_WEIGHT);         //设置权值为∞。若 i、j 指定序号无效则抛出异常
}
template <class T>
void MatrixGraph<T>::removeEdge(Triple edge)     //删除边
{   this->removeEdge(edge.row, edge.column);
}
```

【例 7.1】图的存储及操作。

本例以带权无向图 G_3 为例，说明图的邻接矩阵表示及操作，演示由顶点集合和边集合构造图，并对图进行插入顶点、插入边、删除顶点、删除边等操作。程序如下：

```
#include "MatrixGraph.h"
int main()
{
    char vertices[]="ABCDE";                 //带权无向图 G₃的顶点集合（部分）
    Triple edges[]={Triple(0,1,45), Triple(0,2,28), Triple(0,3,10),
                    Triple(1,0,45), Triple(1,2,12), Triple(1,4,21),
                    Triple(2,0,28), Triple(2,1,12), Triple(2,3,17), Triple(2,4,26),
                    Triple(3,0,10), Triple(3,2,17), Triple(3,4,15),
```

Triple(4,1,21), Triple(4,2,26), Triple(4,3,15)};　　　// G_3 边集合（除 F）

```
MatrixGraph<char> graph(vertices, 5, edges, 16);
cout<<"带权无向图 G3（除顶点 F），"<<graph<<endl;
return 0;
}
```

由顶点集合 vertices 和边集合 edges 可构造一个带权无向图或有向图，无向图的一条边在边集合中出现两次，有向图的一条边在边集合中出现一次。上述程序运行构造的带权无向图的邻接矩阵存储结构如图 7.13 所示，邻接矩阵的行列数为顶点数的两倍。

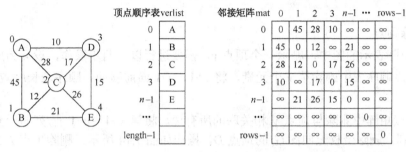

图 7.13　带权无向图 G_3（除顶点 F）及其邻接矩阵存储表示

（6）插入顶点

在邻接矩阵表示的图中，插入一个元素值为 x 的顶点，需要进行以下两步操作：

① 在顶点顺序表 verlist 最后插入一个元素 x。如果顶点顺序表容量不足，则顺序表将自动扩充容量，见第 2 章 SeqList 类。

② 检查邻接矩阵的二维数组容量，若不足，则自动扩充邻接矩阵的容量，即重新申请一个 2 倍容量的二维数组，复制原邻接矩阵中的所有元素，并初始化扩充单元。

插入顶点的 insertVertex(x) 函数声明如下，顶点元素值为 x，返回该顶点在顶点顺序表中的序号。

```
//插入元素值为 x 的顶点，返回顶点序号。若邻接矩阵容量不足，则扩充容量 2 倍
template <class T>
int MatrixGraph<T>::insertVertex(T x)
{
    this->verlist.insert(x);                    //在顶点顺序表最后插入元素，顺序表自动扩容
    this->n++;                                  //顶点数加 1
    if (n > mat.getRows())                      //若邻接矩阵容量不够，
        this->mat.setRowsColumns(n*2, n*2);     //则矩阵扩容 2 倍，复制原矩阵元素
    for (int i=0; i<this->n-1; i++)             //初始化增加的一列为最大权值
        this->mat.set(i, n-1, MAX_WEIGHT);
    for (int j=0; j<n-1; j++)                    //初始化增加的一行为最大权值
        this->mat.set(n-1, j, MAX_WEIGHT);
    this->mat.set(n-1, n-1, 0);                 //主对角线值为 0
    return n-1;                                  //返回插入顶点序号
}
```

在图 7.13 的带权无向图中插入顶点 F 和 $(D,F,13)$、$(E,F,11)$ 边构成图 G_3，调用语句如下：

```
int v = graph.insertVertex('F');          //插入顶点 F，可能扩容
Triple e1(v-2,v,13);
graph.insertEdge(e1);                      //插入边(D,F,13)
graph.insertEdge(e1.symmetry());           //插入边(F,D,13)
Triple e2(v-1,v,11);
graph.insertEdge(e2);                      //插入边(E,F,11)
graph.insertEdge(e2.symmetry());           //插入边(F,E,11)
```

（7）删除顶点

在邻接矩阵表示的图中，删除一个顶点 v，需要进行以下两步操作，设 n 为原顶点数。

① 在顶点顺序表中删除第 v 个元素，将 $v+1$~$n-1$ 向前移动；顺序表长度减 1，即图的顶点数减 1。

② 在邻接矩阵中删除与顶点 v 相关联的所有边。将第 $v+1$~$n-1$ 行/列的元素分别向上/左移动一行/列。删除带权无向图 G_3 的顶点 D，操作如图 7.14 所示，删除顶点 D 之后，顶点 E、F 的序号减 1。

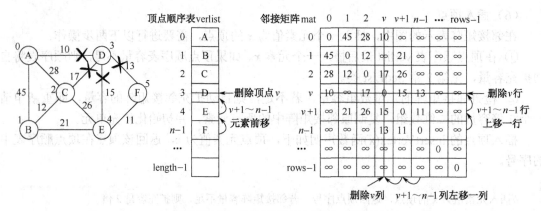

（a）在带权无向图 G_3 的邻接矩阵存储结构中，删除顶点 D

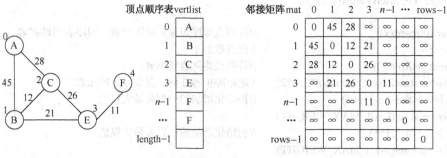

（b）删除顶点 D 之后

图 7.14　邻接矩阵表示图的删除顶点操作

removeVertex(int i) 函数声明如下，删除顶点 v_i 及其关联的所有边。

```
template <class T>
void MatrixGraph<T>::removeVertex(int v)              //删除第 v 个顶点及其关联的所有边
{
    if (v<0 || v>n)                                   //若 v 指定顶点序号错误，则不操作
        return;
    this->verlist.remove(v);                          //删除顺序表第 v 个元素，长度减 1
    for (int i=0; i<n; i++)                            //左移一列，this->n 为原顶点数
        for (int j=v+1; j<this->n; j++)
            this->mat.set(i, j-1, mat.get(i,j));
    for (int i=v+1; i<n; i++)                          //上移一行
        for (int j=0; j<n; j++)
            this->mat.set(i-1, j, mat.get(i,j));
    this->n--;                                        //顶点数减 1
}
```

（8）获得下一个邻接顶点

以下函数将在其后图的遍历算法中调用。

```
//返回 vᵢ 在 vⱼ 后的下一个邻接顶点序号，若 j=-1，返回顶点 vᵢ 的第一个邻接顶点的序号；
//若不存在下一个邻接顶点，则返回-1。用于图的遍历算法
template <class T>
int MatrixGraph<T>::next(int i, int j)
{
    if (i>=0 && i< n && j>=-1 && j<n && i!=j)
        for (int k=j+1; k<n; k++)                      //j=-1 时，k 从开始寻找下一个邻接顶点
            if (weight(i,k)>0 && weight(i,k)<MAX_WEIGHT)
                return k;
    return -1;
}
```

（9）邻接矩阵表示图的性能分析

图的邻接矩阵表示存储了任意两个顶点间的邻接关系或边的权值，能够实现对图的各种操作，其中判断两个顶点间是否有边相连、获得与设置边的权值等操作所花费的时间是 $O(1)$。但是，与顺序表存储线性表的性能相似，由于采用数组存储，每插入或删除一个元素，需要移动大量元素，使得插入和删除操作效率很低；而且数组容量有限，当扩充容量时，需要复制全部元素，效率更低。

图的邻接矩阵中，每个矩阵元素表示两个顶点间的邻接关系，无边或有边。即使两个顶点之间没有邻接关系，也占用一个存储单元存储 0 或 ∞。对于一个有 n 个顶点的完全图，其邻接矩阵有 $n \times (n-1)$ 个元素，此时邻接矩阵的存储效率较高；当图中边数较少时，邻接矩阵中的零元素很多，矩阵变得稀疏，存储效率较低，此时可使用图的邻接表存储。

7.2.2　图的邻接表表示和实现

图的邻接表（Adjacency List）表示，指采用顺序表存储图的顶点集合，采用邻接表存储

图的边集合。无向图与有向图的邻接表不同。

1．无向图的邻接表表示

图的**邻接表**，指采用一条单链表存储与一个顶点 v_i 相关联的所有边，称为**边单链表**，边单链表中的一个结点表示图中一条带权值的边（起点序号，终点序号，权值）；邻接表包含与 n 个顶点相关联的 n 条边单链表。

带权无向图 G_3 的邻接表表示如图 7.15 所示，顶点顺序表存储图的顶点集合；邻接表存储图的边集合，包含 n 条边单链表，第 i 条边单链表存储与顶点 v_i 相关联的所有带权值的边 (v_i,v_j,w_{ij})。图的邻接表结构同矩阵行的单链表，图的边元素结构同矩阵元素三元组 Triple。

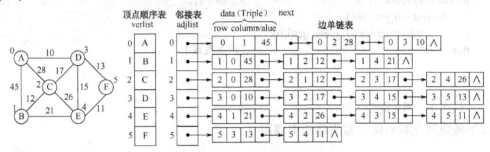

图 7.15　带权无向图 G_3 的邻接表表示

与无向图邻接矩阵的对称性质相似，无向图的邻接表也将每条边存储了两次，即每条边分别存储在与该边相关联的两个顶点的边表中。在图 7.15 中，无向图 G_3 有 10 条边，其邻接表的所有边表共有 20 个边结点。

2．有向图的邻接表表示

有向图的邻接表，每条边只存储一次，根据边的方向，边单链表可分为以下两种：

① 出边表：第 i 行边单链表存储以顶点 v_i 为起点的所有边 $\langle v_i,v_j \rangle$。

② 入边表：第 i 行边单链表存储以顶点 v_i 为终点的所有边 $\langle v_j,v_i \rangle$。

有向图的邻接表表示有两种：① 由出边表构成邻接表；② 由入边表构成逆邻接表。

带权有向图 G_4 的邻接表和逆邻接表如图 7.16 所示。

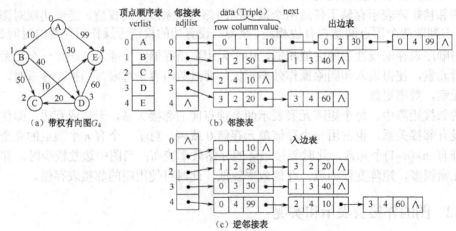

图 7.16　带权有向图 G_4 的邻接表和逆邻接表

3. 邻接表表示的带权图类

邻接表表示的带权图类 AdjListGraph 声明如下，其中，T 表示顶点元素类型，成员变量 verlist 顺序表存储图的顶点集合，其长度是图的顶点数；adjlist 存储图的邻接表，类型是采用行的单链表存储的矩阵，图的边类是 Triple（矩阵元素三元组类）。文件名为 AdjListGraph.h。

```cpp
#include "LinkedMatrix.h"              //行的单链表存储的矩阵类（见 5.2.2 节），包含 SeqList.h、Triple.h
#include "AbstractGraph.h"             //抽象图类（见 7.3 节）

template <class T>
class AdjListGraph : public AbstractGraph<T>        //邻接表表示的带权图类，继承抽象图类
{
  private:
    int n;                             //顶点数
    SeqList<T> verlist;                //顺序表对象，存储图的顶点集合，长度为 n
    LinkedMatrix adjlist;             //行的单链表存储的矩阵对象，图的邻接表

  public:
    AdjListGraph();                    //构造空图，顶点数为 0
    AdjListGraph(T vertices[], int vertexCount, Triple edges[], int edgeCount);     //构造图

    int vertexCount();                 //返回顶点数
    T& getVertex(int i);               //返回第 i 个顶点元素
    void setVertex(int i, T x);        //设置第 i 个顶点元素为 x
    int weight(int i, int j);          //返回⟨v_i, v_j⟩边的权值

    int next(int i, int j=-1);         //返回 v_i 在 v_j 后的下一个邻接顶点序号

    friend ostream& operator<<<>(ostream& out, AdjListGraph<T>&);        //输出图
    int insertVertex(T x);             //插入元素值为 x 的顶点，返回顶点序号
    void insertEdge(int i, int j, int weight);      //插入一条权值为 weight 的边⟨v_i, v_j⟩

    void insertEdge(Triple edge);      //插入一条边
    void removeVertex(int i);          //删除顶点 v_i 及其关联的边
    void removeEdge(int i, int j);     //删除边⟨v_i, v_j⟩

    void removeEdge(Triple edge);      //删除边
};
```

AdjListGraph 类的成员函数实现如下，其中，vertexCount()、getVertex(i)、setVertex(i, x) 函数实现同图的邻接矩阵类 MatrixGraph，省略。

（1）图的构造函数

```cpp
template <class T>
AdjListGraph<T>::AdjListGraph()        //构造空图，顶点数为 0
```

```
    {                                                    //此处执行 SeqList<T>()、LinkedMatrix()
        this->n = 0;
    }
    //以顶点集和边集构造一个图，参数分别指定顶点集、顶点数、边集、边数
    template <class T>
    AdjListGraph<T>::AdjListGraph(T vertices[], int vertexCount, Triple edges[], int edgeCount)
        : verlist(vertices, vertexCount),               //声明执行 SeqList<T>(T value[], int n)
          adjlist(vertexCount,vertexCount,edges,edgeCount)   //声明执行 LinkedMatrix(int,int,Triple[],int)
    {   this->n = vertexCount;
    }
```

（2）输出

输出函数声明如下：

```
    template <class T>
    ostream& operator<<(ostream& out, AdjListGraph<T> &graph)      //输出图的顶点集合和邻接表
    {
        out<<"顶点集合： "<<graph.verlist<<"邻接表： \n"<<graph.adjlist;
        return out;
    }
```

（3）插入、删除边

在邻接表表示的图中插入一条权值为 weight 的边 $\langle v_i, v_j \rangle$，若 $i==j$，抛出异常，不能插入自身环；否则，在邻接表的第 i 条排序单链表中查找表示 $\langle v_i, v_j \rangle$ 边的结点，根据查找结果，分别执行以下插入、替换或删除操作：

① 若未找到且 $0<weight<\infty$，则插入权值为 weight 的边 $\langle v_i, v_j \rangle$；

② 若找到且 $0<weight<\infty$，则修改该边的权值为 weight；

③ 若找到且 $weight \leq 0$ 或 $weight=\infty$，则删除该边。

由于邻接表中的边表是排序单链表，在其中进行查找、插入、删除操作，需要调用边类的关系运算符，此处各边仅按其行列值比较相等与大小，约定边按先行后列次序规则排序和查找，与边的权值无关。Triple 边类重载 6 个关系运算符见 5.2.2 节。

AdjListGraph 类插入、删除边的函数声明如下，insertEdge(Triple edge)、removeEdge(Triple edge)函数实现同图的邻接矩阵，省略。

```
    template <class T>
    void AdjListGraph<T>::insertEdge(int i, int j, int weight)      //插入一条权值为 weight 的边 $\langle v_i, v_j \rangle$
    {
        if (i!=j)
        {   if (weight<0 || weight>=MAX_WEIGHT)              //边的权值容错
```

```
            weight=0;
        this->adjlist.set(i,j,weight);                    //设置第 i 条边单链表中⟨vᵢ,vⱼ⟩边的权值
    //当 i、j 有效时，若 0<weight<∞，插入边或替换边的权值；若 weight==0，删除该边
    }
    else   throw invalid_argument("边的起点与终点序号相同，图不能插入自身环。");
}
//删除边⟨vᵢ,vⱼ⟩，若 i==j，则不操作。若 i、j 指定顶点序号错误，则抛出异常
template <class T>
void AdjListGraph<T>::removeEdge(int i, int j)
{
    if (i!=j)
        this->adjlist.set(i,j,0);   //设置矩阵元素为 0，即在排序单链表中删除⟨vᵢ,vⱼ⟩结点
}
```

将例 7.1 中创建图对象语句替换如下，即可构造带权无向图 G_3 的邻接表表示：

```
AdjListGraph<char> graph(vertices, 5, edges, 16);
```

构造带权有向图 G_4，分别以邻接矩阵或邻接表表示，并进行输出图、插入顶点和边、删除顶点和边等操作，同例 7.1，省略。

（4）插入顶点

在邻接表表示的图中，插入一个元素值为 x 的顶点，需要进行以下两步操作：

① 在顶点顺序表 verlist 最后插入一个元素 x，顶点顺序表将自动扩充容量。

② 邻接表的行指针顺序表长度加 1，若行指针顺序表容量不足，则扩充。

insertVertex(x)函数如下：

```
template <class T>
int AdjListGraph<T>::insertVertex(T x)   //插入元素值为 x 的顶点，返回顶点序号
{
    this->verlist.insert(x);           //顶点顺序表尾插入 x，长度加 1，自动扩容
    this->n++;                         //顶点数加 1
    this->adjlist.setRowsColumns(n, n);   //设置邻接表加一行，其中行指针顺序表自动扩容
    return this->n-1;                  //返回插入顶点序号
}
```

（5）删除顶点

在邻接表表示的图中，删除一个顶点 v，需要进行以下两步操作：

① 在顶点顺序表中删除第 v 个元素，顺序表长度减 1，即图的顶点数减 1。

② 在邻接表中删除与顶点 v 相关联的所有边。包括以下操作：

a. 在第 v 条以外的单链表中，删除以顶点 v 作为终点的边结点。

b. 在行指针顺序表中，删除第 v 个元素，即删除第 v 条单链表。

c. 删除后，在所有单链表中，将边结点中大于 v 的顶点序号减 1。

在邻接表表示的带权无向图 G_3 中，删除顶点 D 的操作及结果如图 7.17 所示。

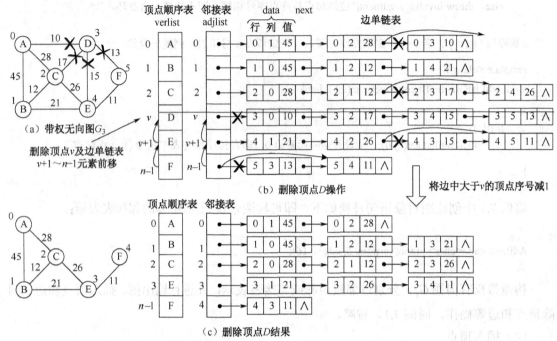

图 7.17　删除邻接表表示的带权无向图 G_3 中的顶点 D

removeVertex(v)函数声明如下：

```
template <class T>
void AdjListGraph<T>::removeVertex(int v)              //删除第 v 个顶点及其关联的边
{
    if (v>=0 && v< this->n)
    {   this->verlist.remove(v);                         //删除顶点顺序表第 v 个元素，长度减 1
        //以下在第 v 条以外的单链表中删除以 v 为终点的所有边
        SortedSinglyList<Triple> *list = this->adjlist.rowlist[v];      //获得第 v 条排序单链表
        for (Node<Triple>* p=list->head->next; p!=NULL; p=p->next)  //遍历第 v 条边单链表
            this->removeEdge(p->data.symmetry());        //删除与 p 结点对称的边
        this->n--;                                       //顶点数减 1
        this->adjlist.rowlist.remove(v);                 //删除行指针数组的第 v 条单链表
        list->~SortedSinglyList<Triple>();               //析构第 v 条排序单链表
        this->adjlist.setRowsColumns(n, n);              //设置矩阵行列数，少一行

        for (int i=0; i<n; i++)                          //遍历每条边单链表，将>v 的顶点序号减 1
        {   list = this->adjlist.rowlist[i];
```

```
              for (Node<Triple>* p=list->head->next;   p!=NULL; p=p->next)
              {    if (p->data.row > v)
                        p->data.row--;
                   if (p->data.column > v)
                        p->data.column--;
              }
         }
    }
    else    throw out_of_range("顶点序号错误，不能删除顶点。");
}
```

（6）获得下一个邻接顶点和边的权值属性

```
//返回 vi 在 vj 后的下一个邻接顶点序号，若 j=-1，返回顶点 vi 的第一个邻接顶点的序号；
//若不存在下一个邻接顶点，则返回-1。用于图的遍历算法
template <class T>
int AdjListGraph<T>::next(int i, int j)
{
    if (i>=0 && i<n && j>=-1 && j<n && i!=j)
    {          //以下在第 i 条边排序单链表中查找终点序号>j 的边
        SortedSinglyList<Triple> *list = this->adjlist.rowlist[i];
        for (Node<Triple> *p = list->head->next;   p!=NULL;   p = p->next)
            if (p->data.column > j)
                 return p->data.column;      //返回下一个邻接顶点的序号
    }
    return -1;                               //没有下一个邻接顶点
}
//返回〈vi,vj〉边的权值。用于图的最小生成树、最短路径等算法
template <class T>
int AdjListGraph<T>::weight(int i, int j)
{
    if (i==j)
        return 0;
    int w = this->adjlist.get(i,j);          //返回矩阵(i,j)元素值，若 i、j 指定序号无效则抛出异常
    return w!=0 ? w : MAX_WEIGHT;             //若返回 0，表示没有边，则边的权值返回∞
}
```

7.2.3 图的邻接多重表表示

1. 无向图的邻接多重表表示

前述无向图的邻接表将每条边 (v_i, v_j) 存储了两次，在该边两个顶点 v_i、v_j 的边单链表中各有一个边结点。这样存储使得插入、删除一条边时，需要对两条边单链表进行重复处理。将邻接表改进为邻接多重表可以克服这一缺点。

邻接多重表（Adjacency Multilist）只用一个边结点表示图的每条边。边结点结构如下：

（row 起点序号，column 终点序号，value 权值，

endNext 指向终点的下一条边，startNext 指向起点的下一条边）

带权无向图及其邻接多重表表示如图 7.18 所示。

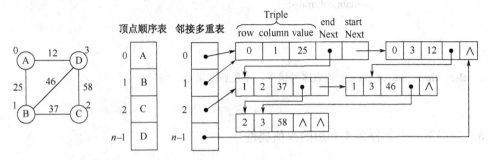

图 7.18 带权无向图及其邻接多重表表示

2. 有向图的邻接多重表表示

有向图的邻接表表示分为邻接表和逆邻接表两种，某些应用需要同时使用邻接表和逆邻接表，此时每条边分别存储在邻接表和逆邻接表中，同样存在每条边存储两次的问题。解决办法是，将有向图的邻接表和逆邻接表合并起来，每条边只采用一个结点存储，称为有向图的邻接多重表表示（也称十字链表）。边结点结构同无向图的邻接多重表，其中 startNext 指向起点的下一条出边；endNext 指向终点的下一条入边。

有向图邻接多重表行指针数组的每个元素包含顶点的入边和出边信息，元素结构如下：

（firstin 指向一条入边，firstout 指向一条出边）

一个带权有向图及其邻接多重表表示如图 7.19 所示。

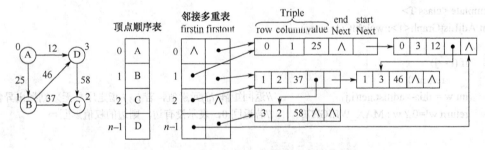

图 7.19 带权有向图及其邻接多重表表示

7.3 图的遍历

遍历图是指从图 G 中任意一个顶点 v_i 出发，沿着图中的边前行，到达并访问图中的所有顶点，且每个顶点仅被访问一次。遍历图比遍历树复杂，需要考虑以下 3 个问题：

① 指定遍历的第一个访问顶点。

② 由于一个顶点与多个顶点相邻，因此要在多个邻接顶点之间约定一种访问次序。

③ 由于图中存在回路，在访问某个顶点之后，可能沿着某条路径又回到该顶点。因此，为了避免重复访问同一顶点，在遍历过程中必须对访问过的顶点做标记。

图的遍历算法是求解图的连通性等问题的基础，例如，判断两个顶点之间是否连通，找出两个顶点之间的多条路径，判断图的连通性等。

图的遍历通常有两种策略：深度优先搜索和广度优先搜索，两者的差别是访问各顶点的次序不同。

7.3.1 图的深度优先搜索遍历

1. 深度优先搜索策略

图的深度优先搜索（Depth First Search，DFS）策略是，访问某个顶点 v_i，寻找 v_i 的一个未被访问的邻接顶点 v_j 访问，再寻找 v_j 的一个未被访问的邻接顶点 v_k 访问，如此反复执行，走过一条较长路径到达最远顶点；若顶点 v_j 没有未被访问的其他邻接顶点，则退回到前一个被访问的顶点 v_i，再寻找其他访问路径。

图 7.20 给出无向图 G_1 和有向图 G_2 从顶点 A 或 B 出发进行一次深度优先搜索的遍历过程。

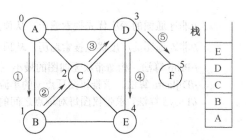
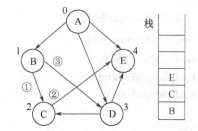

（a）无向图G_1从顶点A出发的一个深度优先搜索遍历序列{A,B,C,D,E,F}

（b）有向图G_2从顶点B出发的一个深度优先搜索遍历序列{B,C,E,D,A}

图 7.20　图的深度优先搜索遍历

图 7.20（a）所示从顶点 A 出发的一次深度优先搜索遍历序列{A,B,C,D,E,F}，由两条路径(A,B,C,D,E)和(D,F)组成，访问了 G_1 的所有顶点，所以无向图 G_1 是连通的。此外，从顶点 A 出发的深度优先搜索遍历序列还有{A,C,B,E,D,F}，{A,D,C,B,E,F}等。

图 7.20（b）所示从顶点 B 出发的一次深度优先搜索遍历序列{B,C,E,D,A}，其中，两条路径(B,C,E)和(B,D)访问了图中的一个连通分量{B,C,D,E}，没有遍历到 A，需要再次从 A 开始搜索，所以有向图 G_2 是非强连通的。

对于一个连通无向图或一个强连通的有向图，以任何一个顶点为起点，一定存在路径能够到达其他所有顶点。因此，从一个顶点 v_i 出发的一次遍历，可以访问图中的每个顶点。

对于一个非连通无向图或一个非强连通的有向图，从一个顶点 v_i 出发的一次遍历只能访问图中的一个连通分量。因此，遍历一个非连通图需要遍历各个连通分量。

【思考题 7-1】写出 G_1 和 G_2 从每个顶点出发的所有深度优先搜索遍历序列。

2. 深度优先搜索遍历算法

（1）声明抽象类

图的深度优先搜索遍历算法与图的存储结构无关，无论是邻接矩阵还是邻接表存储，都能够找到与顶点 v_i 相关联的所有边。声明抽象类 AbstractGraph 如下，声明 vertexCount()、getVertex()、next()成员函数为纯虚函数，基于这些纯虚函数实现图的遍历算法，就与存储结构无关。文件名为 AbstractGraph.h。

```
#include "SeqQueue.h"                              //顺序循环队列类
template <class T>
class AbstractGraph                                //抽象图类
{
  protected:
    const static int MAX_WEIGHT = 0x0000ffff;      //最大权值（表示无穷大∞）
    virtual int vertexCount()=0;                    //返回顶点数，纯虚函数，由子类实现
    virtual T& getVertex(int i)=0;                   //返回顶点 vi 元素引用
    virtual int weight(int i, int j)=0;              //返回〈vi,vj〉边的权值
    virtual int next(int i, int j=-1)=0;             //返回顶点 vi 在 vj 后的下一个邻接顶点序号

  public:
    void DFSTraverse(int i);                         //非连通图的深度优先搜索遍历，从顶点 vi 出发
    void BFSTraverse(int i);                         //非连通图的广度优先搜索遍历，从顶点 vi 出发
    void minSpanTree();                              //Prim 算法，构造带权无向图的最小生成树
    void shortestPath(int v);                        //Dijkstra 算法，求带权图顶点 v 的单源最短路径
    void shortestPath();                             //Floyd 算法，求带权图每对顶点之间的最短路径

  private:
    void depthfs(int i, SeqList<bool> &visited);     //从顶点 vi 出发深度优先搜索遍历一个连通分量
    void breadthfs(int i,SeqList<bool> &visited);    //从顶点 vi 出发广度优先搜索遍历一个连通分量
};
```

前述 MatrixGraph、AdjListGraph 均声明继承抽象类 AbstractGraph 如下：

```
class MatrixGraph : public AbstractGraph<T>      //邻接矩阵表示的带权图类，继承抽象图类
class AdjListGraph : public AbstractGraph<T>     //邻接表表示的带权图类，继承抽象图类
```

（2）图的深度优先搜索遍历算法

从非连通图中一个顶点 v_i 出发的一次深度优先搜索遍历算法描述如下：

① 访问顶点 v_i，标记 v_i 为已访问状态。

② 选定 v_i 的一个未被访问的邻接顶点 v_j，从 v_j 开始进行深度优先搜索，递归算法。

③ 若由 v_j 到达的所有顶点都已被访问，则退回到顶点 v_i。

④ 若 v_i 仍有未被访问的下一个邻接顶点 v_k（$0 \leq k <$顶点数 n），则从 v_k 出发继续搜索；

否则由顶点 v_i 出发的一次搜索过程结束。

图的深度优先搜索遍历算法是递归算法，从顶点 v_i 出发的一次深度优先搜索遍历，由以下两个函数 DFSTraverse(i)和 depthfs(i, visited)实现。

```cpp
template <class T>
void AbstractGraph<T>::DFSTraverse(int i)       //非连通图的深度优先搜索遍历，从顶点 vi 出发
{
    int n=this->vertexCount();                  //顶点数
    if (i>=0 && i<n)
    {   SeqList<bool> visited(n,false);          //访问标记顺序表，n 个元素值为 false（未访问）
        int j=i;
        do
        {   if (!visited[j])                     //若顶点 vj 未被访问
            {   cout<<"{ ";
                depthfs(j, visited);             //从 vj 出发深度优先搜索遍历一个连通分量
                cout<<"} ";
            }
            j = (j+1) % n;                       //在其他连通分量中寻找未被访问顶点
        } while (j!=i);
        cout<<endl;
    }
    else    throw out_of_range("顶点序号错误，不能遍历图。");
}
//从顶点 vi 出发深度优先搜索遍历一个连通分量，递归算法
template <class T>
void AbstractGraph<T>::depthfs(int i, SeqList<bool> &visited)
{
    cout<<this->getVertex(i)<<" ";               //访问顶点 vi
    visited[i] = true;                           //置已访问标记
    for (int j=next(i); j!=-1;  j=next(i,j))      //j 依次获得 vi 的所有邻接顶点
        if (!visited[j])                         //若邻接顶点 vj 未被访问
            depthfs(j, visited);                 //从 vj 出发的深度优先搜索遍历，递归调用
}
```

其中，DFSTraverse(i)函数从顶点 v_i 出发对图进行一次深度优先搜索遍历，它调用 depthfs(i,visited)函数从顶点 v_i 出发以深度优先搜索遍历一个连通分量，visited 数组标记图中每个顶点是否已被访问，元素初值为 false，每访问一个顶点，设置相应数组元素值为 true。

depthfs(i, visited)函数是递归算法，若顶点 v_i 存在下一个邻接顶点 v_j 未被访问，则可从顶点 v_j 出发继续遍历，递归调用 depthfs(j, visited)函数直到遍历一个连通分量。

已知例 7.1 设 graph 是一个图对象，邻接矩阵或邻接表存储均可，从图 graph 的每个顶点出发进行深度优先搜索遍历的调用语句如下：

```
for (int i=0; i<graph.vertexCount(); i++)
    graph.DFSTraverse(i);
```

深度优先搜索遍历连通无向图 G_1（图 7.20（a））的运行结果如下，其中{}表示遍历一个连通分量。

{*A B C D E F*}   {*B A C D E F*}   {*C A B E D F*}
{*D A B C E F*}   {*E B A C D F*}   {*F D A B C E*}

深度优先搜索遍历非强连通有向图 G_2（图 7.20（b））的运行结果如下：

{*A B C E D*}   {*B C E D*}{*A*}   {*C E*}{*D*}{*A B*}
{*D C E*}{*A B*}   {*E*}{*A B C D*}

　　虽然从图的一个顶点出发的深度优先搜索遍历序列有多种，但执行上述图的遍历算法，从一个顶点出发只得到一种遍历序列。因为，遍历搜索路径取决于图的顶点次序。虽然图没有约定各顶点次序，但是一旦存储了一个图，无论是邻接矩阵或邻接表，都将顶点集合存储在顶点顺序表中，确定各顶点次序。之后调用 next(i, j) 函数，获得顶点 v_i 在 v_j 后的下一个邻接顶点序号，结果唯一。

　　求图 G_1 从顶点 A 出发的所有深度优先搜索遍历序列，可用一棵解空间树表示，如图 7.21 所示，根结点是初始顶点 A，A 的孩子结点是 A 的邻接顶点 B、C、D，再下一层分别是 B、C、D 的邻接顶点（未被访问），等等。

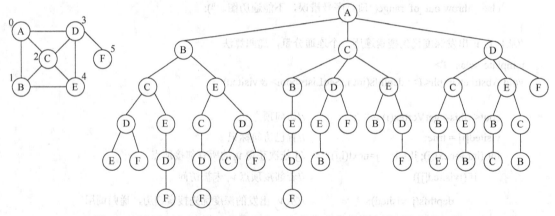

图 7.21　连通无向图 G_1 及其从顶点 A 出发深度优先搜索遍历的解空间树

　　对树进行先根次序遍历（深度优先搜索），从根结点开始，到达树的一个叶子结点表示图的一条深度优先搜索路径，如(*A,B,C,D,E*)；搜索完图中所有顶点，就得到图的一次深度优先搜索遍历序列，如{*A,B,C,D,E,F*}。

7.3.2　图的广度优先搜索遍历

1. 广度优先搜索策略

　　广度优先搜索（Breadth First Search，BFS）策略是，访问某个顶点 v_i，接着依次访问 v_i 所有未被访问的邻接顶点 v_j,v_k,L,v_t，再依次访问这些顶点 v_j,v_k,L,v_i 的所有未被访问的其他邻接顶点，如此反复执行，直到访问完图中所有顶点。

图 7.22 给出无向图 G_1 和有向图 G_2 从顶点 A 或 B 出发进行一次广度优先搜索的遍历过程。

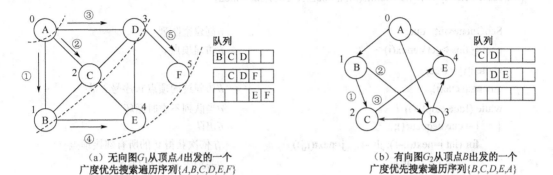

(a) 无向图 G_1 从顶点 A 出发的一个 广度优先搜索遍历序列 $\{A,B,C,D,E,F\}$

(b) 有向图 G_2 从顶点 B 出发的一个 广度优先搜索遍历序列 $\{B,C,D,E,A\}$

图 7.22 图的广度优先搜索遍历

从图 G_1 的顶点 A 出发进行一次广度优先搜索遍历，先访问 A；再依次访问 A 的所有邻接顶点 B、C、D（未被访问的）；之后再访问 B 的邻接顶点 E，再访问 D 的邻接顶点 F。

从图 G_2 的顶点 B 出发进行一次广度优先搜索遍历，先访问 B，再访问 B 的邻接顶点 C、D，再访问 C 的邻接顶点 E，遍历了一个连通分量；再从 A 开始进行一次广度优先搜索遍历。

2. 图的广度优先搜索遍历算法

在图的广度优先搜索遍历中，若 v_i 在 v_j 之前访问，则 v_i 的所有邻接顶点一定在 v_j 的所有邻接顶点之前访问。因此，需要使用队列记录各顶点的访问次序。

抽象图类 AbstractGraph 声明实现图的广度优先搜索遍历算法的两个函数如下：

```
template <class T>
void AbstractGraph<T>::BFSTraverse(int i)          //非连通图的广度优先搜索遍历，从顶点 vi 出发
{
    int n=this->vertexCount();                     //顶点数
    if (i>=0 && i<n)
    {   SeqList<bool> visited(n,false);             //访问标记顺序表，n 个元素值为 false（未访问）
        int j=i;
        do
        {   if (!visited[j])                        //若顶点 vj 未被访问
            {   cout<<"{ ";
                breadthfs(j, visited);              //从 vj 出发广度优先搜索遍历一个连通分量
                cout<<"} ";
            }
            j = (j+1) % n;                          //在其他连通分量中寻找未被访问顶点
        } while (j!=i);
        cout<<endl;
    }
    else    throw out_of_range("顶点序号错误，不能遍历图。");
```

```
}
//从 v_i 出发广度优先搜索遍历一个连通分量
template <class T>
void AbstractGraph<T>::breadthfs(int i, SeqList<bool> &visited)
{
    SeqQueue<int> que;                              //创建空队列
    cout<<this->getVertex(i)<<" ";                  //访问顶点 v_i
    visited[i] = true;
    que.enqueue(i);                                 //访问过的顶点 v_i 序号入队
    while (!que.empty())                            //当队列不空时循环
    {   i = que.dequeue();                          //出队
        for (int j=next(i,-1); j!=-1;   j=next(i,j))  //j 依次获得 v_i 的所有邻接顶点
            if (!visited[j])                        //若顶点 v_j 未访问过
            {   cout<<this->getVertex(j)<<" ";      //访问顶点
                visited[j] = true;
                que.enqueue(j);                     //访问过的顶点 v_j 序号入队
            }
    }
}
```

调用语句类似深度优先搜索遍历，省略。广度优先搜索遍历连通无向图 G_1（图 7.22（a））的运行结果如下，其中{}表示遍历一个连通分量。

{$A\,B\,C\,D\,E\,F$}	{$B\,A\,C\,E\,D\,F$}	{$C\,A\,B\,D\,E\,F$}
{$D\,A\,C\,E\,F\,B$}	{$E\,B\,C\,D\,A\,F$}	{$F\,D\,A\,C\,E\,B$}

广度优先搜索遍历非强连通有向图 G_2（图 7.22（b））的运行结果如下：

{$A\,B\,D\,E\,C$}	{$B\,C\,D\,E$}{A}	{$C\,E$}{D}{$A\,B$}
{$D\,C\,E$}{$A\,B$}	{E}{$A\,B\,C\,D$}	

7.4 最小生成树

7.4.1 生成树

1. 树

连通的无回路的无向图称为无向树，简称**树**（Tree）。树中的悬挂点又称为**树叶**（Leaf），其他顶点称为**分支点**（Branched Node）。各连通分量均为树的图称为**森林**（Forest），树是森林。

由于树中无回路，因此树中必定无自身环也无重边（否则它有回路）。若去掉树中的任意一条边，则变为森林，成为非连通图；若给树加上一条边，则构成一条回路，成为一个图，如图 7.23 所示。设一棵树 T 有 n 个顶点、e 条边，则 $e=n-1$。

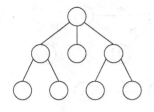
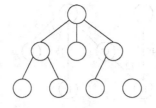
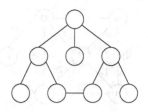

（a）树是连通的无回路的无向图　　　（b）去掉一边成为森林，即非连通图　　　（c）加上一条边则是有回路的图，不是树

图 7.23　树、森林与图

2. 生成树和生成森林

　　一个连通无向图的**生成树**（Spanning Tree）是该图的一个极小连通生成子图，它包含原图的 n 个顶点，以及构成一棵树的 $n-1$ 条边。一个非连通的无向图，其各连通分量的生成树组成该图的**生成森林**（Spanning Forest）。

　　图的生成树或生成森林不是唯一的，从不同顶点开始、采用不同搜索遍历可以得到不同的生成树或生成森林。以深度优先搜索遍历得到的生成树，称为深度优先生成树；以广度优先搜索遍历得到的生成树，称为广度优先生成树。在生成树中，任何两个顶点之间只有唯一的一条路径。连通无向图 G_1 的生成树如图 7.24 所示，非连通图的生成森林如图 7.25 所示。

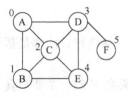
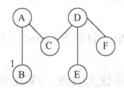
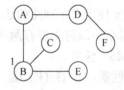

（a）无向图 G_1　　　　（b）从B出发的一棵深度优先生成树　　　（c）从B出发的一棵广度优先生成树

图 7.24　连通无向图 G_1 的多棵生成树

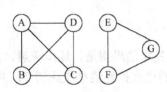
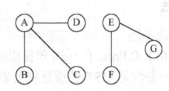

（a）非连通无向图　　　　　　　（b）生成森林

图 7.25　非连通无向图的生成森林

3. 最小生成树

　　设 G 是一个带权连通无向图，$w(e)$ 是边 e 上的权，T 是 G 的生成树，T 中各边的权之和 $w(T) = \sum_{e \in T} w(e)$ 称为生成树 T 的权或代价（Cost）。权值最小的生成树称为**最小代价生成树**（Minimum Cost Spanning Tree），简称最小生成树。带权无向图 G_3 及其多棵生成树如图 7.26 所示。

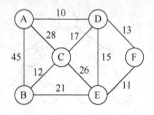
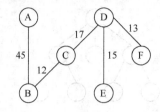
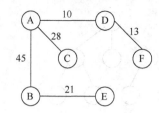

（a）带权无向图G_3　　　　　（b）深度优先生成树，代价为102　　　（c）广度优先生成树，代价为127

图 7.26　带权无向图 G_3 及其生成树

无向连通图的最小生成树为某些实际应用提供了解决方案。例如，设带权无向图 G_5 表示一个通信网络，图中顶点表示城市，边表示连接两个城市的通信线路，边上的权表示相应的代价，该图的一棵最小生成树则给出连接每个城市的具有最小代价的通信网络线路。

那么，如何构造无向连通图的最小生成树？

7.4.2　最小生成树的构造算法

按照生成树的定义，n 个顶点的连通无向图的生成树有 n 个顶点 $n-1$ 条边。因此，构造最小生成树的准则有以下 3 条：

① 必须只使用该图中的边来构造最小生成树；

② 必须使用且仅使用 $n-1$ 条边来连接图中的 n 个顶点；

③ 不能使用产生回路的边。

构造最小生成树主要有两种算法：Prim 算法和 Kruskal 算法。这两种算法都是基于最小生成树的 MST 性质。

MST 性质：设 $G=(V,E)$ 是一个连通带权无向图，TV 是顶点集合 V 的一个非空真子集。若 $(tv,v) \in E$（$tv \in TV$，$v \in V-TV$）是一条权值最小的边，必定存在 G 的一棵最小生成树 $T(TV, TE)$ 包含 (tv,v) 边。

1. Prim 算法

（1）Prim 算法描述

Prim 算法是由 R.C.Prim 于 1956 年提出的，其算法思想是，逐步求解，从图中某个顶点开始，每步选择一条满足 MST 性质且权值最小的边来扩充最小生成树 T；并将其他连接 TV 与 $V-TV$ 集合的边替换为权值更小的边。

以带权无向图 G_3 为例，由 Prim 算法构造最小生成树算法说明如下，构造过程如图 7.27 所示，其中虚线表示当前可选择的边，实线表示已确定的边。

设 $G=(V,E)$ 是有 n 个顶点的带权连通无向图，$T=(TV,TE)$。

① 最初 T 的顶点集合 $TV=\{A\}$，$V\ TV=\{B,C,D,E,F\}$，边集合 $TE=\{\}$。

② 在所有 $tv \in TV$，$v \in V-TV$ 的边 $(tv,v) \in E$ 中，即所有连接 TV 与 $V-TV$ 的边，如 (A,B)、(A,C)、(A,D)，选择一条权值最小的边 (A,D) 加入 TE，则 $TV=\{A,D\}$，$V-TV=\{B,C,E,F\}$，$TE=\{(A,D)\}$。

③ 重复执行②，依次在所有连接 TV 与 $V-TV$ 的边中，选择权值最小的边 (D,F)、(F,E)、(D,C)、(C,B) 加入 TE，TV 中的顶点也随之增加，直到 $TV=V$，则 T 是 G 的一棵最小生成树。

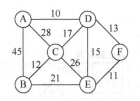 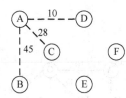 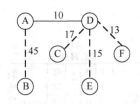 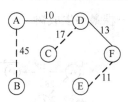

（a）带权无向图G_3　（b）$TV=\{A\}$，$V-TV=\{B,C,D,E,F\}$，$TE=\{\}$；在连接TV与$V-TV$的边中，选择权值最小的边　（c）选中(A,D)边加入TE，TV加入D，调整用更大权值的边替换　（d）TE加入(D,F)边，TV加入顶点F，替换再选

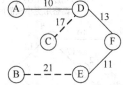 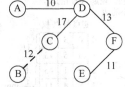 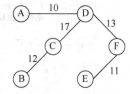

（e）TE加入(E,F)边，TV加入E　（f）TE加入(C,D)边，TV加入C　（g）最小生成树，代价为63

图 7.27　以 Prim 算法构造连通带权图 G_3 的最小生成树

Prim 算法描述如下，设 T_i（$i>0$）表示有 i 个顶点的最小生成子树。

① 最初 T_1 只有一个顶点，没有边，即 $TV=\{v_0\}$（$v_0\in V$），$TE=\{\}$，则代价 $w(T_1)=0$。

② 已知 T_i 的代价为 $w(T_i)$，根据 MST 特性，在所有 $tv\in TV$、$v\in V-TV$ 的边$(tv,v)\in E$ 中，选择一条权值最小的边 (tv_i,v_i) 加入 T_i，将 T_i 扩充一个顶点 v_i 和一条边 (tv_i,v_i) 成为 T_{i+1}，则 $w(T_{i+1})=w(T_i)+(tv_i,v_i)$ 最小。

③ 重复执行②，直到 $TV=V$，则 TE 有 $n-1$ 条边，$T=(TV,TE)$ 是 G 的一棵最小生成树。

（2）Prim 算法实现

设已构造一个有 n 个顶点的图 G，Prim 算法使用一个数组 mst 记录 G 的一棵最小生成树 $T=(TV,TE)$ 的 $n-1$ 条边，mst[i]（$0\leq i<n$）元素表示一条从 TV 到 $V-TV$ 的(tv,v)边，$tv\in TV$、$v\in V-TV$，在求解过程中，根据权值(tv,v)边被逐步替换，直到具有最小权值。在构造G_3最小生成树的过程中，mst 数组的变化情况说明如下，变化过程如图 7.28 所示。

① $TV=\{A\}$，$V-TV=\{B,C,D,E,F\}$，$TE=\{\}$。mst 数组存储从 TV 到 $V-TV$ 具有最小权值的 $n-1$ 条边，初值是 A 到其他各顶点的边，若 A 与某顶点不相邻，则边的权值为∞。设 $i=0$，从 mst[i]～mst[$n-1$]数组元素中选择权值最小的边$(0, 3, 10)$，其下标记为 min。

② 将 mst[min]与 mst[i]元素交换。此时，将 mst 数组分为两部分，mst[0]～mst[i]保存已并入 TE 中的边，意为将顶点 D 并入 TV；mst[$i+1$]～mst[$n-1$]保存从 TV 到 $V-TV$ 的边。

再调整使 mst[$i+1$]～mst[$n-1$]边的权值更小。$i++$，缩小选择最小权值边的范围。设 mst[i]元素表示一条边(A,v)（$v\in V-TV$），若存在一条边(D,v)满足

(D,v)边的权值 ＜(A,v)边的权值

则(A,v)边可用更小权值的边(D,v)替换。例如，将$(A,C,28)$边替换为$(D,C,17)$，将(A,E,∞)替换为$(D,E,15)$，将(A,F,∞)替换为$(D,F,13)$。同理，用更小权值的边替换 mst[i]～mst[$n-1$]元素。继续在 i～$n-1$ 元素中选择权值最小的边 mst[min]。

③ 重复执行②，将权值最小的边 mst[min]加入 TE，将顶点 tv 并入 TV；$i++$；用更小权值的边(tv,v)（$v\in V-TV$）（若存在）替换 mst[i]～mst[$n-1$]元素；再选择最小值；直到 $i=n$ 表示 $TV=V$，则 mst 数组保存了构成图 G 最小生成树 T 边集合 TE 的 $n-1$ 条边，$T=(TV,TE)$ 是 G 的

数据结构（C++版）（第3版）

一棵最小生成树。

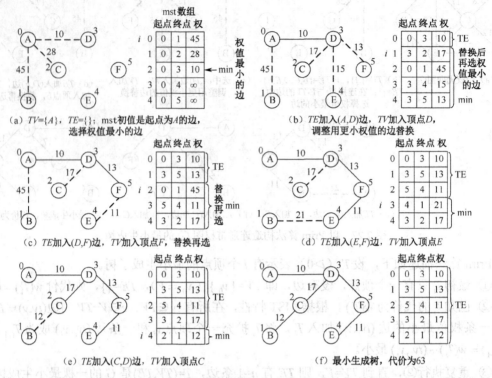

图 7.28　以 Prim 算法构造最小生成树时 mst 边集合变化

　　AbstractGraph 类声明以下构造带权无向图最小生成树的 Prim 算法，该算法与图的存储结构无关，适用于图的邻接矩阵和邻接表表示，其中调用 weight(i, j)函数返回〈v_i,v_j〉边的权值，而 weight(i, j)函数已由 AbstractGraph 类的子类 MatrixGraph 和 AdjListGraph 实现。

```
//Prim 算法，构造带权无向图的最小生成树，输出最小生成树的各边及代价
template <class T>
void AbstractGraph<T>::minSpanTree()
{
    int n=this->vertexCount(), i=0, j;           //mst 存储 MST 的边集合，边数为顶点数-1
    SeqList<Triple> mst(n-1);                     //初始化 mst，从 v0 出发构造 MST
    for (int j=i; j<n-1; j++)                      //保存顶点 v0 到其他各顶点的边
        mst.insert(Triple(i, j+1, weight(i,j+1)));

    for (i=0; i<n-1; i++)                          //选出构成 MST 的 n-1 条边
    {   int  minweight=MAX_WEIGHT, min=i;          //求最小权值边，记住最小权值及边的下标
        for (j=i; j<n-1; j++)
            if (mst[j].value<minweight)            //若存在更小值，则更新最小值变量
            {   minweight = mst[j].value;
                min = j;
            }
        Triple temp = mst[i];                      //交换最小权值的边，表示该边加入 TE 集合
        mst[i] = mst[min];
```

222

```
            mst[min] = temp;

            int tv = mst[i].column;                    //刚并入 TV 的顶点
            for (j=i+1; j<n-1; j++)                     //调整 mst[i+1]及其后元素为权值更小的边
            {    int v = mst[j].column;                 //原边在 V-TV 中的终点
                 if (weight(tv,v)<mst[j].value)         //若有权值更小的边(tv,v)，则用(tv,v)边替换原边
                 {    mst[j].value = weight(tv,v);
                      mst[j].row = tv;
                 }
            }
        }
        cout<<"最小生成树的边集合：";
        int mincost=0;
        for (int i=0; i<n-1; i++)                       //输出最小生成树的边集合和代价
        {    cout<<mst[i]<<" ";
             mincost += mst[i].value;
        }
        cout<<"，最小代价为"<<mincost<<endl;
}
```

上述 Prim 算法由两重循环实现，外层循环执行 $n-1$ 次；对循环变量 i（$0 \leqslant i < n$）的每个值，内层循环执行 $n-i$ 次，所以 Prim 算法的时间复杂度为 $O(n^2)$，与图中的边数无关，因此适用于边数较多的图。

2. Kruskal 算法

Kruskal 算法思想是，逐步求解，每步选择一条权值最小且不产生回路的边（满足 MST 性质）加入，合并了两棵最小生成树；直到加入 $n-1$ 条边，则构造成一棵最小生成树。

构造带权无向图 G_3 的最小生成树的 Kruskal 算法描述如下，构造过程如图 7.29 所示。

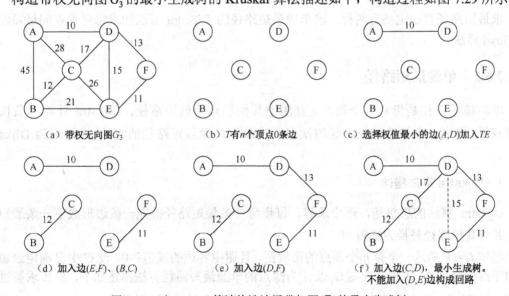

图 7.29   以 Kruskal 算法构造连通带权图 G_3 的最小生成树

设 $G=(V,E)$ 是有 n 个顶点的带权连通无向图，$T=(TV,TE)$ 表示 G 的一棵最小生成树。

① 最初 T 是有 n 棵树的森林，每棵树只有一个顶点，没有边，即 $TV=V$，$TE=\{\}$，代价 $w(T)=0$。

② 设 T_i、T_j（$i>0,j>0$）分别表示有 i 或 j 个顶点的最小生成树，代价分别为 $w(T_i)$、$w(T_j)$。根据 MST 特性，选择一条连接 T_i、T_j 且权值最小的边 $(v_i,v_j)\in E$（$v_i\in T_i$、$v_j\in T_j$）加入 TE，将 T_i、T_j 合并为 T_{i+j}，则有 $w(T_{i+j})=w(T_i)+w(T_j)+w(v_i,v_j)$ 最小。

③ 重复执行②，直到 TE 中有 $n-1$ 条边，则 $T=(TV,TE)$ 是 G 的一棵最小生成树。

当图中有相同权值的边时，最小生成树可能不唯一，如图 7.30 所示。

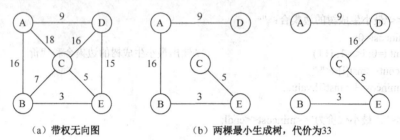

(a) 带权无向图　　　　　(b) 两棵最小生成树，代价为33

图 7.30　带权无向图及其两棵最小生成树

Kruskal 算法实现见 10.1.3 节。

7.5　最短路径

设 $G=(V,E)$ 是一个带权图，若 G 中从顶点 v_i 到 v_j 的一条路径 (v_i,L,v_j)，其路径长度 $dist_{ij}$ 是所有从 v_i 到 v_j 路径长度的最小值，则 (v_i,L,v_j) 是从 v_i 到 v_j 的**最短路径**（Shortest Path），v_i 称为**源点**（Source），v_j 称为**终点**（Destination）。

求最短路径算法主要有两种：求单源最短路径的 Dijkstra 算法和求每对顶点间最短路径的 Floyd 算法。

7.5.1　单源最短路径

单源最短路径是指从一个顶点 v_i 到图中其他顶点的最短路径。Dijkstra 针对非负权值的带权图，提出一个按路径长度递增次序逐步求得单源最短路径的算法，通常称为 Dijkstra 算法。

1．Dijkstra 算法描述

Dijkstra 算法的思想是，逐步求解，每步将一条最短路径扩充一条边形成下一条最短路径；并将其他路径替换为更短的。

已知 $G=(V,E)$ 是一个有 n 个顶点的带权图，且图中各边的权值≥0，设 G 中已确定最短路径的顶点集合是 S。带权有向图 G_4 以 A 为源点的单源最短路径算法描述如下，逐步求解过程如图 7.31 所示，其中虚线表示当前可选择的边，实线表示已确定的边。

（1）确定第一条最短路径。初始 $S=\{v_i\}=\{A\}$，$v_i\in V$，从源点 v_i 到其他各顶点 $\{B,C,D,E\}$ 的最短路径初值是从 v_i 到这些顶点的边 (A,B)、(A,C)、(A,D)、(A,E)，各边权值为 w_{ij}。从中选择一条权值最小的边 (v_i,v_j)，$v_j\in V{-}S=\{B,C,D,E\}$，确定 (v_i,v_j) 是从顶点 v_i 到 v_j 的最短路径，路径长度为 d_{ij}，将终点 v_j 并入 S。

（2）延长最短路径。设 (v_i,L,v_j) 是一条从顶点 v_i 到 v_j 的最短路径，$v_i,v_j\in S$，路径长度是 d_{ij}，则从 v_i 到 v_k（$v_k\in V{-}S$）的最短路径 (v_i,L,v_k)，可在以下情况中选择权值最小者，将 v_k 并入 S。

① (v_i,v_k) 边，$d_{ik}=w_{ik}$。

② 在所有最短路径 (v_i,L,v_j) 延长 (v_j,v_k) 边后的 (v_i,L,v_j,v_k) 路径中，选择长度最小者作为最短路径，则

$$d_{ik}=\min_j\{d_{ij}+w_{jk}\mid v_j\in S, \qquad S\text{是已求出最短路径的顶点集合}\}$$

例如，已知图 7.31（b）确定 (A,B) 是一条最短路径；图 7.31（c），从 A 到 D 有两条路径 (A,D)、(A,B,D)，比较两者路径长度，确定 (A,D) 路径最短。

（3）重复执行（2），直到 V 中所有顶点都并入 S，即 $S=V$。

例如，图 7.31（d）中，(A,D,C) 比 (A,B,C) 路径短，(A,D,E) 比 (A,E) 路径短；图 7.31（e）中，(A,D,C,E) 比 (A,D,E) 路径短。图 7.31（f）中，最短路径 (A,D)、(A,D,C)、(A,D,C,E)，通过逐步延长而得到。

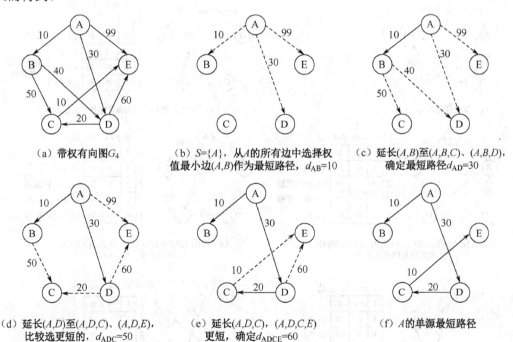

图 7.31　Dijkstra 算法描述，求 G_4 顶点 A 的单源最短路径

以 Dijkstra 算法求解 G_4 以 A 为源点的单源最短路径的逐步求解过程如表 7-1 所示。

表 7-1   求 G_4 以 A 为源点的最短路径

源 点	终 点	最短路径及其长度变化			
A	B	(A,B)　10			
	C	－　　∞	(A,B,C)　60	(A,D,C)　50	
	D	(A,D)　30			
	E	(A,E)　99		(A,D,E)　90	(A,D,C,E)　60

2. Dijkstra 算法实现

（1）使用数组存储已知最短路径及其长度

Dijkstra 算法的关键问题是，如何记住当前已求出的最短路径及其长度？如何确定一条路径是最短的？该算法使用三个数组定义如下：

- ⊙ s 数组表示前述集合 S。若 $s[i]=1$，则顶点 $v_i \in S$；否则 $v_i \in V-S$。
- ⊙ dist 数组保存最短路径长度。
- ⊙ path 数组保存最短路径经过的顶点序列。

若存在一条从源点 v_i 到 v_j 的最短路径 (v_i, L, v_k, v_j)，则 dist[j]保存该路径长度，path[j]保存其该路径经过的最后一个顶点 v_k 序号 k；否则 dist[j]为∞，path[j]为-1。

（2）逐步求解过程

Dijkstra 算法对带权有向图 G_4 逐步求解过程及上述三个数组的变化如图 7.32 所示。

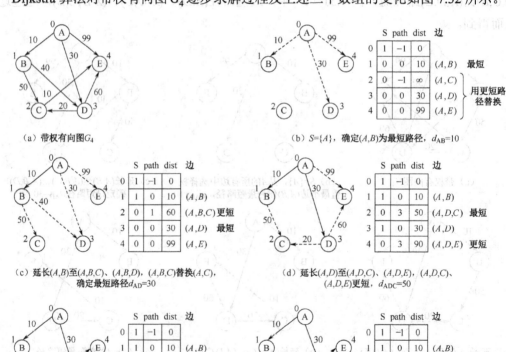

图 7.32   Dijkstra 算法的逐步求解过程

Dijkstra 算法的逐步求解过程说明如下。

① 图 7.32（b）中，初始，设源点 v_i 为顶点 A，$i=0$，$s[0]=1$ 表示 $S=\{A\}$。因存在(A,B)、(A,D)、(A,E)边，则 dist[1]、dist[3]、dist[4]数组元素初值保存 A 到 B、D、E 各顶点的路径长度，即边的权值，path[1]、path[3]、path[4]分别保存(A,B)、(A,D)、(A,E)路径经过的最后一个顶点 A 的序号 0；因 A 到 C 没有边，则 dist[2]=∞，path[2]=-1。

从 dist 数组元素（满足 $s[i]=0$）中选择权值最小的边(A,B)，确定(A,B)为从 A 到 B 的最短路径。

② 图 7.32（c）中，$s[1]=1$ 表示将顶点 B 并入 S。将最短路径(A,B)延长一条边至(A,B,C)、(A,B,D)，比较并调整两条路径如下：

a．因(A,B,C)路径长度 60＜(A,C)边的权∞，则 dist[2]=60，path[2]=1 表示(A,B,C)路径经过的最后一个顶点 B。

b．因(A,B,D)路径长度 50＞(A,D)边的权 30，则 path[3]、dist[3]不变。

从 dist[2]～dist[4]中确定(A,D)为最短路径。

③ 图 7.32（d）中，$s[3]=1$，顶点 B 并入 S。延长(A,D)至(A,D,C)、(A,D,E)，调整两条路径：

● (A,D,C)替换(A,B,C)路径，则 path[2]=3，dist[2]=50；

● 用(A,D,E)替换(A,E)路径，则 path[4]=3，dist[4]=90。确定最短路径(A,D,C)。

④ 图 7.32（e），s[2]=1。用(A,D,C,E)路径替换(A,D,E)路径，则 path[4]=2，dist[4]=60。确定最短路径(A,D,C,E)。

（3）从 path 数组获得最短路径

Dijkstra 算法通过扩充一条最短路径得到另一条最短路径，将每步扩充路径经过的顶点存储在 path 数组中，path[j]保存一条从源点 v_i 到 v_j 最短路径(v_i,L,v_k,v_j)经过的最后一个顶点 v_k 的序号。例如，逐步扩充(A,D)、(A,D,C)至(A,D,C,E)最短路径，path 数组元素变化如下：

```
path[3]=0              //(A,D)
path[2]=3              //(A,D,C)从源点 A 经过 D 到达终点 C
path[4]=2              //(A,D,C,E)从源点 A 到达终点 E，经过的最后一个顶点是 C
```

反之，从 path 数组获得从 A 到 E 最短路径(A,…,E)的过程如下：

```
path[4]=2              //(A,…,C,E)
path[2]=3              //(A,…,D,C,E)
path[3]=0              //(A,D,C,E)
```

AbstractGraph 类声明以下 shortestPath(v)成员函数，该算法与图的存储结构无关，适用于图的邻接矩阵和邻接表表示。

```
template <class T>
void AbstractGraph<T>::shortestPath(int i)    //Dijkstra 算法，求带权图中顶点 vi 的单源最短路径
{
    int n=this->vertexCount();                //顶点数
    if (i<0 || i>=n)
        return;
```

```cpp
        SeqList<int> dist(n);                              //最短路径长度
        SeqList<int> path(n);                              //最短路径的终点的前一个顶点
        for (int j=0; j<n; j++)                            //初始化 dist 和 path 顺序表
        {   dist.insert(weight(i,j));
            path.insert((j!=i && dist[j]<MAX_WEIGHT) ? i : -1);
        }
        SeqList<bool> s(n,false);                          //已求出最短路径的顶点集合，n 个元素值为 false
        s[i] = true;                                       //源点 vi 在集合 S 中的标记

        for (int j=(i+1)% n; j!=i; j=(j+1)% n)             //寻找从 vi 到顶点 vj 的最短路径，vj 在 V-S 集合中
        {   int mindist=MAX_WEIGHT, min=0;
            for (int k=0; k<n; k++)                        //求路径长度最小值及其下标
                if (!s[k] && dist[k]<mindist)
                {   mindist = dist[k];                     //当前路径长度最小值
                    min = k;                               //当前路径长度最小值下标
                }
            if (mindist==MAX_WEIGHT) //若没有其他最短路径则结束；此语句对非连通图是必须的
                break;

            s[min] = true;                                 //确定一条最短路径(vi,min)，终点 min 并入集合 S
            for (int k=0; k<n; k++)                        //调整从 vi 到 V-S 中其他顶点的最短路径及长度
                if(!s[k] && weight(min,k)<MAX_WEIGHT && dist[min]+weight(min,k)<dist[k])
                {   dist[k] = dist[min] + weight(min,k);            //用更短路径替换
                    path[k] = min;                                  //最短路径经过 min 顶点
                }
        }

        SeqList<T> pathlist(n-1);                          //顺序表，记录最短路径经过的各顶点
        for (int j=0; j<n; j++)                            //输出从顶点 vi 到其他顶点的最短路径
            if (j!=i)
            {   pathlist.removeAll();
                pathlist.insert(this->getVertex(j));                //顺序表插入最短路径终点 vj

                for (int k=path[j]; k!=-1 && k!=i; k=path[k])       //寻找从 vi 到 vj 的最短路径

                    pathlist.insert(this->getVertex(k));            //顺序表尾插入经过的顶点
                pathlist.insert(this->getVertex(i));                //最短路径起点 vi
                pathlist.printPrevious();                           //顺序表反序输出

                if (dist[j]<MAX_WEIGHT)                             //路径长度
                    cout<<" "<<dist[j]<<"\t";
                else cout<<"  ∞\t";
            }
        cout<<endl;
    }
```

Dijkstra 算法的时间复杂度为 $O(n^2)$。

3. 调用 n 次 Dijkstra 算法求得每对顶点间的最短路径

对于一个非负权值的带权图（n 个顶点），若以每个顶点为源点，调用 Dijkstra 算法 n 次，则可求得每对顶点间的最短路径。调用语句如下：

```
for (int i=0; i<graph.count(); i++)          //每对顶点之间的最短路径
    graph.shortestPath(i);                    //顶点 v_i 的单源最短路径，Dijkstra 算法
```

调用 Dijkstra 算法 n 次的时间复杂度为 $O(n^3)$。

7.5.2　每对顶点间的最短路径

Floyd 于 1962 年提出一个求解每对顶点间最短路径的算法，通常称为 Floyd 算法。

1. 最短路径及其长度矩阵

Floyd 算法使用两个矩阵存储图中每对顶点间的最短路径及其长度。设 $G(V,E)$ 是一个有 n 个顶点的带权图，矩阵 D 存储图 G 中每对顶点间的最短路径长度，$D_n=[d_{ij}]$（$0 \leqslant i,j<n$）定义如下：

$$d_{ij}=\begin{cases}(v_i,L,v_j)\text{最短路径长度} & \text{若}v_i \neq v_j\text{且从顶点}v_i\text{到}v_j\text{有路径}\\ \infty & \text{若}v_i \neq v_j\text{且从顶点}v_i\text{到}v_j\text{没有路径}\\ 0 & \text{若}v_i=v_j\end{cases}$$

矩阵 P 存储图 G 中每条路径经过的顶点序列，$P_n=[p_{ij}]$（$0 \leqslant i,j<n$）定义如下：

$$p_{ij}=\begin{cases}\text{最短路径}(v_i,L,v_k,v_j)\text{经过最后一个顶点}v_k\text{序号}k & \text{若}v_i \neq v_j\text{且}(v_i,v_j)\in E\text{或}<v_i,v_j>\in E\\ -1 & \text{其他}\end{cases}$$

2. Floyd 算法描述

Floyd 算法思想是，逐步求解，将 D 和 P 矩阵经过多次迭代，每步用每对顶点间更短的路径及其长度替换，逐步计算出每对顶点间的更短路径及其长度，算法描述如下。

（1）矩阵初值

最短路径长度矩阵 D 的初值是图的邻接矩阵；最短路径矩阵 P 的初值，若 $v_i \neq v_j$ 且存在 (v_i,v_j) 或 $<v_i,v_j>$ 边，则 $p_{ij}=i$，否则 $p_{ij}=-1$。带权有向图 G_5 及其最短路径长度矩阵 D 和最短路径矩阵 P 的初值如图 7.33 所示。

（2）迭代

设一条路径 (v_i,L,v_j) 长度为 d_{ij}，使每条路径 (v_i,L,v_j) 增加一个中间顶点 v_k，$v_k \in V$，$v_k \neq v_i$ 且 $v_k \neq v_j$，计算从顶点 v_i 经过 v_k 到达 v_j 的 (v_i,L,v_k,L,v_j) 路径长度 $d_{ik}+d_{kj}$ 值是否比 d_{ij} 更小，如果更小，则 (v_i,L,v_j) 路径及长度都被替换：

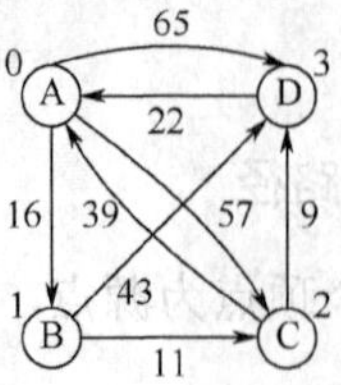

$$V = \begin{bmatrix} A \\ B \\ C \\ D \end{bmatrix} \quad D = A = \begin{bmatrix} 0 & 16 & 57 & 65 \\ \infty & 0 & 11 & 43 \\ 39 & \infty & 0 & 9 \\ 22 & \infty & \infty & 0 \end{bmatrix}$$

$$P = \begin{bmatrix} -1 & 0 & 0 & 0 \\ -1 & -1 & 1 & 1 \\ 2 & -1 & -1 & 2 \\ 3 & -1 & -1 & -1 \end{bmatrix} \quad P\text{表示路径} = \begin{bmatrix} (A,A) & (A,B) & (A,C) & (A,D) \\ (B,A) & (B,B) & (B,C) & (B,D) \\ (C,A) & (C,B) & (C,C) & (C,D) \\ (D,A) & (D,B) & (D,C) & (D,D) \end{bmatrix}$$

图 7.33 带权有向图 G_5 及其最短路径长度矩阵和最短路径矩阵初值

---

if $(d_{ik} + d_{kj} < d_{ij})$　　　　//若 (v_i, L, v_k, L, v_j) 路径长度 < (v_i, L, v_j) 路径长度

{

　　$d_{ij} = d_{ik} + d_{kj}$;　　　　// (v_i, L, v_j) 路径长度替换为经过顶点 v_k 的路径长度，更短

　　$p_{ij} = p_{kj}$;　　　　// (v_i, L, v_j) 经过的最后一个顶点，替换为 (v_k, L, v_j) 经过的最后一个顶点

}

以图 G 中每个顶点作为其他路径的中间顶点，对每条路径进行上述迭代。最终 D 矩阵存储每对顶点间的最短路径长度，P 矩阵存储每条最短路径经过的顶点序列。

G_5 的迭代过程如下。

① 以 A 作为中间顶点，替换 3 条路径如下，未替换 (B,C)、(B,D)、(C,D) 路径。

(C,B) 路径长度 ∞ 替换为 $\Rightarrow (C,A,B)55$，$d_{21} = 55$，$p_{21} = 0$

$(D,B)\infty \Rightarrow (D,A,B)38$，$d_{31} = 38$，$p_{31} = 0$

$(D,C)\infty \Rightarrow (D,A,C)79$，$d_{32} = 79$，$p_{32} = 0$

调整后的 D 和 P 矩阵如图 7.34 所示。

$$D = \begin{bmatrix} 0 & 16 & 57 & 65 \\ \infty & 0 & 11 & 43 \\ 39 & \underline{55} & 0 & 9 \\ 22 & \underline{38} & \underline{79} & 0 \end{bmatrix} \quad P = \begin{bmatrix} -1 & 0 & 0 & 0 \\ -1 & -1 & 1 & 1 \\ 2 & \underline{0} & -1 & 2 \\ 3 & \underline{0} & \underline{0} & -1 \end{bmatrix} \begin{bmatrix} (A,A) & (A,B) & (A,C) & (A,D) \\ (B,A) & (B,B) & (B,C) & (B,D) \\ (C,A) & (C,A,B) & (C,C) & (C,D) \\ (D,A) & (D,A,B) & (D,A,C) & (D,D) \end{bmatrix}$$

图 7.34 以 A 作为中间顶点调整后的 G_5 及其 D 和 P 矩阵

② 以 B 作为中间顶点，替换 3 条路径如下，未替换 (C,A)、(C,D)、(D,A) 路径。

$(A,C)57 \Rightarrow (A,B,C)27$，$d_{02} = 27$，$p_{02} = 1$

$(A,D)65 \Rightarrow (A,B,D)59$，$d_{03} = 59$，$p_{03} = 1$

$(D,A,C)79 \Rightarrow (D,A,B,C)49$，$d_{32} = 49$，$p_{32} = 1$

调整后的 G_5 及其 D 和 P 矩阵如图 7.35 所示。

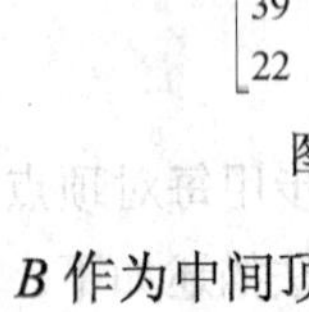

$$D = \begin{bmatrix} 0 & 16 & \underline{27} & \underline{59} \\ \infty & 0 & 11 & 43 \\ 39 & 55 & 0 & 9 \\ 22 & 38 & \underline{49} & 0 \end{bmatrix} \quad P = \begin{bmatrix} -1 & 0 & 1 & 1 \\ -1 & -1 & 1 & 1 \\ 2 & 0 & -1 & 2 \\ 3 & 0 & \underline{1} & -1 \end{bmatrix} \begin{bmatrix} (A,A) & (A,B) & (A,B,C) & (A,B,D) \\ (B,A) & (B,B) & (B,C) & (B,D) \\ (C,A) & (C,A,B) & (C,C) & (C,D) \\ (D,A) & (D,A,B) & (D,A,B,C) & (D,D) \end{bmatrix}$$

图 7.35 以 B 作为中间顶点调整后的 G_5 及其 D 和 P 矩阵

③ 以 C 作为中间顶点，替换 3 条路径如下，未替换(A,B)、(D,A)、(D,A,B)路径。

$(A,B,D)59 \Rightarrow (A,B,C,D)36$，$d_{03}=36$，$p_{03}=2$

$(B,A)\infty \Rightarrow (B,C,A)50$，$d_{10}=50$，$p_{10}=2$

$(B,D)43 \Rightarrow (B,C,D)20$，$d_{13}=20$，$p_{13}=2$

调整后的 G_5 及其 D 和 P 矩阵如图 7.36 所示。

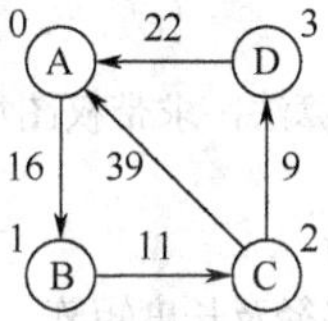

$$D=\begin{bmatrix} 0 & 16 & 27 & \underline{36} \\ \underline{50} & 0 & 11 & \underline{20} \\ 39 & 55 & 0 & 9 \\ 22 & 38 & 49 & 0 \end{bmatrix}$$

$$P=\begin{bmatrix} -1 & 0 & 1 & \underline{2} \\ \underline{2} & -1 & 1 & \underline{2} \\ 2 & 0 & -1 & 2 \\ 3 & 0 & 1 & -1 \end{bmatrix} \begin{bmatrix} (A,A) & (A,B) & (A,B,C) & (A,B,C,D) \\ (B,C,A) & (B,B) & (B,C) & (B,C,D) \\ (C,A) & (C,A,B) & (C,C) & (C,D) \\ (D,A) & (D,A,B) & (D,A,B,C) & (D,D) \end{bmatrix}$$

图 7.36 以 C 作为中间顶点调整后的 G_5 及其 D 和 P 矩阵

④ 以 D 作为中间顶点，替换路径及矩阵元素如下，未替换(A,B)、(A,B,C)、(B,C)路径。

$(B,C,A)50 \Rightarrow (B,C,D,A)42$，$d_{10}=42$，$p_{10}=3$

$(C,A)39 \Rightarrow (C,D,A)31$，$d_{20}=31$，$p_{20}=3$

$(C,A,B)55 \Rightarrow (C,D,A,B)47$，$d_{21}=47$，$p_{21}=p_{31}=0$

调整后的 G_5 及其 D 和 P 矩阵如图 7.37 所示。

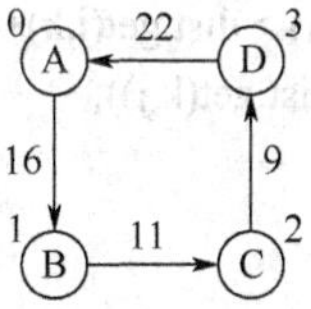

$$D=\begin{bmatrix} 0 & 16 & 27 & 36 \\ \underline{42} & 0 & 11 & 20 \\ \underline{31} & \underline{47} & 0 & 9 \\ 22 & 38 & 49 & 0 \end{bmatrix}$$

$$P=\begin{bmatrix} -1 & 0 & 1 & 2 \\ \underline{3} & -1 & 1 & 2 \\ \underline{3} & \underline{0} & -1 & 2 \\ 3 & 0 & 1 & -1 \end{bmatrix} \begin{bmatrix} (A,A) & (A,B) & (A,B,C) & (A,B,C,D) \\ (B,C,D,A) & (B,B) & (B,C) & (B,C,D) \\ (C,D,A) & (C,D,A,B) & (C,C) & (C,D) \\ (D,A) & (D,A,B) & (D,A,B,C) & (D,D) \end{bmatrix}$$

图 7.37 以 D 作为中间顶点调整后的 G_5 及其 D 和 P 矩阵

（3）获得每条最短路径

从 P 矩阵可获得每条最短路径经过的顶点序列。例如，求从顶点 D 到 C 的最短路径过程如下：

因 $p_{32}=1$，可知最短路径为$(D,\cdots,B,C)$

因 $p_{31}=0$，可知最短路径为$(D,\cdots,A,B,C)$

因 $p_{30}=3$，可知最短路径为(D,A,B,C)，路径长度为 $d_{32}=49$

因此，G_5 每对顶点间的最短路径及长度如下：

$(A,B)16$　　　$(A,B,C)27$　　　$(A,B,C,D)36$

$(B,C,D,A)42$　$(B,C)11$　　　　$(B,C,D)20$

$(C,D,A)31$　　$(C,D,A,B)47$　　$(C,D)9$

(*D*,*A*)22　　　(*D*,*A*,*B*)38　　　(*D*,*A*,*B*,*C*)49

3. Floyd 算法实现

AbstractGraph 类声明以下 shortestPath()成员函数，实现 Floyd 算法，该算法与图的存储结构无关，适用于图的邻接矩阵和邻接表表示。

```cpp
template <class T>
void AbstractGraph<T>::shortestPath()          //Floyd 算法，求带权图每对顶点间的最短路径及长度
{
    int n=this->vertexCount();                 //顶点数
    Matrix path(n),dist(n);                    //最短路径及长度矩阵
    for (int i=0; i<n; i++)                    //初始化 dist、path 矩阵
        for (int j=0; j<n; j++)
        {   int w=this->weight(i,j);
            dist.set(i,j,w);                   //dist 初值是图的邻接矩阵
            path.set(i,j, (i!=j && w<MAX_WEIGHT ? i : -1));
        }
    cout<<"dist"<<dist<<"path"<<path<<endl;

    for (int k=0; k<n; k++)                    //以 v_k 作为其他路径的中间顶点，测试路径长度是否更短
        for (int i=0; i<n; i++)
            if (k!=i)
                for (int j=0; j<n; j++)
                    if (k!=j && i!=j && dist.get(i,j) > dist.get(i,k)+dist.get(k,j))
                    {   dist.set(i, j, dist.get(i,k)+dist.get(k,j));
                        path.set(i, j, path.get(k,j));
                    }

    SeqList<T> pathlist(n-1);                  //顺序表，记录最短路径经过的各顶点
    for (int i=0; i<n; i++)                    //输出每对顶点间的最短路径
    {   for (int j=0; j<n; j++)                //寻找从 v_i 到 v_j 最短路径经过的顶点
            if (i!=j)
            {   pathlist.removeAll();
                pathlist.insert(this->getVertex(j));       //顺序表插入最短路径终点 v_j
                for (int k=path.get(i,j); k!=-1 && k!=i && k!=j; k=path.get(i,k))
                    pathlist.insert(this->getVertex(k));   //顺序表尾插入经过的顶点
                pathlist.insert(this->getVertex(i));       //最短路径起点 v_i
                pathlist.printPrevious();                  //顺序表反序输出
                if (dist.get(i,j)<MAX_WEIGHT)              //路径长度
                    cout<<dist.get(i,j)<<"\t";
                else cout<<"∞\t";
            }
        cout<<endl;
    }
}
```

Floyd 算法的时间复杂度为 $O(n^3)$。

习 题 7

7-1 什么是图? 与线性表和树相比, 图的特点是什么? 对图的操作主要有哪些?

7-2 n 个顶点的无向完全图有多少条边? n 个顶点的有向完全图中有多少条边?

7-3 什么是顶点的度? 有向图和无向图中顶点的度有什么区别?

7-4 n 个顶点具有最少边数的无向连通图和有向强连通图是怎样的?

7-5 图的存储结构有什么特点? 仅用顺序表或单链表能否存储一个图? 为什么? 图的存储结构主要有哪些?

7-6 画出一个顶点集为 $\{A,B,C,D\}$、具有最少边数的强连通有向图, 再画出执行删除边 $\langle 1,2 \rangle$、插入顶点 E、插入边 $\langle 3,4 \rangle$ 和 $\langle 4,0 \rangle$ 后的图及其邻接矩阵表示和邻接表表示。

7-7 图的遍历算法主要有哪些? 每种算法各有何特点?

7-8 有向图的一次深度优先搜索遍历序列构成的子图是否为一个强连通分量?

7-9 具有最少边数的一个强连通有向图, 其从同一个顶点出发的深度优先搜索生成树和广度优先搜索生成树是相同的?

7-10 树是怎样的图? 什么是图的生成树?

7-11 什么是图的最小生成树? 为什么要构造图的最小生成树? 什么样的图能够构造最小生成树?

7-12 一个带权图的最小生成树是否唯一? 举例说明。

7-13 最小生成树的构造算法有哪几种? 各有何特点?

7-14 什么是最短路径? 什么是单源最短路径? 有哪些求最短路径的算法? 各有何特点?

7-15 分别对图 7.38 所示的带权无向图 G_6、G_7 和带权有向图 G_8, 进行以下操作:

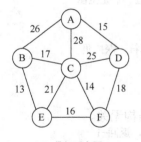

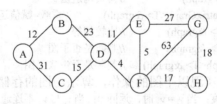

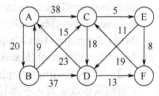

(a) 带权无向图 G_6　　　　　(b) 带权无向图 G_7　　　　　(c) 带权有向图 G_8

图 7.38 带权无向图 G_6、G_7 和带权有向图 G_8

① 画出图的邻接矩阵表示和图的邻接表表示, 写出删除顶点 D 的邻接矩阵和邻接表。

② 写出从图的每个顶点出发的深度优先搜索遍历序列和广度优先搜索遍历序列。

③ 画出带权无向图 G_6、G_7 从每个顶点出发的深度优先搜索遍历生成树和广度优先搜索遍历生成树。

④ 分别以 Kruskal 算法和 Prim 算法构造 G_6、G_7 的最小生成树, 说明两种算法的差别。

⑤ 采用 Dijkstra 算法, 求图中每个顶点的单源最短路径及长度。

⑥ 采用 Floyd 算法, 求图中每对顶点间的最短路径及长度。

实验 7　图的表示和操作

1．实验目的和要求

图是最复杂的一种数据结构。本实验通过实现图的构造、遍历、插入、删除等基本操作，理解图的基本概念，掌握图的邻接矩阵和邻接表存储结构，掌握对图进行插入、删除等操作的实现方法，掌握图的深度优先搜索和广度优先搜索遍历算法。

理解最小生成树的概念，掌握构造最小生成树的 Prim 算法和 Kruskal 算法；掌握求最短路径的 Dijkstra 算法和 Floyd 算法。

2．重点与难点

重点：图的邻接矩阵和图的邻接表存储结构，图的深度和广度遍历方法，两种最小代价生成树算法，两种最短路径算法。

难点：图的存储结构，图的插入、删除和遍历算法，最小代价生成树算法，最短路径算法。

3．实验内容

7-1　MatrixGraph 和 AdjListGraph 类分别增加以下成员，AdjListGraph 声明类似。

bool directed;	//成员变量，取值为 true 表示有向图，false 无向图
int degree(int i)	//返回顶点 v_i 的度
int indegree(int i)	//返回顶点 v_i 的入度
int outdegree(int i)	//返回顶点 v_i 的出度
int edgeCount()	//返回图的边数
int cost()	//返回带权图的代价
int minWeight()	//返回边的最小权值
Triple minWeightEgde()	//返回最小权值的边
bool isComplete()	//判断是否完全图
MatrixGraph createComplete(T vertices[], int vertexCount)	//以顶点集合构造一个完全图
MatrixGraph(MatrixGraph<T> &graph)	//拷贝构造函数
MatrixGraph<T>& operator=(MatrixGraph<T> &graph)	//重载=赋值运算符，深拷贝
bool operator==(MatrixGraph<T> &graph)	//比较相等
bool isSubgraph(MatrixGraph<T> &graph)	//判断是否子图
bool isSpanSubgraph(MatrixGraph<T> &graph)	//判断是否生成子图

7-2　☆☆AbstractGraph 类实现以下图的操作，算法与图的存储结构无关。

//返回从顶点 v_i 到 v_j 的路径长度；当 $v_i = v_j$ 时，返回 0；当 v_i 与 v_j 不连通时，返回-1

int pathLength(int i, int j)	
void printPathAll(int i, int j)	//输出顶点之间的所有路径及其路径长度
void printPathAll(int i)	//输出从顶点 v_i 出发的所有遍历路径
bool stronglyConnected()	//判断一个无（有）向图是否为（强）连通图
bool isTree()	//判断一个无向图是否为一棵树
bool isCyclePath(int vertexs[])	//判断由顶点序列表示的一条路径是否为回路

第 8 章

查　　找

查找是数据结构的一种基本操作，查找效率决定某些计算机应用系统的效率。查找算法依赖于数据结构，不同的数据结构需要采用不同的查找算法。因此，如何有效地组织数据，如何根据数据结构的特点快速、高效地获得查找结果是数据处理的核心问题。

本章介绍查找的基本概念，介绍针对不同数据结构的各种查找算法和技术，主要有基于线性表的顺序查找、基于有序顺序表的二分法查找、基于索引表的分块查找；介绍散列表及其查找技术；介绍基于树结构的二叉排序树和平衡二叉树；并讨论各种查找算法的性能。

8.1　查找的基本概念

1．查找条件、查找操作和查找结果

查找（Search）是在数据结构中寻找满足给定条件的数据元素，也称检索或搜索。

查找条件由包含指定关键字的数据元素给出。设 key 是包含关键字值的数据元素，其中包含一个或多个能够识别数据元素的数据项值，作为查找依据，提供查找条件。

在一个数据结构中进行查找操作，要将其中数据元素与包含关键字的元素 key 比较是否相等，如果相等，则查找成功；否则，继续比较，直到比较完所有元素，确定查找不成功。

查找操作必须比较两个元素相等（==）或不等（!=）。C++的基本数据类型和类的==和!=关系运算约定不同，基本数据类型重载了 6 种关系运算符（==、!=、>、>=、<、<=），比较两个变量值；而类默认没有重载关系运算符，需要时必须重载指定的关系运算符。

查找结果有两种：查找成功或查找不成功。

查找成功结果，因应用需求不同而不同。如果判断数据结构是否包含某个特定元素，则查找结果为是/否两种状态。如果根据关键字查找以期获得特定元素的其他属性，则查找结果为特定元素。如果数据结构中包含多个关键字相同的数据元素，那么，还需约定是返回首次出现的元素，抑或是返回元素集合等。例如，以姓名作为关键字进行查找，或查询年龄为 20 的学生，都要考虑多个结果的问题。

查找不成功，没有找到，也是查找操作执行完成的一种结果，与"没有找"含义不同，"没有找"表示没有执行查找操作。确定查找不成功，因查找算法而异，例如，顺序查找算法必须比较完所有元素，而二分法查找、散列表和二叉排序树都是只比较了部分元素，就能确定查找不成功。

2. 查找是删除、替换等操作的基础

查找是包含、删除、替换等操作的基础，在以指定元素作为参数的删除、替换等操作中，需要利用查找结果确定操作的位置。例如，删除、替换线性表或树中的指定元素，需要先查找该元素的位置；删除、替换一个串中的指定子串，也要先查找指定子串（串的模式匹配），确定子串的位置。

3. 查找算法效率

衡量查找算法效率的主要标准是查找过程中关键字的平均比较次数，称为**平均查找长度**（Average Search Length，ASL），定义 $ASL=\sum_{i=1}^{n}(p_i \times c_i)$，$p_i$ 是元素的查找概率，c_i 是查找相应元素需要进行的关键字比较次数。当各元素的查找概率相等时，有 $p_i=1/n$。查找成功和查找不成功的平均查找长度通常不同，分别用 $ASL_{成功}$ 和 $ASL_{不成功}$ 表示。

4. 顺序查找及算法效率

顺序查找是最简单的一种查找算法。顺序查找算法基于遍历算法，在遍历一个数据结构的过程中，将每个元素与 key 比较，若相等，则查找成功，查找操作结束，返回查找成功信息；否则继续比较。直到比较完所有元素，确定查找不成功，给出查找不成功信息。

第 2 章声明顺序表、单链表和循环双链表的顺序查找算法如下，函数名相同，返回值类型不同。

```
int SeqList<T>::search(T key, int start)          //顺序表的顺序查找，返回元素序号
Node<T>* SinglyList<T>::search(T key)             //单链表的顺序查找，返回结点
DoubleNode<T>* CirDoublyList<T>::search(T key)    //循环双链表的顺序查找，返回结点
```

设线性表长度为 n，顺序查找的比较次数取决于元素在线性表中的位置，查找成功时第 i（$0 \leq i < n$）个元素的比较次数为 $i+1$，若各元素的查找概率相等，则

$$ASL_{成功}=\sum_{i=1}^{n}(p_i \times c_i)=\frac{1}{n}\sum_{i=1}^{n}i=\frac{1}{n}\times\frac{n\times(n+1)}{2}=\frac{n+1}{2}=O(n)$$

查找不成功时，需要比较 n 次，即 $c_i=n$，则

$$ASL_{不成功}=\sum_{i=1}^{n}(p_i \times c_i)=\sum_{i=1}^{n}(\frac{1}{n}\times n)=n=O(n)$$

由此可知，在等概率情况下，$ASL_{成功}=n/2$，$ASL_{成功}=n$。在数据量较大的情况下，顺序查找算法效率较低。

顺序查找适用于所有数据结构，在遍历线性表、树、二叉树、图时进行查找操作。二叉树和树的查找函数声明如下，通常采用先根次序遍历，返回首次出现的关键字为 key 结点。

```
BinaryNode<T>* BinaryTree<T>::search(T key)      //在二叉树中查找关键字为 key 结点
TreeNode<T>* Tree<T>::search(T key)              //在树中查找关键字为 key 结点
```

5. 提高查找效率的措施

当数据量很大时，需要采取一些特殊措施来提高查找效率，基本原则是缩小查找范围。常用的措施有数据排序、建立索引、散列存储、建立二叉排序树等。将数据排序是以事先准备时间换取查找时间的有效手段，建立索引是以空间换取时间的有效手段。

已知排序线性表元素按升序排列，采用顺序查找从前向后比较，只要遇到一个元素大于 key 值，就能够确定查找不成功，不需要再比较其他元素。因此，$ASL_{不成功}=n/2$，即排序线性表将不成功查找效率提高一倍。

字典的数据量巨大，主要操作是查找，不需要进行插入和删除操作，因此字典可采用顺序存储结构，事先按字母排序并建立多级索引。

对于一个实际应用问题，需要具体研究花费在排序上的时间代价和建立索引的空间代价有多少，研究相对于所提高的查找效率而言，这些代价是否值得。显然，字典花费的这些代价是值得的。但是，对于一个支持插入和删除操作的应用问题，如电话簿等，每插入或删除一个元素都要再排序和调整索引表，这样的排序和索引代价通常是不可接受的。因此，必须有效地组织数据，依靠结构的力量，使问题在所花费代价与查找效率之间取得可接受的动态平衡。有效地组织数据的典型结构有散列表、二叉排序树等。

8.2 基于排序顺序表的二分法查找

对排序顺序表，除了顺序查找算法，还可采用二分法查找算法。

（1）二分法查找算法

二分法查找（Binary Search）是一种典型的采用分治策略的算法，它将问题分解为规模更小的子问题，分而治之，逐一解决。二分法查找的两个条件是：顺序存储；数据有序。

二分法查找算法描述：已知排序顺序表按升序排列，设 key 是包含关键字值的数据元素，begin、end 表示查找子序列的范围，每次从子序列的中间位置 mid 开始比较，如果 mid 元素与 key 相等，则查找成功；否则，如果 mid 元素小于 key，则在子序列的前半段继续查找；反之，在后半段继续查找，依此重复，直到获得查找结果（成功或不成功）。排序数据元素的关键字序列为{8,17,26,32,40,72,87,99}，key=40，二分法查找算法描述如图 8.1 所示。

图 8.1 二分法查找算法描述

二分法查找算法充分利用顺序存储和已排序这两个特点，在每次关键字比较之后，将查找范围缩小一半，从而提高了查找效率。当查找范围内元素个数为1时，可确定查找是否成功。例如，key=39，进行3次比较可确定查找不成功，查找过程见图8.1。

排序顺序表的二分法查找算法实现如下，其中，T 必须重载==和<关系运算符。

```cpp
//在排序顺序表（升序）中，二分法查找关键字为 key 元素，若找到返回下标，否则返回-1
template <class T>
int SortedSeqList<T>::binarySearch(T key)
{    return binarySearch(key, 0, this->count()-1);
}
//在排序顺序表（升序）从 begin～end 范围内，二分法查找关键字为 key 元素，T 重载==和<
template <class T>
int SortedSeqList<T>::binarySearch(T key, int begin, int end)
{
    while (begin<=end)                    //边界有效
    {    int mid = (begin+end)/2;         //中间位置，当前比较元素位置
        cout<<this->element[mid]<<"? ";   //显示比较中间结果，可省略
        if (element[mid]==key)            //比较对象相等，T 必须重载==
            return mid;                   //查找成功，返回元素下标
        if (key < element[mid])           //比较对象大小，T 必须重载<
            end = mid-1;                  //key 值小，查找范围缩小到前半段
        else begin = mid+1;               //否则，查找范围缩小到后半段
    }
    return -1;                            //查找不成功
}
```

（2）二分法查找算法分析

排序顺序表的顺序查找和二分法查找过程可用二叉判定树表示，如图 8.2 所示，树中圆形结点称为内部结点，表示顺序表元素值，结点旁边值为元素位置；方形结点称为外部结点，表示查找不成功时元素值的范围。n 为排序顺序表长度，h 为二叉树高度（不计外部结点）。

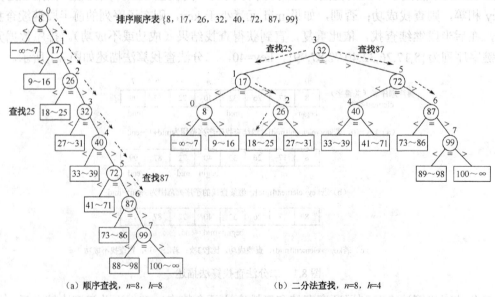

（a）顺序查找，$n=8$，$h=8$ （b）二分法查找，$n=8$，$h=4$

图 8.2 排序顺序表顺序查找和二分法查找的二叉判定树

二叉判定树反映了查找过程进行关键字比较的次序。设 n 为元素个数，不计外部结点，顺序查找的二叉判定树高度 $h=n$；二分法查找的二叉判定树高度 $h=\lfloor \log_2 n \rfloor +1$，与 n 个结点完全二叉树的高度相同。一次查找经过从根到某结点的一条路径，比较次数为该结点层次 level，$1 \le \text{level} \le h$，查找成功时到达某个内部结点，否则到达某个外部结点。

二分法查找，查找成功的比较次数为 $1 \sim h$ 次，查找不成功的比较次数为 $h-1 \sim h$ 次，平均查找长度为 $O(\log_2 n)$。例如，若 $n=8$，二分法查找的平均查找长度

$$\text{ASL}_{成功} = \frac{1}{8}(1+2+2+3+3+3+3+4) = \frac{21}{8} = 2.625$$

顺序查找算法简单，对数据结构无排序要求，可用于顺序存储结构和链式存储结构。二分法查找虽然减少了比较次数，查找效率较高，但条件严格，要求数据结构顺序存储并且排序，而对数据元素排序也是要花费一定代价的。因此，当数据量较小时，顺序查找和二分法查找算法是可行的；当数据量较大时，查找速度慢、效率低。

8.3 基于索引表的分块查找

1. 索引

对于数据量较大的顺序表，建立索引（Index）是一种有效的分治策略。在索引表中保存全部或部分元素的关键字及存储位置，通过索引机制，缩小查找范围，以空间换取时间。相对于索引表，顺序表也称为主表。索引表比主表数据量小，因此索引表通常设计成排序的，主表不一定是排序的。例如，每本书正文前面的目录是一种索引表；各种字典也是建立索引的，并且可能建立多级索引。汉字字典有部首检字表和检字表，构成二级索引结构，如图 8.3 所示。

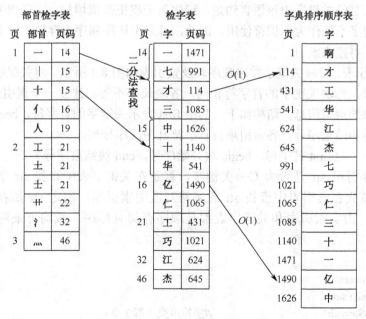

图 8.3 汉字字典的多级索引结构

字典仅提供查找操作，不提供插入和删除操作。因此，可将字典的所有元素预先全部排序以节省查找时间；同时建立多级索引和完全索引，采取以空间换取时间的措施，获得最高的查找效率。

如果索引表保存所有元素的索引信息，称为完全索引表。例如，图 8.3 汉字字典的检字表是一种完全索引表，可直接获得某字的页码。完全索引表和主表是一一对应的，因此，查找效率为 $O(1)$。完全索引表对主表没有排序要求。例如，汉字字典通常是以音序排列，而检字表通常以笔画排列。

但是完全索引表的数据量也较大，可在此基础上，再做一级索引，构成多级索引结构。例如，汉字字典的部首检字表提供部首在检字表的索引，这是一种不完全索引。

不完全索引指，索引表保存部分元素索引。此时索引表的数据量较小，但是查找效率则大于 $O(1)$。并且，对主表元素排列次序的要求是分段有序，即将主表元素逻辑上分成若干"块"，分块特性为"块内无序、块间有序"。换言之，每块中元素可无序存放，前一块中任意一个元素的关键字均小于（或大于）后一块中所有元素的关键字，索引表保存每块的范围。

2．分块查找

基于索引顺序表的查找算法称为分块查找（Blocking Search）。分块查找包括以下两步：
① 查找索引表，获得 key 值的索引信息，确定在哪一块中，缩小查找范围。
② 在一块中，根据 key 值进行查找操作，获得查找结果。
在索引表或一块中，可采用顺序查找或二分法查找算法。

（1）字典的分块查找

【例 8.1】判断一个字符串是否为 C++关键字。

本例以 C++关键字为例，实现基于索引顺序表的分块查找算法。

程序设计语言的关键字由该语言约定，程序员无权更改或增加。编译器要对标识符进行语法检查，关键字不能作为标识符使用。因此，可采用排序顺序表存储 C++关键字，事先按字母顺序排序，再建立索引。

① 采用索引表。C++关键字排序顺序表及索引表如图 8.4 所示。将关键字排序顺序表看成由若干块组成，每块关键字的首字符相同，各块长度不等。建立一个索引表 index，每个索引项存储一块的索引信息，结构如下，其中 first 表示关键字的首字符，begin、end 表示主表中一块的开始和结束序号。各索引项按首字符升序次序排列。

（first 首字母，begin 块开始序号，end 块结束序号）

判断一个字符串 str 是否为 C++关键字，就是在关键字表中查找 str 字符串。采用分块查找算法，首先在索引表中查找 str 首字符对应的索引项，确定 str 所在的块；然后在指定块中查找。由于索引表和关键字表都是顺序存储且排序，故均可采用二分法查找算法。程序如下。

```
#include <iostream>
using namespace std;
#include "MyString.h"                    //字符串类（第3章）
```

索引表 indexlist   C++关键字排序顺序表 keywordlist（升序）

首字符		块序号范围			序号	关键字	序号	关键字	序号	关键字
	first	begin	end		0	auto	20	float	40	sizeof
0	a	0	0		1	bool	21	for	41	static
1	b	1	2	索引项	2	break	22	friend	42	static_cast
2	c	3	9		3	case	23	goto	43	struct
3	d	10	14		4	ctach	24	if	44	switch
4	e	15	18		5	char	25	inline	45	template
5	f	19	22	二分查找法	6	class	26	int	46	this
6	g	23	23		7	const	27	long	47	throw
7	i	24	26		8	const_cast	28	mutable	48	true
8	l	27	27		9	continue	29	namespace	49	try
9	m	28	28		10	default	30	new	50	typedef
10	n	29	30		11	delete	31	operator	51	typeid
11	o	31	31		12	do	32	private	52	typename
12	p	32	34		13	double	33	protected	53	union
13	r	35	37		14	dynamic_cast	34	public	54	unsigned
14	s	38	44		15	else	35	register	55	using
15	t	45	52		16	enum	36	reinterpret_cast	56	virtual
16	u	53	55		17	explicit	37	return	57	void
17	v	56	58		18	extern	38	short	58	volatile
18	w	59	59		19	false	39	signed	59	while

二分法查找

图 8.4　C++关键字排序顺序表与索引表

```
#include "SortedSeqList.h"                    //排序顺序表（第 2 章）
MyString keywords[]={"auto","bool","break","case","catch","char","class","const","continue",
    "default","delete","do","double","else","enum","explicit","extern","false","float","for","friend",
    "goto","if","inline","int","long","mutable","new","operator","private","protected","public",
    "register","return","short","signed","sizeof","static","static_cast","struct","switch","template",
    "this","throw","true","try","typedef","union","unsigned","virtual","void","volatile","while"};
                                             //关键字表

class IndexItem                              //索引项类
{
  public:
    char first;                              //关键字的首字符
    int begin, end;                          //首字符相同的关键字块在主表中的开始、结束下标

    IndexItem(char first=' ', int begin=0, int end=0)        //构造函数
    {
        this->first = first;
        this->begin = begin;
        this->end = end;
    }
```

```cpp
        friend ostream& operator<<(ostream& out, IndexItem &item)        //输出索引项字符串
        {
            out<<"("<<item.first<<","<<item.begin<<","<<item.end<<")";
            return out;
        }
        bool operator==(IndexItem &item)                                 //约定索引项相等规则：首字符相同
        {    return this->first==item.first;
        }
        bool operator<(IndexItem &item)                                  //约定索引项比较大小规则：按首字符比较大小
        {    return this->first<item.first;
        }
        bool operator>(IndexItem &item)
        {    return this->first>item.first;
        }
        bool operator>=(IndexItem &item)
        {    return this->first>=item.first;
        }
};

//为排序顺序表 list 建立索引表 indexlist
void create(SortedSeqList<MyString> &list, SortedSeqList<IndexItem> &indexlist)
{
    int begin=0;
    while (begin<list.count())
    {    char first = list[begin][0];                                    //list[begin]字符串的首字符
        int i=0;                                                         //块元素计数
        while (begin+i<list.count() && list[begin+i][0]==first)          //寻找块结束序号
            i++;
        indexlist.insert(IndexItem(first,begin,begin+i-1));              //添加下一块的索引项
        begin += i;                                                      //下一块开始序号
    }
}

//判断 str 是否为 C++关键字。先在索引表 indexlist 中进行二分法查找获得 str 首字符对应的索引
//项；再在关键字排序顺序表 list 的指定范围内进行二分法查找
bool isKeyword(MyString str, SortedSeqList<MyString> &list, SortedSeqList<IndexItem> &indexlist)
{
    int i = indexlist.binarySearch(IndexItem(str[0],0,0));              //索引项序号
    return i!=-1 && list.binarySearch(str, indexlist[i].begin, indexlist[i].end)>=0;
}
int main()
{
    SortedSeqList<MyString> list(keywords,53);                          //关键字排序顺序表
    SortedSeqList<IndexItem> indexlist;                                 //索引表，空
    create(list, indexlist);                                           //建立索引表
    MyString str[]={"false","length","why"};
```

```
        for (int i=0; i<3; i++)
            cout<<str[i]<<(isKeyword(str[i],list,indexlist)?"":"不")<<"是关键字\n";
        return 0;
    }
```

其中，关键字排序顺序表的元素类型是 MyString，MyString 和索引项 IndexItem 都重载了==和<运算符。如果 keywords 数组元素类型是 char*，则不能采用排序顺序表存储字符串，即不能声明 SortedSeqList<char*>，因为比较 char*字符串相等或大小由 string.h 中的 strcmp() 函数提供，而不是==、<运算符。

程序运行结果如下：

(m,26,26)? (e,13,16)? (g,21,21)? (f,17,20)? float? false? false 是关键字

(m,26,26)? (e,13,16)? (g,21,21)? (i,22,24)? (l,25,25)? long? length 不是关键字

(m,26,26)? (s,34,40)? (u,47,48)? (v,49,51)? (w,52,52)? while? why 不是关键字

由程序运行结果知，查找"false"，在索引表中比较 4 次，在主表中比较 2 次，查找成功；查找"length"，在索引表中比较 5 次，在主表中比较 1 次，确定查找不成功。

② 采用扩充索引表查询 C++关键字。由于关键字都是由小写字母组成的，首字符的范围是'a'~'w'。进一步采用以空间换时间的策略，扩充索引表使'a'~'w'范围内的每个字母占据一项，–1 表示没有块，如图 8.5 所示。设给定字符串 str，str[0]–'a'是 str 的索引项序号，此时索引表的查找效率为 $O(1)$。

	first	begin	end			first	begin	end			first	begin	end
0	a	0	0		8	i	24	26		16	q	–1	–1
1	b	1	2		9	j	–1	–1		17	r	35	37
2	c	3	9		10	k	–1	–1		18	s	38	44
3	d	10	14		11	l	27	27		19	t	45	52
4	e	15	18		12	m	28	28		20	u	53	55
5	f	19	22		13	n	29	30		21	v	56	58
6	g	23	23		14	o	31	31		22	w	59	59
7	h	–1	–1		15	p	32	34					

图 8.5 扩充索引表

【思考题 8-1】为关键字排序顺序表建立图 8.5 所示扩充索引表，并实现分块查找算法。

（2）支持插入和删除操作的索引结构及其分块查找

与字典不同，电话簿需要增加或删除元素，因此电话簿采取的存储结构，既要能快速获得查找结果，还要能高效率地进行插入或删除操作。

方案一：以顺序表存储电话簿，所有元素逻辑上分块，同姓人员构成一块，建立索引表保存每块的姓氏和范围，如图 8.6 所示。该方案缺点，① 索引表和主表均采用顺序查找；若索引表排序，可采用二分法查找，但维护索引表排序也要花费代价。② 插入、删除操作时，主表必须移动大量元素，运行效率较低。

方案二：改进方案一，引入链式存储结构解决插入、删除操作中的数据移动问题。电话簿的一块采用顺序存储结构，插入、删除操作在一块内进行，数据移动量减小；块之间分散存储；索引表保存各块的起始地址，如图 8.7 所示。该方案缺点是，当一块满时，重新申请

更大的一块空间，需要移动全部元素至新块，且要改变索引表中的块链。

图 8.6　电话簿的顺序表分块存储及索引

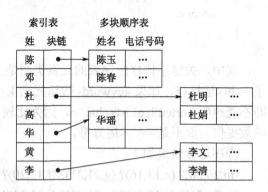

图 8.7　电话簿每块分散存储及索引

方案三：改进方案二，解决块满问题。当一块满时，再申请一块存放新元素，该块与之前的各块链接成一条单链表，数据元素不需要移动，如图 8.8 所示。这种结构也是操作系统保存文件的存储结构。

3. 分块查找算法分析

基于索引顺序表的分块查找，其平均查找长度 ASL 由索引表的 ASL 和主表中一块的 ASL 相加而得。设索引表长度为 m，主表每块平均长度为 s，若两者均采用顺序查找算法，则索引顺序表上查找算法的平均查找长度 $ASL_{成功} = \frac{m+1}{2} + \frac{s+1}{2} = \frac{m+s}{2} + 1$。

8.4　散列

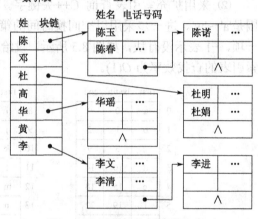

图 8.8　电话簿的块链存储及索引

在一个数据结构中查找 key 元素，用顺序查找或二分法查找算法都需要经过一系列关键字比较才能得到查找结果，平均查找长度与数据量有关，元素越多，比较次数就越多。而每个元素的比较次数由该元素在数据结构中的位置决定，与元素的关键字无关。

例 8.1 的扩充索引表，索引项位置与其关键字有关，str[0]-'a'是 str 对应索引项序号，此时索引表的查找效率为 $O(1)$。

如果根据元素的关键字就能够知道该元素的存储位置，那么只要花费 $O(1)$时间就能得到查找结果，这是最理想的查找效率，散列存储就是基于这种思路实现的。

1. 散列表

散列（Hash）是一种按关键字编址的存储和检索方法，hash 原意为杂凑。散列表（Hash Table）根据元素的关键字确定元素的存储位置，其查找、插入和删除操作效率接近 $O(1)$，是目前查找效率最高的一种数据结构。散列技术的两个关键问题是设计散列函数和处理冲突。

（1）散列函数

散列函数（Hash Function）的功能是建立由数据元素的关键字到该元素的存储位置的一种映射关系，声明如下：

```
int hash(int key)                    //散列函数，计算关键字为 key 元素的散列地址
```

将元素的关键字 key 作为散列函数的参数，散列函数值 hash(key)就是该元素在散列表中的存储位置，也称为散列地址。散列表的插入、删除、查找操作都是根据散列地址获得元素的存储位置。

散列函数定义了关键字集合到地址集合的映射，如果这种映射是一一对应的，则查找效率是 $O(1)$。在实际应用中，因为散列表的存储容量有限，散列函数通常是一个压缩映射，从关键字集合到地址集合是多对一的映射，所以不可避免地会产生冲突。

（2）冲突

设两个关键字 k_1 和 k_2（ $k_1 \neq k_2$ ），如果 hash(k_1) = hash(k_2)，即它们的散列地址相同，表示不同关键字的多个元素映射到同一个存储位置，这种现象称为**冲突**（Collision），k_1、k_2 称为**同义词**（Synonym）。由同义词引起的冲突称为同义词冲突。

例如，设关键字序列为{9,4,12,3,1,14,74,6,16,96}，10 个元素，关键字范围是 0~99。如果散列表容量为 100，散列函数定义为 hash(*key*)=*key*，当关键字不重复时，由一个关键字映射到一个存储位置，则没有冲突，但此时空间使用率为 10%。如果散列表容量为 20，则冲突很难避免，构造两种方案散列表如图 8.9 所示，散列函数定义不同，产生冲突的频率不同。

table	0		同义词冲突			table	0		同义词冲突	
	1	1					1	1		
	2	12					2			
	3	3					3	3		
	4	4	14	74			4	4		
	5						5			
	6	6	16	96			6	6		
	7						7			
	8						8			
	9	9					9	9		
	10						10			
	11						11			
	12						12	12		
	13						13			
	14						14	14	74	
	15						15			
	16						16	16	96	
	17						17			
	18						18			
	19						19			

（a）*n*=20，hash(*key*)=*key*% 10，分布不均匀，冲突较多　　（b）*n*=20，hash(*key*)=*key*% 20，分布较均匀，冲突减少

图 8.9　冲突与散列表容量、散列函数有关

由此可见，冲突的产生频率与散列表容量、散列函数有关。因此，如何尽量减少冲突和如何有效处理冲突就成为构造散列表的两个关键问题。

2．散列函数

一个好的散列函数的标准是，使散列地址均匀地分布在散列表中，尽量避免或减少冲突。

如何设计好的散列函数，需要考虑以下几方面因素：

① 散列地址必须均匀分布在散列表的全部地址空间。

② 函数简单，计算散列函数花费时间为 $O(1)$。

③ 使关键字的所有成分都起作用，以反映不同关键字的差异。

④ 数据元素的查找频率。

每种类型的关键字有各自特性，关键字集合的大小也不尽相同。因此，不存在一种散列函数，对任何关键字集合都是最好的。在实际应用中，应该根据具体情况，比较分析关键字与地址之间的对应关系，构造不同的散列函数，或将几种基本的散列函数组合起来使用，达到最佳效果。以下介绍几种常用散列函数。

（1）除留余数法

除留余数法的散列函数定义如下，函数结果值范围为 0～prime-1。

```
int hash(int key)                    //散列函数，计算关键字为 key 元素的散列地址
{   return key % prime;              //除留余数法，使用 key 值计算
}
```

如果 key 参数类型是 T 类，如何计算散列地址？约定，T 必须声明以下 hashCode()函数返回对象的散列码，约定对象到 int 的一对一映射，每个对象的散列码必须不同。

```
int hashCode()                       //返回散列码，约定对象到 int 的一对一映射
```

在以下散列函数 hash(key)中，先调用 key 的 hashCode()函数，将参数对象 key 转换成 int值；再采用除留余数法，将散列码进一步压缩映射成散列地址。

```
template <class T>
int HashSet<T>::hash(T key)          //散列函数，计算关键字为 key 元素的散列地址
{   return key.hashCode() % prime;   //除留余数法，使用 key 对象的散列码计算
}
```

除留余数法的关键在于如何选取 prime 值，若 prime 取 10 的幂次，如 prime = 10^2，表示取关键字的后两位作为地址，则后两位相同的关键字（如 321 与 521）产生同义词冲突，产生冲突可能性较大。通常，prime 取小于散列表长度的最大素数，取值关系如表 8-1 所示。

表 8-1　散列表长度与其最大素数

散列表长度	8	16	32	64	128	256
最大素数 prime	7	13	31	61	127	251

（2）平方取中法

将关键字值 k 的平方 k^2 的中间几位作为 hash(k) 的值，位数取决于散列表长度。例如，$k=4731$，$k^2=22382361$，若表长为 100，取中间两位，则 hash(k)=82。

（3）折叠法

将关键字分成几部分，按照某种约定把这几部分组合在一起。

3. 处理冲突

虽然一个好的散列函数能使散列地址分布均匀，但只能减少冲突，而不能从根本上避免冲突。因此，散列表必须有一套完善措施，当冲突发生时能够有效地处理冲突。处理冲突就是为产生冲突的元素寻找一个有效的存储地址。以下介绍一种处理冲突方法：链地址法。

链地址法的散列表，采用数组存储元素，将同义词冲突的元素存储在一条同义词单链表中，散列数组元素链接多条同义词单链表，因此，散列数组的元素类型是单链表的结点。一个元素存储在哪一条同义词单链表中，由该元素的散列函数确定。例如，设关键字序列为 {9,4,12,3,1,14,74,6,16,96}，hash(key)=key % 10，采用链地址法处理冲突所构造的散列表如图 8.10（a）所示。

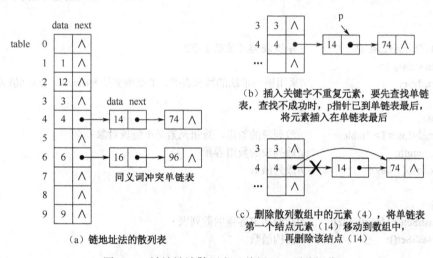

（a）链地址法的散列表

（b）插入关键字不重复元素，要先查找单链表，查找不成功时，p 指针已到单链表最后，将元素插入在单链表最后

（c）删除散列数组中的元素（4），将单链表第一个结点元素（14）移动到数组中，再删除该结点（14）

图 8.10　链地址法散列表及其插入、删除操作

对链地址法的散列表进行插入、删除和查找操作，分两步进行：

① 根据散列函数计算元素的散列地址。

② 根据元素的散列地址，对一条同义词单链表进行插入、删除和查找操作。

由于计算散列函数的时间复杂度为 $O(1)$，因此链地址法散列表的各种操作效率取决于单链表的操作效率。如果单链表长度为 0，则没有冲突，散列表查找的时间复杂度为 $O(1)$。同义词单链表是动态的，冲突越多，链表越长。因此，要设计好的散列函数使数据元素尽量均匀分布，同义词单链表越短越好。查找成功的平均比较次数为 $m/2$（m 是一条同义词单链表长度），查找不成功的比较次数为 m，查找操作的时间复杂度为 $O(m)$。图 8.10（a）所示散列表，查找成功的平均查找长度 $\text{ASL}_{\text{成功}} = \dfrac{6 \times 1 + 2 \times 2 + 3 \times 2}{10} = 1.6$。

由于散列函数不能识别关键字相同的多个数据元素，因此，散列表不支持插入关键字重复元素。插入操作，要先在同义词单链表中查找，查找不成功时，遍历指针 p 已到达单链表最后，将元素插入在单链表最后，如图 8.10（b）所示。删除元素，也要在同义词单链表中查找，查找成功则删除结点。如果要删除散列数组中的元素，则要将同义词单链表的第一个结点元素移动到散列数组中，再删除同义词单链表的第一个结点，如图 8.10（c）所示，此删除操作与单链表删除结点操作不同，麻烦许多。

为了避免链地址法散列表在删除操作时移动元素，将图 8.10 所示散列表改进成如图 8.11 所示，散列表元素是同义词单链表对象，则散列表的查找、插入、删除等操作，转化为单链表的查找、插入、删除等操作，操作的时间复杂度为 $O(m)$，效率较高。

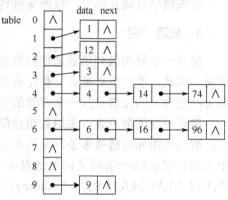

图 8.11　改进的链地址法散列表

4．构造链地址法的散列表

采用图 8.11 所示的链地址法散列表类 HashSet 声明如下，其中，成员变量 table 表示散列表数组，元素是同义词单链表 SinglyList 对象。文件名为 HashSet.h。

```cpp
#include "SinglyList.h"        //单链表类（见第 2 章）
template <class T>
class HashSet              //采用链地址法的散列表类，T 必须支持 hashCode()返回散列码
{
  private:
    SinglyList<T> *table;     //散列表的数组，数组元素是单链表对象
    int length;            //散列表的数组容量
    int hash(T key);          //散列函数

  public:
    HashSet(int length=32);     //构造指定容量的散列表
    ~HashSet();             //析构函数

    void insert(T key);         //插入元素 key
    void remove(T key);        //删除关键字为 key 元素
    T* search(T key);          //查找关键字为 key 元素
    friend ostream& operator<<<>(ostream& out, HashSet<T> &); //输出散列表中所有元素
};

template <class T>
HashSet<T>::HashSet(int length)            //构造容量为 length 的散列表
{
    this->length = length;
    this->table = new SinglyList<T>[length];    //默认执行 SinglyList<T>()构造空单链表
}
template <class T>
HashSet<T>::~HashSet()                    //析构函数
```

```
{    delete[] this->table;                              //多次执行~SinglyList()单链表析构函数
}
//散列函数，计算关键字为 key 元素的散列地址。除留余数法，除数是散列表长度。
//当 T 是类时，T 必须声明 hashCode()返回对象的散列码，约定对象到 int 的一对一映射
template <class T>
int HashSet<T>::hash(T key)
{
    return key.hashCode() % this->length;              //使用 key 对象的散列码计算
//    return key % this->length;                        //当 T 是基本类型时
}
template <class T>
void HashSet<T>::insert(T key)                         //插入元素 key
{
    int i = hash(key);                                 //散列地址
    this->table[i].insertUnrepeatable(key);            //同义词单链表尾插入关键字不重复元素
}
template <class T>
void HashSet<T>::remove(T key)                         //删除关键字为 key 元素，若未找到元素，则不删除
{
    this->table[hash(key)].removeFirst(key);    //在同义词单链表中删除关键字为 key 结点
}
//查找关键字为 key 元素，若查找成功返回元素地址，否则返回 NULL
template <class T>
T* HashSet<T>::search(T key)
{
    Node<T> *find = this->table[hash(key)].search(key);    //在单链表中查找，返回结点
    return (find==NULL) ? NULL : &find->data;
}
template <class T>
ostream& operator<<<>(ostream& out, HashSet<T> &ht)    //输出散列表的各同义词单链表中元素
{
    for(int i=0; i<ht.length; i++)
        out<<"table["<<i<<"]= "<<ht.table[i];          //遍历单链表并输出元素值
    return out;
}
```

【例8.2】统计文本中各字符的出现次数，为建立 Huffman 树做准备。

第6章介绍了 Huffman 算法，使用一个字符集合及其权值集合构造一棵 Huffman 树从而获得 Huffman 编码，那么，如何从一段文本中统计出字符集合及其权值集合，即各字符的出现次数？

求解过程需要使用一种数据结构存储若干已出现的字符及其出现次数，每遇到一个字符，首先要在数据结构中查找该字符，若找到该字符，则将其计数值加1，否则添加该字符，令出现次数为1。其中，频繁调用查找操作，因此，选择数据结构的关键因素是查找效率。

使用顺序表存储字符及其出现次数，对顺序表进行查找操作只能采用顺序查找算法，时间复杂度是 $O(n)$，n 是已出现字符个数。顺序查找算法效率将随着 n 逐步增大而降低。存储

字符串"class HashSet"中字符及其出现次数的顺序表如图8.12（a）所示，$ASL_{成功} = \dfrac{n+1}{2} = 5.5$。

使用散列表也可解决该问题，查找效率较高。设 character 表示出现的一个字符，散列函数 hash(character)=character % length，length 为散列表长度。存储字符串"class HashSet"中字符及其出现次数的散列表如图8.12（b）所示，$ASL_{成功} = (9×1+1×2)/10 = 1.1$。其中，空格字符和 H 成为同义词冲突。

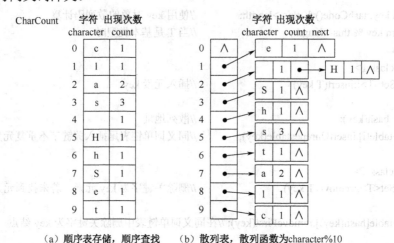

（a）顺序表存储，顺序查找　　（b）散列表，散列函数为character%10

图 8.12　统计字符出现次数的两种存储及查找技术

程序如下，其中，CharCount 类作为散列表 HashSet<CharCount>的元素类型，声明hashCode()函数约定由字符 character 值作为对象的散列码。

```cpp
#include "MyString.h"                              //字符串类（第3章）
#include "HashSet.h"                               //采用链地址法的散列表类
class CharCount                                    //字符及其出现次数
{
    private:
        char character;                            //字符
        int count;                                 //出现次数

    public:
        CharCount(char character=' ', int count=0)
        {
            this->character = character;
            this->count = count;
        }
        friend ostream& operator<<(ostream& out, CharCount &cc)  //输出元素
        {
            out<<"("<<cc.character<<","<<cc.count<<")";          //形式为"(字符,出现次数)"
            return out;
        }
        void add()                                 //出现次数加1
```

```
        {    this->count ++;
        }
        int hashCode()                                    //返回散列码，将字符 character 值转换成 int
        {    return (int)this->character;
        }
        bool operator==(CharCount &cc)                    //约定元素相等规则：字符相同
        {    return this->character==cc.character;
        }
        bool operator!=(CharCount &cc)
        {    return this->character!=cc.character;
        }
};
//使用散列表作为存储结构，统计 text 中各字符及其出现的次数
void HashCharWeight(MyString text)
{
        HashSet<CharCount> set(text.count());             //创建空散列表，指定散列表数组容量
        for (int i=0; i<text.count(); i++)                //逐个字符查找计数
        {    CharCount key(text[i],1);
             CharCount *find = set.search(key);           //查找
             if (find==NULL)
                 set.insert(key);                         //插入
             else    find->add();                         //对应字符计数加
        }
        cout<<"\""<<text<<"\"字符及其出现次数：\n"<<set;
}
int main()
{
        HashCharWeight("class HashSet");
        return 0;
}
```

程序运行结果如下，其中，空格字符和 H 成为同义词冲突。

```
"class HashSet"字符及其出现次数：
table[0]= ()
table[1]= ((e,1))
table[2]= (( ,1), (H,1))
table[3]= ((S,1))
table[4]= ((h,1))
table[5]= ((s,3))
table[6]= ((t,1))
table[7]= ((a,2))
table[8]= ((l,1))
table[9]= ((c,1))
```

8.5 二叉排序树和平衡二叉树

一个数据元素集合，如果既要排序、又要支持高效的查找、插入、删除操作，将其组织成什么样的数据结构能够满足要求？前述若干数据结构的排序、查找、插入、删除等操作性能分析如下：

① 排序顺序表，可采用二分法查找，时间效率为 $O(\log_2 n)$；插入和删除操作的时间复杂度为 $O(n)$，数据移动量大，效率较低。

② 排序单链表，顺序查找的时间效率为 $O(n)$，不能采用二分法查找；插入和删除操作的时间复杂度为 $O(n)$，虽然没有数据移动但因查找效率低，使得插入和删除的效率也较低。

③ 散列表，虽然查找、插入和删除操作的效率较高，但是散表列不具有排序特性。

上述这几种数据结构都不能满足该问题的要求。能够满足该问题要求的是二叉排序树。

8.5.1 二叉排序树

1. 定义

二叉排序树（Binary Sort Tree）或者是一棵空树；或者是具有下列性质的二叉树：

① 元素以关键字为依据，每个结点都可比较相等和大小，各元素关键字互不相同。

② 对于每一个结点而言，其左子树（不空）上所有结点元素均小于该结点，且右子树（不空）上所有结点元素均大于该结点。

③ 每个结点的左、右子树也分别为二叉排序树。

一棵二叉排序树如图 8.13（a）所示，按中根次序遍历该二叉排序树，得到按关键字升序排列的数据元素序列{6,12,18,36,54,57,66,76,81,99}。

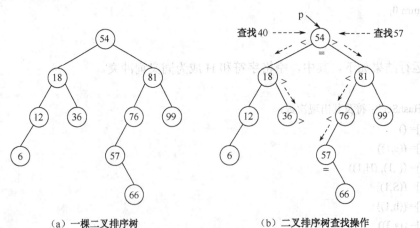

（a）一棵二叉排序树　　　　　　（b）二叉排序树查找操作

图 8.13　二叉排序树及其查找

2. 查找操作

二叉排序树的查找过程如图 8.13（b）所示，查找算法描述如下，设 key 为包含关键字元素。

① 从根结点开始查找，设 p 指向根结点。

② 将 p 结点元素的关键字与 key 比较，若两者相等，则查找成功；若 key 较小，则在 p 的左子树中继续查找；若 key 较大，则在 p 的右子树中继续查找。

③ 重复执行②，直到查找成功或 p 为空（查找不成功）。

图 8.13（b），查找元素 57 的路径是(54,81,76,57)，到达结点 57，查找成功；查找 40 的路径是(54,18,36)，经过叶子结点 36，查找不成功。

二叉排序树的查找操作是，根据每一次比较结果，在当前结点的左子树与右子树中选择其一继续，从而将查找范围缩小一半，与二分法查找算法类似。一次查找只需经过从根结点到某结点的一条路径就可获得查找结果，不需要遍历整棵树。

3．插入操作

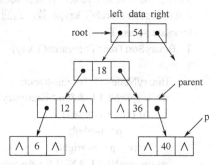

在一棵二叉排序树中，插入一个结点，首先需要使用查找算法确定元素的插入位置。由于二叉排序树不能识别关键字重复的数据元素，所以二叉排序树不能插入关键字重复元素。如果查找成功，说明相同关键字元素已在二叉排序树中，则不插入；否则在查找不成功的一条路径之尾插入结点，作为叶子结点，因此，一个结点的插入位置是唯一的。

例如，在图 8.13 的二叉排序树中，插入 40，查找 40 的路径是(54,18,36)，查找不成功，将 40 作为结点 36 的右孩子插入，如图 8.14 所示。

图 8.14　二叉排序树插入操作

依次插入关键字序列{54,18,81,99,36,12,12,76,57,6,66,40}元素到二叉排序树的过程（前 6 个元素）如图 8.15 所示。

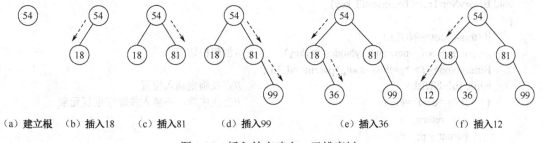

（a）建立根　　（b）插入18　　（c）插入81　　（d）插入99　　　（e）插入36　　　（f）插入12

图 8.15　插入结点建立二叉排序树

二叉排序树类 BinarySortTree 声明如下，它继承二叉树类 BinaryTree，结点类型是二叉链表结点类 BinaryNode，T 必须重载==、!=、<运算符。文件名为 BinarySortTree.h。

```
#include "BinaryTree.h"              //二叉链表的二叉树类（第 6 章）
template <class T>
class BinarySortTree : public BinaryTree<T>    //二叉排序树类，继承二叉树，T 重载==、!=、<
{
    public:
```

```
    BinarySortTree(){}                               //构造空二叉排序树，默认执行 BinaryTree<T>()
    BinarySortTree(T values[], int n);               //用 values 数组元素构造一棵二叉排序树

    T* search(T key);                                //查找关键字为 key 元素，返回元素地址
    void insert(T key);                              //插入 key 元素，不插入关键字重复元素
    void remove(T key);                              //删除关键字为 key 结点
};

//将 values 数组元素依次插入构造一棵二叉排序树
template <class T>
BinarySortTree<T>::BinarySortTree(T values[], int n)
{                                                    //默认执行 BinaryTree<T>()
    for (int i=0; i<n; i++)
        this->insert(values[i]);                     //将元素插入到当前的二叉排序树中
}
//查找关键字为 key 元素，若查找成功，返回元素地址，否则返回 NULL，T 必须重载!=和<。
//覆盖基类的 search(T key)函数，返回值类型不同
template <class T>
T* BinarySortTree<T>::search(T key)
{
    BinaryNode<T> *p=this->root;
    while (p!=NULL && p->data!=key)                  //查找经过一条从根到结点的路径
        if (key < p->data)                           //若 key 较小，T 必须重载<
            p = p->left;                             //进入左子树
        else    p = p->right;                        //进入右子树
    return p==NULL ? NULL : &p->data;
}
//插入 key 元素，不插入关键字重复元素，T 必须重载==和<。
//覆盖基类的 insert(x)插入根和 insert(p, x, leftChild)插入孩子结点函数，参数列表不同
template <class T>
void BinarySortTree<T>::insert(T key)
{
    if (this->root==NULL)
        this->root = new BinaryNode<T>(key);         //创建根结点
    BinaryNode<T> *p=this->root, *parent=NULL;
    while (p!=NULL)                                  //查找确定插入位置
    {   if (p->data==key)                            //查找成功，不插入关键字重复元素
            return;
        parent = p;
        if (key < p->data)
            p=p->left;
        else    p=p->right;
    }
    if (key < parent->data)                          //插入 key 结点作为 parent 的左/右孩子
        parent->left = new BinaryNode<T>(key);
    else
        parent->right = new BinaryNode<T>(key);
}
```

4. 查找效率分析

在一棵 n 个结点的二叉排序树中查找一个结点，一次成功的查找恰好走过一条从根结点到该结点的路径，比较次数为该结点的层次 level，$1 \leqslant \text{level} \leqslant h$，$h$ 为这棵二叉排序树的高度。

若每个结点的查找概率 p_i 相等，$p_i = 1/n$，图 8.13（a）所示二叉排序树的 $\text{ASL}_{成功}$ 为

$$\text{ASL}_{成功} = \sum_{i=1}^{n}(p_i \times c_i) = \frac{1}{10}(1 \times 1 + 2 \times 2 + 3 \times 4 + 4 \times 2 + 5 \times 1) = \frac{30}{10} = 3$$

二叉排序树的高度 h 与二叉树的形态有关，n 个结点完全二叉树的高度最小，高度为 $\lfloor \log_2 n \rfloor + 1$；单支二叉树的高度最大，高度为 n。二叉排序树高度 h 范围是 $\lfloor \log_2 n \rfloor + 1 \sim n$。

满二叉排序树和单支二叉排序树及其高度如图 8.16 所示。

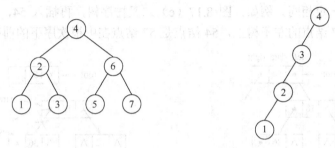

（a）n个结点的满二叉排序树，高度为$\log_2 n+1$　　（b）n个结点的左单支二叉排序树，高度为n

图 8.16　不同形态的二叉排序树及其高度

在等概率情况下，满二叉排序树的 $\text{ASL}_{成功}$ 为

$$\text{ASL}_{成功} = \sum_{i=1}^{n}(p_i c_i) = \frac{1}{n}\sum_{i=1}^{h}(i \times 2^{i-1}) = \frac{n+1}{n}\log_2(n+1) - 1 = O(\log_2 n)$$

单支二叉排序树的 $\text{ASL}_{成功}$ 与排序顺序表的 $\text{ASL}_{成功}$ 相同，$\text{ASL}_{成功}$ 为

$$\text{ASL}_{成功} = \frac{1}{n}\sum_{i=1}^{h}(i \times 2^{i-1}) = \frac{1}{n}\sum_{i=1}^{h}i = \frac{n+1}{2} = O(n)$$

因此，二叉排序树的 $\text{ASL}_{成功}$ 为 $O(\log_2 n) \sim O(n)$。

由于二叉排序树的插入和删除操作依赖于查找操作，二叉排序树的插入和删除操作效率由查找效率决定。二叉排序树的查找效率与二叉树的高度有关，高度越低，查找效率越高。因此，提高二叉排序树查找效率的办法是尽量降低二叉排序树的高度。

【思考题 8-2】采用二叉排序树作为存储结构，统计文本中各字符的出现次数。

5. 删除操作

在二叉排序树中删除一个结点，首先查找该结点，若存在，则删除之。设 p 指针指向待删除结点，parent 指针指向 p 的父母结点。根据 p 结点的度不同，二叉排序树的删除算法分以下 3 种情况，如图 8.17 所示。

（1）p 是叶子结点

若 p 是 parent 的左/右孩子，设置 parent 的 left/right 链为空，即删除 p 结点。

（2）p 是 1 度结点

删除 p 结点并用 p 的孩子顶替作为 parent 的孩子，分以下情况：

① 若 p 是 parent 的左孩子，设置 parent 的 left 链指向 p 的左/右孩子，包含 p 是叶子。

② 若 p 是 parent 的右孩子，设置 parent 的 right 链指向 p 的左/右孩子，包含 p 是叶子。

（3）p 是 2 度结点

为了减少对二叉排序树形态的影响，不直接删除一个 2 度结点 p，而是先用 p 在中根次序下的后继结点 insucc 值代替 p 结点值，再删除 insucc 结点。这样做将删除 2 度结点问题转化为删除 1 度结点或叶子结点。因为，insucc 是 p 的右子树在中根次序下的第一个访问结点，若 p 的右孩子为叶子结点，则 insucc 是 p 的右孩子；否则 insucc 是 p 的右孩子的最左边的一个子孙结点，insucc 的度为 0 或 1。例如，删除 2 度结点 54，用其后继结点 57 代替其值，再删除 1 度结点 57。

由于插入和删除的规则不同，若删除一个非叶结点，再将其插入，则删除前和插入后的两棵二叉排序树不一定相同。例如，图 8.17（c）二叉排序树，再插入 54，由于此时根值是 57，将 54 插入在 57 结点的左子树上，54 结点是 57 结点在中根次序下的前驱结点。

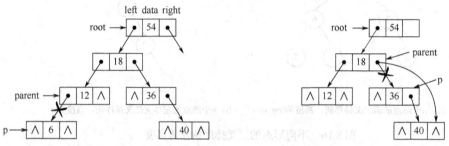

（a）删除叶子结点p，设置父母结点parent的左/右孩子链为空　　（b）删除1度结点p，用p的左/右孩子顶替作为parent的左/右孩子

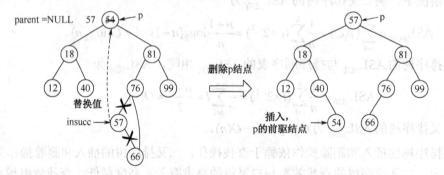

（c）删除2度结点p，用p在中根次序下的后继结点insucc值替换p结点值，再删除insucc结点，insucc结点无左孩子。再插入54

图 8.17　二叉排序树删除结点的 3 种情况

BinarySortTree 二叉排序树类的删除算法声明如下：

```cpp
//删除关键字为 key 元素结点。若查找不成功，则不删除
//覆盖基类的 remove()删除根和 remove(p,leftChild)删除子树函数，参数列表不同
template <class T>
void BinarySortTree<T>::remove(T key)
{
    BinaryNode<T> *p=this->root, *parent=NULL;
    while (p!=NULL && p->data!=key)                //查找关键字为 key 元素结点
```

```
{   parent = p;                              //parent 是 p 的父母结点
    if (key < p->data)
        p=p->left;
    else   p=p->right;
}
if (p!=NULL && p->left!=NULL && p->right!=NULL)   //找到待删除结点 p，p 是 2 度结点
{   BinaryNode<T> *insucc = p->right;        //寻找 p 在中根次序下的后继结点 insucc
    parent = p;
    while (insucc->left!=NULL)
    {   parent = insucc;
        insucc = insucc->left;
    }
    p->data = insucc->data;                  //用后继结点值替换 p 结点值
    p = insucc;              //之后，删除原 p 的后继结点 insucc，转化为删除 1、0 度结点
}
if (p!=NULL && parent==NULL)                 //p 是根结点，即 p==root，删除根结点
{   if (p->left!=NULL)
        this->root = p->left;
    else   this->root = p->right;
    delete p;
    return;
}
if (p!=NULL && p==parent->left)              //p 是 1 度或叶子结点，p 是 parent 的左孩子
    if (p->left!=NULL)
        parent->left = p->left;              //以 p 的左子树顶替
    else   parent->left = p->right;
if (p!=NULL && p==parent->right)             //p 是 1 度或叶子结点，p 是 parent 的右孩子
    if (p->left!=NULL)
        parent->right = p->left;
    else   parent->right = p->right;
    delete p;
}
```

综上所述，二叉排序树是一种既支持排序、又支持高效的查找、插入、删除操作的数据组织方案，它的查找等操作效率可达到 $O(\log_2 n)$。

8.5.2 平衡二叉树

为了降低二叉排序树的高度，提高查找效率，两位前苏联数学家 G.M.Adelsen-Velskii 和 E.M.Landis 于 1962 年提出一种高度平衡的二叉排序树，称为平衡二叉树（又称 AVL 树）。

1. 平衡二叉树定义

平衡二叉树（Balanced Binary Tree 或 Height-Balanced Tree）或者是一棵空二叉树；或者

是具有下列性质的二叉排序树：

① 它的左子树和右子树都是平衡二叉树；

② 左子树与右子树的高度之差的绝对值不超过 1。

结点的平衡因子（Balance Factor）定义为其右子树与左子树的高度之差：

结点的平衡因子 = 右子树的高度 − 左子树的高度

平衡二叉树中任何一个结点的平衡因子只能是-1、0 或 1。图 8.18（a）是一棵不平衡的二叉排序树，图 8.18（b）是一棵平衡二叉树，图中结点旁的数字是该结点的平衡因子。

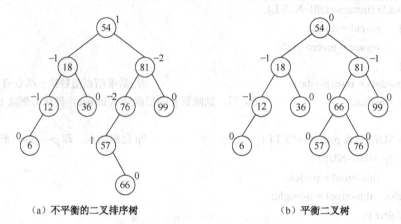

（a）不平衡的二叉排序树　　　　　　　　（b）平衡二叉树

图 8.18　二叉排序树的平衡特性

在平衡二叉树中，插入或删除一个结点可能破坏二叉树的平衡性，因此，在插入或删除时都要调整二叉树，使之始终保持平衡状态。

2．平衡二叉树的插入

在一棵平衡二叉树中插入一个结点，如果插入后破坏了二叉树的平衡性，则需要调整一棵最小不平衡子树，在保证排序特性的前提下，调整最小不平衡子树中各结点的连接关系，达到新的平衡。什么是最小不平衡子树？最小不平衡子树是离插入结点最近，且以平衡因子绝对值大于 1 的结点为根的子树。例如，图 8.18（a）插入 66，最小不平衡子树是以结点 76 为根的子树。

设关键字序列为{54,36,12,87,95,66,18}，依次插入结点构造一棵平衡二叉树的过程如图 8.19 所示。

3．调整平衡的模式

如何调整最小不平衡子树？根据插入结点与最小不平衡子树的根结点（设为 A）的位置关系，分为 4 种类型：LL、RR、LR 和 RL，相应地有 4 种旋转模式用于调整最小不平衡子树使之恢复平衡。

（1）LL 型调整

当在 A 的左孩子（L）的左子树（L）上插入结点，使 A 的平衡因子由−1 变为−2（左子树较高）而失去平衡时，LL 型调整规则为向右旋转，选择 A 的左孩子 B 作为调整后平衡子树的根结点，将原 B 的右子树作为 A 的左子树，如图 8.20 所示，其中，阴影框表示插入结点所增加的子树高度。

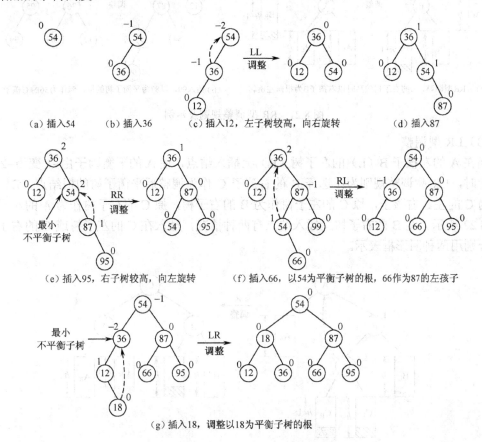

（a）插入 54　　（b）插入 36　　（c）插入 12，左子树较高，向右旋转　　　　（d）插入 87

（e）插入 95，右子树较高，向左旋转　　　　（f）插入 66，以 54 为平衡子树的根，66 作为 87 的左孩子

（g）插入 18，调整以 18 为平衡子树的根

图 8.19　在平衡二叉树中插入结点并调整

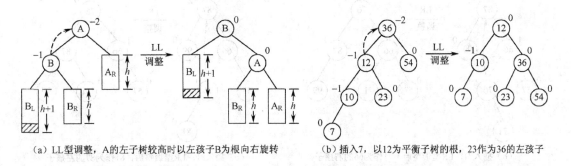

（a）LL 型调整，A 的左子树较高时以左孩子 B 为根向右旋转　　　（b）插入 7，以 12 为平衡子树的根，23 作为 36 的左孩子

图 8.20　LL 型调整规则及示例

（2）RR 型调整

当在 A 的右孩子（R）的右子树（R）上插入结点，使 A 的平衡因子由 1 变为 2（右子树较高）而失去平衡时，RR 型调整规则为向左旋转，选择 A 的右孩子 B 作为调整后平衡子树的根结点，将原 B 的左子树作为 A 的右子树，如图 8.21 所示。

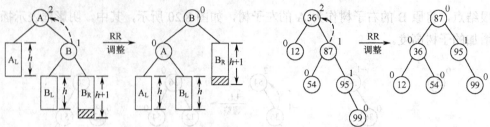

（a）RR型调整，A的右子树较高时以右孩子B为根向左旋转　　（b）插入99，以87为平衡子树的根，54作为36的右孩子

图 8.21　RR 型调整规则及示例

（3）LR 型调整

当在 A 的左孩子 B（L）的右子树（R）上插入结点，使 A 的平衡因子由–1 变为–2 而失去平衡时，LR 型调整规则为：选择 B 的右孩子 C 作为调整后平衡子树的根结点，B、A 分别作为 C 的左、右孩子，原 C 的左子树作为 B 的右子树，原 C 的右子树作为 A 的左子树，如图 8.22 所示。在 B 的右子树上插入结点有两种情况，插入在 C 的左子树或 C 的右子树，图中分别用两种阴影框表示。

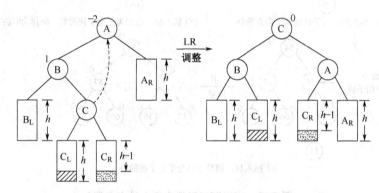

（a）LR型调整，A的左孩子B的右子树较高时，以B的右孩子C为根

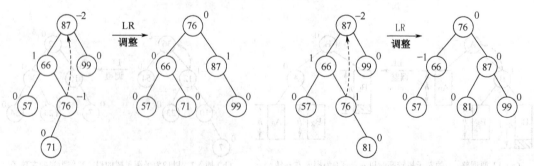

（b）插入71，LR型调整后，71作为66的右孩子　　（c）插入81，LR型调整后，81作为87的左孩子

图 8.22　LR 型调整规则及示例

（4）RL 型调整

当在 A 的右孩子 B（R）的左子树（L）上插入结点，使 A 的平衡因子由 1 变为 2 而失去平衡时，RL 型调整规则为：选择 B 的左孩子 C 作为调整后平衡子树的根结点，A、B 分别作为 C 的左、右孩子；原 C 的左子树作为 A 的右子树，原 C 的右子树作为 B 的左子树，

如图 8.23 所示。在 B 的左子树上插入结点有两种情况，插入在 C 的左子树或 C 的右子树。

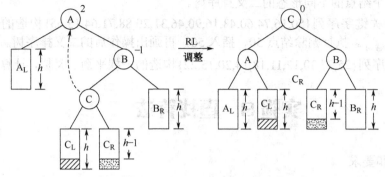

（a）RL 型调整，A 的右孩子 B 的左子树较高时，以 B 的左孩子 C 为根

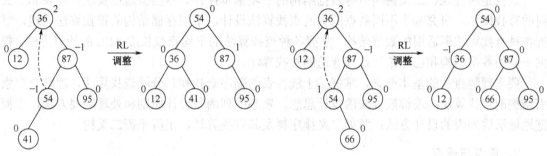

（b）插入 41，RL 型调整后，41 作为 36 的右孩子　　　　（c）插入 66，RL 型调整后，66 作为 87 的左孩子

图 8.23　RL 型调整规则及示例

一棵 n 个结点的平衡二叉树，高度可保持在 $O(\log_2 n)$，平均查找长度为 $O(\log_2 n)$。

习 题 8

8-1　什么是查找？有哪些常用的查找算法？各查找算法适用什么样的数据结构？

8-2　如何衡量查找算法的效率？

8-3　适用于线性表的查找算法有哪些？

8-4　顺序查找适用于什么情况？10 个元素的平均查找长度 $ASL_{成功}$ 和 $ASL_{不成功}$ 各是多少？

8-5　二分法查找适用于什么情况？是否适用于单链表？为什么？

8-6　已知关键字序列为 {10,20,30,40,50,60,70,80,90}，采用二分法查找算法，给定值为 90、35 时分别与哪些元素比较？画出相应的二叉判定树。

8-7　二分法查找的二叉判定树是不是完全二叉树？为什么？

8-8　求 10 个元素的数据元素序列采用二分法查找的平均查找长度 $ASL_{成功}$。

8-9　什么是散列表？其设计思想的主要特点是什么？两个关键问题是什么？好的散列函数的标准是什么？为什么说冲突是不可避免的？有哪些解决冲突的办法？

8-10　设散列表容量为 11，关键字序列为 {16,75,60,43,54,90,46,31,27,88,64,50}，采用除留余数法的散列函数为 hash(k)=k% 11，画出采用链地址法构造的散列表，计算 $ASL_{成功}$。

8-11　为了提高二叉树的查找效率，通常将二叉树设计成什么样的二叉树？

8-12 什么是二叉排序树？二叉排序树的查找操作与一般二叉树的查找操作有何差别？

8-13 画出 3 个结点的不同形态的二叉排序树。

8-14 画出由关键字序列{50,16,74,60,43,16,90,46,31,29,88,71,64,13,65}构造的一棵二叉排序树，计算 $ASL_{成功}$。执行删除结点 50、插入 50，再画出操作后的二叉排序树。

8-15 画出以序列{25,27,30,12,11,18,14,20,15,22}构造的一棵平衡二叉树，计算 $ASL_{成功}$。

实验 8 查找算法

1. 实验目的和要求

查找是线性表、二叉树和树等数据结构的一项基本操作。本实验通过实现线性表和二叉树的查找操作，研究基于不同数据结构的查找算法设计，不同存储结构的查找算法实现，掌握各种查找算法所适用的数据结构，掌握各种查找算法的平均查找长度 ASL 的计算方法。根据不同的数据结构和已知条件选择合适的查找算法。

要求理解查找的基本概念，掌握基于线性表的顺序查找和二分法查找算法，理解具有索引结构的查找算法；理解散列表的设计思想，熟悉散列函数设计原则和处理冲突方法，掌握链地址法散列表的设计方法；掌握二叉排序树及其查找算法，了解平衡二叉树。

2. 重点与难点

重点：顺序查找、二分法查找；散列表及其查找算法；二叉排序树及其查找算法。
难点：链地址法的散列表，二叉排序树。

3. 实验内容

8-1 BinaryTree 二叉树类增加以下成员函数，算法是否正确？为什么？
```
template <class T>
bool BinaryTree<T>::isSorted()                        //判断一棵二叉树是否为二叉排序树
{   return isSorted(root);
}
template <class T>
bool BinaryTree<T>::isSorted(BinaryNode<T>* p)        //判断以 p 为根的子树是否为二叉排序树
{
    if (p==NULL)
        return true;
    if ((p->left==NULL || p->left!=NULL && p->data > p->left->data) &&
        (p->right==NULL || p->right!=NULL && p->data < p->right->data))
        return isSorted(p->left) && isSorted(p->right);
    return false;
}
```

8-2 二叉排序树类增加功能：计算二叉排序树的 $ASL_{成功}$。

8-3 用散列表存储互异随机数序列，声明见实验 2，分析特点和查找效率。

8-4 用二叉排序树（平衡二叉树）存储互异排序随机数序列，声明见实验 2。

第**9**章

排　序

　　排序是数据结构的一种基本操作，排序可以提高查找效率。本章讨论插入排序、交换排序、选择排序和归并排序等多种排序算法，重点和难点是希尔排序、快速排序、堆排序和归并排序。每种算法都有自己的特点和巧妙之处，从中我们可以学到一些程序设计思想和技巧。

9.1　排序的基本概念

1．排序的关键字

　　排序（Sort）是指对数据序列中的数据元素按照指定关键字值的大小递增（或递减）次序进行重新排列，数据结构有线性表和二叉树等。第 8 章讨论了二叉排序树，本章讨论线性表的多种排序算法。

　　排序是以关键字为基准进行的。可指定一个数据元素的多个数据项分别作为关键字进行排序，显然排序结果将不同。例如，学号、姓名、成绩等数据项都可作为学生数据元素的关键字，按主关键字（如学号）排序，则结果唯一；按非主关键字（如姓名、成绩等）排序，则结果不唯一，成绩相同的学生次序仍然不能确定，谁在前谁在后都有可能。

2．排序算法的性能评价

　　衡量排序算法性能的重要指标是排序算法的时间复杂度和空间复杂度，排序算法的时间复杂度由算法执行中的元素比较次数和移动次数确定。

3．排序算法的稳定性

　　排序算法的稳定性指关键字重复情况下的排序性能。设两个元素 a_i 和 a_j（$i<j$），a_i 位于 a_j 之前，它们的关键字相等 $k_i = k_j$；排序后，如果 a_i 仍在 a_j 之前，则称该排序算法是稳定的（Stable），否则是不稳定的。

　　由于排序算法较多，本章以数组存储数据序列，元素类型是 T；采用函数模板实现各排序算法。两个元素比较相等和大小的规则，由 T 的关系运算（==、!=、>、>=、<、<=）提供。C++基本数据类型已定义关系运算，类必须重载指定关系运算符。

9.2 插入排序

插入排序（Insertion Sort）算法思想：每趟将一个元素，按其关键字值的大小插入到它前面已排序的子序列中，依此重复，直到插入全部元素。

主要有直接插入排序、二分法插入排序和希尔排序。

9.2.1 直接插入排序

1. 直接插入排序算法

直接插入排序（Straight Insertion Sort）算法描述如下：

① 第 i（$1 \leq i < n$）趟，线性序列为 $\{a_0, a_1, L, a_{i-1}, a_i, L, a_{n-1}\}$，设前 i 个元素构成的子序列 $\{a_0, a_1, L, a_{i-1}\}$ 是排序的，将元素 a_i 插入到子序列 $\{a_0, a_1, L, a_{i-1}\}$ 的适当位置，使插入后的子序列仍然是排序的，a_i 的插入位置由关键字比较确定。

② 重复执行操作①，n 个元素共需 $n-1$ 趟，每趟将一个元素 a_i 插入到它前面的子序列中。

关键字序列 $\{32, 26, 87, 72, 26^*, 17\}$ 的直接插入排序（升序）过程如图 9.1 所示，以"*"区别两个关键字相同元素，{}表示排序子序列。

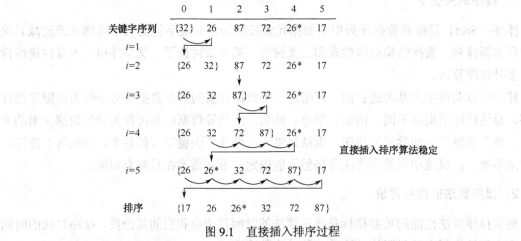

图 9.1　直接插入排序过程

直接插入排序（升序）算法实现如下，两重循环，外层 for 循环控制 $n-1$ 趟扫描，内层 for 循环将一个元素 keys[i]插入到前面的排序子序列中。函数存在 Array.h 文件（第 1 章）中。

```
//直接插入排序（升序），将 keys 数组元素按升序重新排列，n 指定数组元素个数，T 必须重载<
template <class T>
void insertSort(T keys[], int n)
{
    for (int i=1; i<n; i++)                    //n-1 趟扫描，依次插入 n-1 个数
    {   T temp = keys[i];                      //每趟将 keys[i]插入到前面的排序子序列中
        int j;
        for (j=i-1; j>=0 && temp<keys[j]; j--)  //将前面较大元素向后移动，T 必须重载<
```

```
                keys[j+1] = keys[j];
            keys[j+1] = temp;                          //temp 到达插入位置
            cout<<"第"<<i<<"趟  temp="<<temp<<"\t   ";
            print(keys, n);                            //输出数组元素, 声明在 Array.h, 可省略
        }
    }
```

【思考题 9-1】如果函数中内层 for 语句写成以下, 将会怎样?

```
for (j=i-1; j>=0 && temp<=keys[j]; j--)
```

【例 9.1】调用排序算法。
程序如下:

```
#include "Array.h"                    //数组运算（第 1 章）, 包含 print(keys,n)和排序等函数
int main()
{
    int keys[]={32,26,87,72,26,17};  //图 9.1 数据序列
    cout<<"关键字序列: ";
    print(keys, 6);                  //输出数组元素, 声明在 Array.h
    insertSort(keys, 6);             //直接插入排序（升序）, 声明在 Array.h
    return 0;
}
```

2. 直接插入排序算法分析

设数据序列有 n 个元素, 直接插入排序算法执行 $n-1$ 趟, 每趟的比较次数和移动次数与数据序列的初始排列有关。以下 3 种情况分析直接插入排序算法的时间复杂度。

① 最好情况, 一个排序的数据序列, 如{1,2,3,4,5,6}, 每趟元素 a_i 与 a_{i-1} 比较 1 次, 移动 2 次（keys[i]到 temp 再返回）。直接插入排序算法比较次数为 $n-1$, 移动次数为 $2(n-1)$, 时间复杂度为 $O(n)$。

② 最坏情况, 一个反序排列的数据序列, 如{6,5,4,3,2,1}, 第 i 趟插入元素 a_i 比较 i 次, 移动 $i+2$ 次。直接插入排序算法比较次数 $C = \sum_{i=1}^{n-1} i = \frac{n(n-1)}{2} \approx \frac{n^2}{2}$, 移动次数 $M = \sum_{i=1}^{n-1}(i+2) = \frac{(n-1)(n+4)}{2} \approx \frac{n^2}{2}$, 时间复杂度为 $O(n^2)$。

③ 随机排列, 一个随机排列的数据序列, 第 i 趟插入元素 a_i, 等概率情况下, 在子序列 $\{a_0, a_1, L, a_{i-1}\}$ 中查找 a_i 平均比较$(i+1)/2$ 次, 插入 a_i 平均移动 $i/2$ 次。直接插入排序算法比较次数 $C = \sum_{i=1}^{n} \frac{i+1}{2} = \frac{1}{4}n^2 + \frac{3}{4}n + 1 \approx \frac{n^2}{4}$, 移动次数 $M = \sum_{i=1}^{n} \frac{i}{2} = \frac{n(n+1)}{4} \approx \frac{n^2}{4}$, 时间复杂度为 $O(n^2)$。

总之, 直接插入排序算法的时间效率在 $O(n)$ 到 $O(n^2)$ 之间。数据序列的初始排列越接近有序, 直接插入排序的时间效率越高。

直接插入排序算法中的 temp 占用一个存储单元，空间复杂度为 $O(1)$。

在直接插入排序算法中，关键字相等的元素会相遇进行比较，算法不改变它们的原有次序。因此，直接插入排序算法是稳定的。例如，图 9.1，排序前后，关键字 26 与 26*的次序没有改变。但是，如果算法中内层 for 语句写成以下，改变了关键字相等元素的次序，则将导致排序算法不稳定。

```
for (j=i-1; j>=0 && temp<=keys[j]; j--)
```

3．二分法插入排序

直接插入排序的每一趟，将一个元素 a_i 插入到它前面的一个已排序子序列，其中采用顺序查找算法寻找 a_i 的插入位置。此时，子序列是顺序存储且排序的，这两条正好符合二分法查找要求。因此，用二分法查找代替直接插入排序中的顺序查找，则构成二分法的插入排序。

9.2.2　希尔排序

希尔排序（Shell Sort）是 D.L.Shell 在 1959 年提出的，又称缩小增量排序（Diminishing Increment Sort），基本思想是分组的直接插入排序。

由直接插入排序算法分析可知，若数据序列越接近有序，则时间效率越高；再者，当 n 较小时，时间效率也较高。希尔排序正是基于这两点对直接插入排序算法进行改进。

希尔排序算法描述如下：

① 将一个数据序列分成若干组，每组由若干相隔一段距离（称为增量）的元素组成，在一个组内采用直接插入排序算法进行排序。

② 增量初值通常为数据序列长度的一半，以后每趟增量减半，最后值为 1。随着增量逐渐减小，组数也减少，组内元素个数增加，数据序列则接近有序。

关键字序列{38, 55, 65, 97, 27, 76, 27, 13, 19}的希尔排序（升序）过程如图 9.2 所示，序列长度为 9，增量 delta 初值为 4，序列分为 4 组进行直接插入排序，之后每趟增量以减半规律变化，经过 3 趟完成排序。

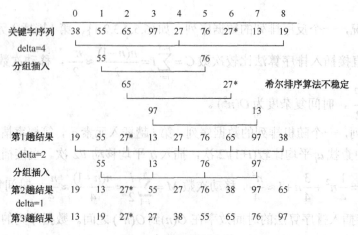

图 9.2　希尔排序过程

希尔排序（升序，增量减半）算法实现如下：

```
template <class T>
void shellSort(T keys[], int n)                          //希尔排序（升序），T 必须重载<
{
    for (int delta=n/2; delta>0; delta/=2)               //若干趟，控制增量每趟减半
    {   for (int i=delta; i<n; i++)                       //一趟分若干组，每组直接插入排序
        {   T temp = keys[i];                             //keys[i]是当前待插入元素
            int j;
            for (j=i-delta; j>=0 && temp<keys[j]; j-=delta)   //组内直接插入排序
                keys[j+delta] = keys[j];                  //每组元素相距 delta 远
            keys[j+delta] = temp;                         //插入元素
        }
        cout<<"delta="<<delta<<"   ";
        print(keys,n);
    }
}
```

希尔排序算法共有三重循环：① 最外层循环 for 语句以增量 delta 变化控制进行若干趟扫描，delta 初值为序列长度 n 的一半，以后逐趟减半，直至为 1。② 中间循环 for 语句进行一趟扫描，序列分为 delta 组，每组由相距 delta 远的 n/delta 个元素组成，每组元素分别进行直接插入排序。③ 最内层循环 for 语句进行一组直接插入排序，将一个元素 keys[i]插入到其所在组前面已排序的子序列中。

希尔排序算法增量的变化规律有多种方案。上述增量减半是一种可行方案。一旦确定增量的变化规律，则一个数据序列的排序趟数就确定了。初始当增量较大时，一个元素与较远的另一个元素进行比较，移动距离较远；当增量逐渐减小时，元素比较和移动距离较近，数据序列则接近有序。最后一次，再与相邻位置元素比较，决定排序的最终位置。

希尔排序算法的时间复杂度分析比较复杂，实际所需的时间取决于具体的增量序列。希尔排序算法的空间复杂度为 $O(1)$。

希尔排序算法在比较过程中，会错过关键字相等元素的比较，如图 9.2 第 1 趟，将 27*插入到前面的子序列中，则跳过关键字相等元素 27，两者没有机会比较，算法不能控制稳定。因此，希尔排序算法不稳定。

【例 9.2】排序顺序表调用排序算法。

第 2 章排序顺序表类 SortedSeqList 声明以下构造函数，采用直接插入排序算法。

```
template <class T>
SortedSeqList<T>::SortedSeqList(SeqList<T> &list)        //重载拷贝构造函数，由顺序表构造排序顺序表
{
    for (int i=0; i<list.count(); i++)
        this->insert(list.get(i));                       //排序顺序表插入元素
}
```

也可调用希尔排序算法如下：

```
//重载拷贝构造函数，由顺序表构造排序顺序表，声明调用基类拷贝构造函数
template <class T>
SortedSeqList<T>::SortedSeqList(SeqList<T> &list):SeqList<T>(list)
{    shellSort(this->element, this->n);              //希尔排序（升序）
}
```

9.3 交换排序

基于交换的排序算法有两种：冒泡排序和快速排序。

9.3.1 冒泡排序

1. 冒泡排序算法

冒泡排序（Bubble Sort）算法描述：比较相邻两个元素大小，如果反序，则交换。若按升序排序，每趟将数据序列中的最大元素交换到最后位置，就像气泡从水里冒出一样。

关键字序列{32, 26, 87, 72, 26*, 17}的冒泡排序（升序）过程如图 9.3 所示，{}表示排序子序列。

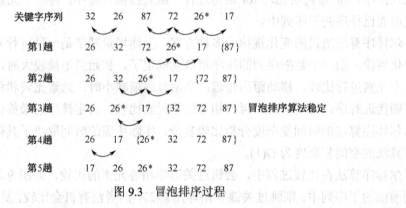

图 9.3 冒泡排序过程

冒泡排序（升序）算法实现如下，两重循环，外层 for 循环控制最多 $n-1$ 趟扫描，内层 for 循环进行一趟扫描的比较和交换。

```
template <class T>
void swap(T keys[], int i, int j)              //交换 keys[i]与 keys[j]数组元素，i、j 范围由调用者控制
{
      T temp = keys[j];
      keys[j] = keys[i];
      keys[i] = temp;
}
template <class T>
void bubbleSort(T keys[], int n)               //冒泡排序（升序），T 必须重载>
```

```
{
        bool exchange=true;                                    //是否交换的标记
        for (int i=1; i<n && exchange; i++)                    //有交换时再进行下一趟，最多 n-1 趟
        {    exchange=false;                                   //假定元素未交换
            for (int j=0; j<n-i; j++)                          //一趟比较、交换
                if (keys[j]>keys[j+1])                         //相邻元素比较，若反序，则交换
                {    swap(keys, j, j+1);
                    exchange=true;                             //有交换
                }
            cout<<"第"<<i<<"趟  ";
            print(keys,n);
        }
}
```

其中，布尔变量 exchange 用做本趟扫描是否交换的标记。如果一趟扫描没有数据交换，则排序完成，不必进行下一趟。例如，下列关键字序列的冒泡排序过程少于 n-1 趟：

关键字序列：3 1 2 4 5 8 6 7
第 1 趟：1 2 3 4 5 6 7 8
第 2 趟：1 2 3 4 5 6 7 8

【思考题 9-2】如果算法中判断元素大小的条件语句写成如下，执行结果将会怎样？

```
if (keys[j]>=keys[j+1])
```

2．冒泡排序算法分析

冒泡排序算法分析如下。

① 最好情况，数据序列排序，只需一趟扫描，比较 n 次，没有数据移动，时间复杂度为 $O(n)$。

② 最坏情况，数据序列随机排列和反序排列，需要 n-1 趟扫描，比较次数和移动次数都是 $O(n^2)$，时间复杂度为 $O(n^2)$。

总之，数据序列越接近有序，冒泡排序算法时间效率越高，在 $O(n)$ 到 $O(n^2)$ 之间。

冒泡排序需要一个辅助空间用于交换两个元素，空间复杂度为 $O(1)$。

冒泡排序算法是稳定的。

9.3.2 快速排序

快速排序是一种分区交换排序算法。

1．快速排序算法

首先进一步分析冒泡排序。图 9.3 第 1 趟扫描，元素 87 在相邻位置间经过若干次连续的交换到达最终位置的过程如图 9.4 所示。

已知一次交换需要 3 次赋值，元素 87 从 keys[2]

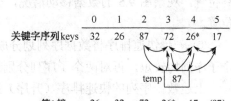

图 9.4　冒泡排序中的数据交换过程

经过 temp 到达 keys[3]，再从 keys[3]经过 temp 到达 keys[4]……直到到 keys[5]，其间多次到达 temp
再离开，因此存在重复的数据移动。快速排序算法希望尽可能地减少这样重复的数据移动。

快速排序（Quick Sort）算法描述：在数据序列中选择一个值作为基准值，每趟从数据序
列的两端开始交替进行，将小于基准值的元素交换到序列前端，将大于基准值的元素交换到
序列后端，介于两者之间的位置则成为基准值的最终位置。同时，序列被划分成两个子序列，
再分别对两个子序列进行快速排序，直到子序列长度为 1，则完成排序。

关键字序列{38, 38*, 97, 75, 61, 19, 26, 49}快速排序（升序）一趟划分过程如图 9.5 所示，
{}表示待排序子序列。

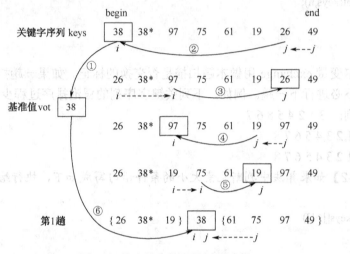

图 9.5　快速排序的一趟划分过程

对存于 keys 数组 begin～end 之间的子序列进行一趟快速排序，设 i、j 下标分别从子序
列的前后两端开始，i=begin，j=end，划分算法描述如下：

① 选取子序列第一个元素 keys[i]38 作为基准值 vot，空出 keys[i]元素位置。

② 在子序列后端寻找小于基准值的元素，交换到序列前端。即比较 keys[j]元素 26 与基
准值，若小则将 keys[j]元素 26 移动到序列前端 keys[i]位置，i++，此时 keys[j]位置空出。

③ 在子序列前端寻找大于基准值的元素，交换到序列后端。再比较 keys[i]元素与基准
值，若大则将 keys[i]元素 97 移动到序列后端的 keys[j]位置，j--，keys[i]位置空出。不移动
与基准值相等元素。

④ 重复②③，直到 $i==j$，表示子序列中的每个元素都与基准值比较过了，并已将小于基
准值的元素移动到前端，将大于基准值的元素移动到后端，当前 i（j）位置则是基准值的最
终位置。观察图 9.5 的数据移动情况，一趟划分过程中，只用 6 次赋值，就使 5 个元素移动
位置。

⑤ 一趟快速排序将数据序列划分成两个子序列，范围分别为 begin～j-1、i+1～end。每
个子序列均较短，再对两个子序列分别进行快速排序，直到子序列长度为 1。

上述数据序列的快速排序（升序）过程如图 9.6 所示，{}表示待排序子序列。

快速排序算法采用分治策略对两个子序列再分别进行快速排序，因此，快速排序是递归
算法。快速排序（升序）算法实现如下：

	0	1	2	3	4	5	6	7	
关键字序列	38	38*	97	75	61	19	26	49	
第1趟，0..7	{26	38*	19}	38	{61	75	97	49}	快速排序算法不稳定
第2趟，0..2	{19	26	{38*}	38	{61	75	97	49}	
第3趟，4..7	19	26	38*	38	{49}	61	{97	75}	
第4趟，6..7	19	26	38*	38	49	61	{75	97	

图 9.6　快速排序过程

```
template <class T>
void quickSort(T keys[], int n)                          //快速排序（升序），T 必须重载<=
{    quickSort(keys, n, 0, n-1);
}
//对存于 keys 数组 begin～end 之间的子序列进行一趟快速排序，递归算法
template <class T>
void quickSort(T keys[], int n, int begin, int end)
{
    if (begin>=0 && begin<n && end>=0 && end<n && begin<end)    //序列有效
    {    int i=begin, j=end;                      //i、j 下标分别从子序列的前后两端开始
        T vot=keys[i];                           //子序列第一个值作为基准值
        while (i!=j)
        {    while (i<j && vot<=keys[j])          //从后向前寻找较小值，不移动与基准值相等元素
                j--;
            if (i<j)
                keys[i++]=keys[j];               //子序列后端较小元素向前移动
            while (i<j && keys[i]<=vot)          //从前向后寻找较大值，不移动与基准值相等元素
                i++;
            if (i<j)
                keys[j--]=keys[i];               //子序列前端较大元素向后移动
        }
        keys[i]=vot;                             //基准值的最终位置
        cout<<begin<<".."<<end<<", vot="<<vot<<",  ";
        print(keys, n);
        quickSort(keys, n, begin, j-1);          //前端子序列再排序，递归调用
        quickSort(keys, n, i+1, end);            //后端子序列再排序，递归调用
    }
}
```

【思考题 9-3】既然没有移动与基准值相等的元素，为什么快速排序算法不稳定？

2. 快速排序算法分析

快速排序的执行时间与数据序列的初始排列及基准值的选取有关。

① 最好情况，每趟排序将序列分成长度相近的两个子序列，时间复杂度为 $O(n \times \log_2 n)$。

② 最坏情况，每趟将序列分成长度差异很大的两个子序列，时间复杂度为 $O(n^2)$。例如，对排序的数据序列，若选取序列的第一个值作为基准值，则每趟得到的两个子序列长度分别

为 0 和划分前的长度减 1：

{1, 2, 3, 4, 5, 6, 7, 8}

{} 1, {2, 3, 4, 5, 6, 7, 8}

这样必须经过 $n-1$ 趟才能完成排序，因此，比较次数 $C = \sum_{i=1}^{n-1}(n-i) = \frac{n(n-1)}{2} \approx \frac{n^2}{2}$。

快速排序选择基准值还有其他多种方法，如可以选取序列的中间值等。但由于序列的初始排列是随机的，不管如何选择基准值，总会存在最坏情况。

此外，快速排序还要在执行递归函数过程中花费一定的时间和空间，使用栈保存参数，栈所占用的空间与递归调用的次数有关，空间复杂度为 $O(\log_2 n) \sim O(n)$。

总之，当 n 较大且数据序列随机排列时，快速排序是"快速"的；当 n 很小或基准值选取不合适时，快速排序则较慢。快速排序算法是不稳定的。

9.4 选择排序

选择排序算法有两种：直接选择排序和堆排序。

9.4.1 直接选择排序

1. 直接选择排序算法

直接选择排序（Straight Select Sort）算法思想：第一趟从 n 个元素的数据序列中选出关键字最小（或最大）的元素并放到最前（或最后）位置，下一趟再从 $n-1$ 个元素中选出最小（大）的元素并放到次前（后）位置，以此类推，经过 $n-1$ 趟完成排序。

关键字序列{38, 97, 26, 19, 38*, 15}的直接选择排序（升序）过程如图 9.7 所示，其中，i 表示子序列起始位置，min 表示最小元素位置，一趟扫描后将 min 位置元素交换到 i 位置，{}表示排序子序列。

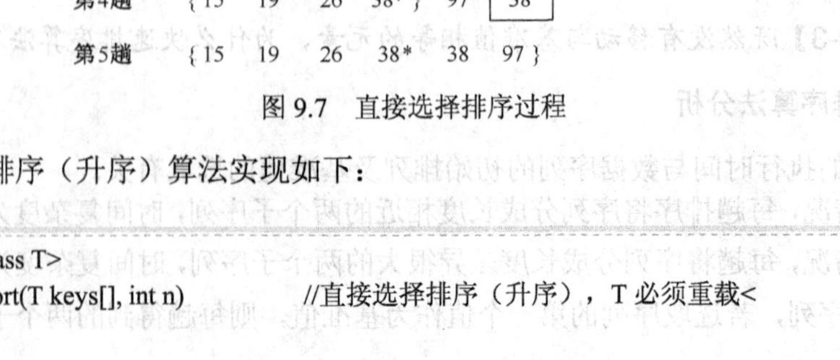

图 9.7 直接选择排序过程

直接选择排序（升序）算法实现如下：

```
template <class T>
void selectSort(T keys[], int n)          //直接选择排序（升序），T 必须重载<
{
```

```
        for (int i=0; i<n-1; i++)              //n-1 趟，每趟在从 keys[i]开始的子序列中寻找最小元素
        {   int min=i;
            for (int j=i+1; j<n; j++)          //在子序列中查找最小值，min 记住本趟最小元素下标
                if (keys[j] < keys[min])
                    min = j;
            if (min!=i)                         //将本趟最小元素交换到前边
                swap(keys, i, min);
            cout<<"第"<<i+1<<"趟  min="<<min<<",  \t";
            print(keys, n);
        }
}
```

2．直接选择排序算法分析

直接选择排序的比较次数与数据序列的初始排列无关，第 i 趟排序的比较次数是 $n-i$；移动次数与初始排列有关，排序序列移动 0 次；反序排列的数据序列，每趟排序都要交换，移动 $3(n-1)$ 次。算法总比较次数 $C = \sum_{i=1}^{n-1}(n-i) = \frac{n(n-1)}{2} \approx \frac{n^2}{2}$，时间复杂度为 $O(n^2)$。

直接选择排序的空间复杂度为 $O(1)$。直接选择排序算法是不稳定的。

9.4.2 堆排序

堆排序（Heap Sort）是利用完全二叉树特性的一种选择排序。

1．堆的定义

设 n 个元素的数据序列 $\{k_0, k_1, L, k_{n-1}\}$，当且仅当满足下列关系时，称为最小堆或最大堆。

$$k_i \le k_{2i+1} \text{且} k_i \le k_{2i+2} \text{ 或 } \quad k_i \ge k_{2i+1} \text{且} k_i \ge k_{2i+2} \quad i = 0,1,2, L, \left\lfloor \frac{n}{2}-1 \right\rfloor$$

换言之，将 $\{k_0, k_1, L, k_{n-1}\}$ 序列看成是一棵完全二叉树的层次遍历序列，如果任意一个结点元素 ≤（≥）其孩子结点元素，则称该序列为最小（大）堆，根结点值最小（大）。最小/大堆及其完全二叉树如图 9.8 所示。

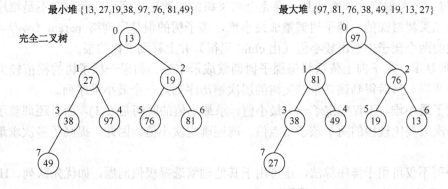

（a）最小堆及完全二叉树　　　　　　（b）最大堆及完全二叉树

图 9.8　最小/大堆及其完全二叉树

根据二叉树性质5，完全二叉树中的第 i（$0 \leqslant i < n$）个结点，如果有孩子，则左孩子为第 $2i+1$ 个结点，右孩子为第 $2i+2$ 个结点。

2. 堆的应用

堆序列用于多次求极值，最小（大）堆用于求最小（大）值。

之前求一个数据序列的最小值，必须遍历序列，比较了序列中所有元素后才能确定最小值。如果将一个数据序列"堆"成树状，约定父母结点值比孩子结点值小，则根结点值最小。堆的树状结构只能是完全二叉树，因为只有完全二叉树才能顺序存储，二叉树的性质5将一个数据序列映射到唯一的一棵完全二叉树。

由关键字序列{81, 49, 19, 38, 97, 76, 13, 27}创建最小堆过程如图 9.9 所示。

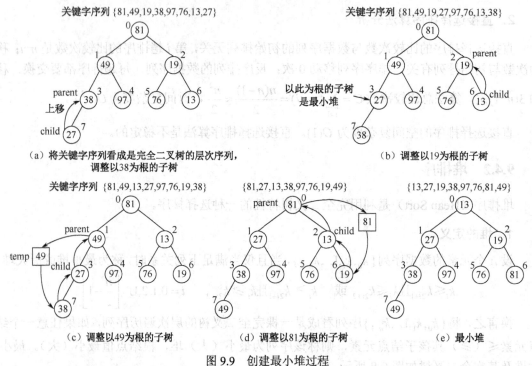

图 9.9　创建最小堆过程

① 将一个关键字序列看成是一棵完全二叉树的层次遍历序列，此时它不是堆序列。将这棵完全二叉树最深的一棵子树调整成最小堆，该子树的根是序列第 parent（$=n/2-1$）个元素；在根的两个孩子中选出较小值（由 child 记得）并上移到子树的根。

② 重复①，从下向上依次将每棵子树调整成最小堆。如果一棵子树的根值较大，根值可能下移几层。最后得到该完全二叉树的层次遍历序列是一个最小堆序列。

创建了最小堆，不仅确定了一个最小值，求最小值的时间是 $O(1)$，而且还调整了其他元素；下一次只要比较根的两个孩子结点值，就能确定次小值。因此，提高了多次求最小值的算法效率。

堆序列不仅可用于排序算法，还可用于其他频繁选择极值问题，如优先队列、Huffman、Prim、Kruskal、Dijkstra、Floyd 等算法。

3．堆排序算法描述

直接选择排序算法有两个缺点，① 选择最小值效率低，必须遍历待排序子序列，比较了子序列中所有元素后才能选出最小值；② 每趟将最小值交换到前面，其余元素原地不动，下一趟没有利用前一趟的比较结果，需要再次比较这些元素，重复比较很多。

堆排序对直接选择排序做了改进，采用最小（大）堆选择最小（大）值。

堆排序分两个阶段，① 将一个数据序列建成最小（大）堆，则根结点值最小（大）；② 进行选择排序，每趟将最小值（根结点值）交换到后面，再将其余值调整成堆，依此重复，直到子序列长度为 1，排序完成。使用最小（大）堆，得到排序结果是降（升）序的。

以最小堆为基础进行选择排序，上述数据序列前两趟堆排序过程如图 9.10 所示。

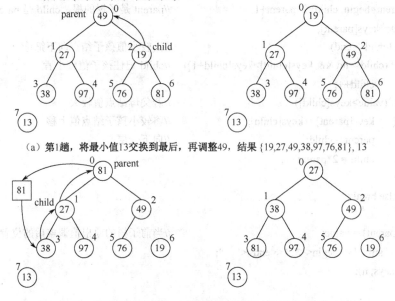

（a）第1趟，将最小值13交换到最后，再调整49，结果 {19,27,49,38,97,76,81}，13

（b）第2趟，将根值19与81交换，再调整81，结果{27,38,49,81,97,76}，19,13

图 9.10　堆排序的前两趟

① 最小堆的根值 13 最小，将 13 交换到最后，13 不参加下一趟排序，子序列右边界减1；再将以 49 为根的子序列调整成最小堆，只要比较根的两个孩子结点值 27 与 19，就能确定次小值。将原根值 49 向下调整，只经过从根到叶子结点（最远）的一条路径，而不必遍历二叉树。

② 重复①，将根值与 keys[n-i]（0≤i<n）元素交换，再调整成最小堆，直到子序列长度为 1，排序完成。

上述数据序列的堆排序（降序）结果如下，{}表示最小堆序列。

{19　27　49　38　97　76　81}　13

{27　38　49　81　97　76}　19　13

{38　76　49　81　97}　27　19　13

{49　76　97　81}　38　27　19　13

{76　81　97}　49　38　27　19　13

```
{81  97}  76  49  38  27  19  13
 97  81  76  49  38  27  19  13
```

4. 堆排序算法实现

堆排序算法实现如下，包括两个函数，heapSort()实现堆排序，sift_minheap()调整为最小堆。

```cpp
//将 keys 数组中以 begin 为根的子树调整成最小堆，子序列范围为 begin～end
template <class T>
void sift_minheap(T keys[], int n, int begin, int end)
{
    int parent=begin, child=2*parent+1;          //parent 是子树的根，child 是 parent 的左孩子
    T value=keys[parent];
    while (child<=end)                            //沿较小值孩子结点向下筛选
    {   if (child<end && keys[child]>keys[child+1])  //child 记住孩子值较小者
            child++;
        if (value>keys[child])                    //若父母结点值较大
        {   keys[parent] = keys[child];           //将较小孩子结点值上移
            parent = child;                       //向下一层
            child = 2*parent+1;
        }
        else break;
    }
    keys[parent] = value;                         //当前子树的原根值调整后的位置
    cout<<"sift   "<<begin<<".."<<end<<"   ";
    print(keys, n);
}
template <class T>
void heapSort_down(T keys[], int n)               //堆排序（降序），最小堆
{
    for (int i=n/2-1; i>=0; i--)                   //创建最小堆，根结点值最小
        sift_minheap(keys, n, i, n-1);
    for (int i=n-1; i>0; i--)                       //每趟将最小值交换到后面，再调整成最小堆
    {   swap(keys, 0, i);
        sift_minheap(keys, n, 0, i-1);
    }
}
```

5. 堆排序算法分析

将一个数据序列调整为堆的时间复杂度为 $O(\log_2 n)$，因此堆排序的时间复杂度为 $O(n \times \log_2 n)$。堆排序的空间复杂度为 $O(1)$。堆排序算法是不稳定的。

9.5 归并排序

归并排序是将两个排序的子序列合并，形成一个排序数据序列，又称两路归并排序。

1. 归并排序算法描述

关键字序列{97, 82, 75, 53, 17, 61, 70, 12, 61*, 58, 26}的归并排序过程如图9.11所示，{} 表示排序子序列。将 n 个元素的数据序列看成是由 n 个长度为 1 的排序子序列组成，反复将相邻的两个子序列归并成一个排序的子序列，直到合并成一个序列，则排序完成。

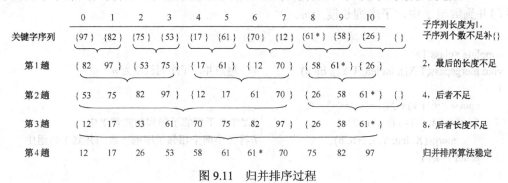

图 9.11 归并排序过程

2. 归并排序算法实现

两路归并排序包括 3 个函数。核心操作是一次归并，将数组 X 中相邻的两个排序子序列 $\{x_{begin1}, L, x_{begin2-1}\}$ 和 $\{x_{begin2}, L, x_{begin2+n-1}\}$ 归并到数组 Y 中，成为 $\{y_{begin1}, L, y_{begin2+n-1}\}$ 子序列，如图 9.12 所示。

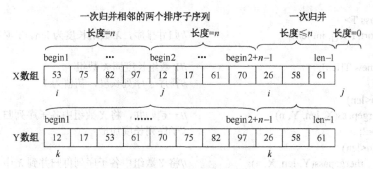

图 9.12 一次归并过程

一次归并的 merge() 函数声明如下：

```
//一次归并，将 X 中分别以 begin1、begin2 开始的两个相邻子序列归并到 Y 中，X、Y 数组长度
//为 len，子序列长度最长为 n。T 必须重载<
template <class T>
void merge(T X[], int len, T Y[], int begin1, int begin2, int n)
{
    int i=begin1, j=begin2, k=begin1;
    while (i<begin1+n && j<begin2+n && j<len)    //将 X 中两个相邻子序列归并到 Y
        if (X[i] < X[j])                          //将较小值复制到 Y 中
            Y[k++]=X[i++];
```

```
        else
            Y[k++]=X[j++];

    while (i<begin1+n && i<len) //将前一个子序列剩余元素复制到Y中，子序列长度可能不足n
        Y[k++]=X[i++];
    while (j<begin2+n && j<len)                    //将后一个子序列剩余元素复制到Y中
        Y[k++]=X[j++];
}
```

一趟归并的 mergepass()函数声明如下，它调用 merge()函数依次将数组 X 中相邻子序列两两归并到数组 Y 中，子序列长度为 n。

```
template <class T>
void mergepass(T X[], int len, T Y[], int n)       //一趟归并，子序列长度为n
{
    cout<<"子序列长度n="<<n<<"   ";
    for (int i=0;   i<len;   i+=2*n)               //X中若干相邻子序列归并到Y中
        merge(X, len, Y, i, i+n, n);               //将X中两个相邻子序列一次归并到Y数组中
    print(Y, len);
}
```

以下 mergeSort()函数对数组 X 中的数据序列进行两路归并排序。其中，Y 是辅助数组，长度同数组 X；子序列长度 n 初值为 1，每趟归并后 n 加倍。一次 while 循环完成两趟归并，数据序列从 X 到 Y，再从 Y 到 X，这样使排序后的数据序列仍在数组 X 中。

```
template <class T>
void mergeSort(T X[], int len)              //归并排序，X数组长度为len。T必须重载<
{
    T *Y = new T[len];                      //Y数组长度同X数组
    int n=1;                                //排序子序列长度，初值为1
    while (n<len)
    {   mergepass(X, len, Y, n);            //一趟归并，将X数组中各子序列归并到Y中
        n*=2;                               //子序列长度加倍
        if (n<len)
        {   mergepass(Y, len, X, n);        //将Y数组中各子序列再归并到X中
            n*=2;
        }
    }
}
```

3. 归并排序算法分析

n 个元素归并排序，每趟比较 $n-1$ 次，数据移动 $n-1$ 次，进行 $\lceil \log_2 n \rceil$ 趟，时间复杂度为 $O(n \times \log_2 n)$。

归并排序需要 O(n)容量的附加空间，与数据序列的存储容量相等，空间复杂度为 O(n)。

归并排序算法是稳定的。

各种排序算法性能比较如表 9-1 所示，排序算法的时间复杂度为 $O(n \times \log_2 n) \sim O(n^2)$。

表 9-1 排序算法性能比较

算法思路	排序算法	时间复杂度	最好情况	最坏情况	空间复杂度	稳定性
插入	直接插入排序	$O(n^2)$	$O(n)$	$O(n^2)$	$O(1)$	✓
	希尔排序	$O(n(\log_2 n)^2)$			$O(1)$	✗
交换	冒泡排序	$O(n^2)$	$O(n)$	$O(n^2)$	$O(1)$	✓
	快速排序	$O(n \times \log_2 n)$	$O(n \times \log_2 n)$	$O(n^2)$	$O(\log_2 n)$	✗
选择	直接选择排序	$O(n^2)$	$O(n^2)$	$O(n^2)$	$O(1)$	✗
	堆排序	$O(n \times \log_2 n)$	$O(n \times \log_2 n)$	$O(n \times \log_2 n)$	$O(1)$	✗
归并	归并排序	$O(n \times \log_2 n)$	$O(n \times \log_2 n)$	$O(n \times \log_2 n)$	$O(n)$	✓

以上介绍了插入、交换、选择和归并等 7 个排序算法，其中直接插入排序、冒泡排序、直接选择排序等算法的时间复杂度为 $O(n^2)$，这些排序算法简单易懂，思路清楚，算法结构为两重循环，共进行 $n-1$ 趟，每趟排序将一个元素移动到排序后的位置。数据比较和移动在相邻两个元素之间进行，每趟排序与上一趟之间存在较多重复的比较、移动和交换，因此排序效率较低。

另一类较快的排序算法有希尔排序、快速排序、堆排序及归并排序，这些算法设计各有巧妙之处，它们共同的特点是：与相距较远的元素进行比较，数据移动距离较远，跳跃式地向目的地前进，避免了许多重复的比较和数据移动。

9.6 单/双链表的排序算法

单链表可以采用直接插入排序、直接选择排序算法实现排序功能，还可采用一次归并算法归并两条排序单链表。

1. 由单链表构造排序单链表，直接插入排序

第 2 章排序单链表类 SortedSinglyList 的 insert(T x)函数，就是一趟直接插入排序算法。以下两个构造函数调用 insert(x)函数，采用直接插入排序构造一条排序单链表。

```
//构造排序单链表，由 values 数组提供元素。函数体见 2.3.2 节。
SortedSinglyList<T>::SortedSinglyList(T values[], int n, bool asc=true)

//重载拷贝构造函数，由单链表构造排序单链表（深拷贝），asc 指定升序（true）或降序（false）
template <class T>
SortedSinglyList<T>::SortedSinglyList(SinglyList<T> &list, bool asc)
{                                               //此处默认执行 SinglyList<T>()
    this->asc = asc;
    for (Node<T> *p=list.head->next;   p!=NULL;   p=p->next)
        this->insert(p->data);                  //排序单链表插入，一趟直接插入排序
}
```

2. 由单链表构造排序单链表，直接选择排序

由一条单链表构造一条排序单链表，也可采用直接选择排序。先深拷贝一条单链表，再采用直接选择排序算法，每趟寻找到一个最小/大值结点，将该结点移动到单链表前方，只调整指针，不移动数据。经过 $n-1$ 趟扫描实现排序，算法描述（升序）如图 9.13 所示。

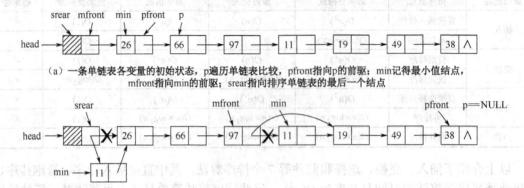

（a）一条单链表各变量的初始状态，p遍历单链表比较，pfront指向p的前驱；min记得最小值结点，mfront指向min的前驱；srear指向排序单链表的最后一个结点

（b）一趟直接选择，min指向最小值结点，将min结点从原位置删除并插入到排序单链表的尾srear之后，srear=min

（c）重复执行（b），在从srear->next开始的单链表中再找一个最小值结点链入srear之后

图 9.13 单链表的直接选择排序（升序）

① 一个排序单链表对象初始状态是没有排序的。设 srear 指针指向排序单链表之尾结点，初值为 head。

② 每趟通过 p 指针遍历单链表，寻找到一个最小值结点（由 min 指针指向），将 min 结点从单链表原位置处删除并插入一条排序单链表之尾（srear 指向结点之后）。将 min 结点从单链表中删除只改变结点的逻辑关系，没有释放 min 结点。在执行插入和删除操作时，要改变其前驱结点的 next 域，因此，p、min 每走一步都要记得其前驱结点。

③ 重复执行②，经过 $n-1$ 趟扫描实现排序。

算法实现省略，效率较直接插入排序算法低。

3. 归并两条排序单链表

归并两条排序单链表（升序）*this 和 list 的算法描述如图 9.14 所示，使用一趟归并排序算法，将 list 排序单链表中所有结点依次归并到*this 排序单链表中。设指针 p、q 分别遍历*this 和 list 单链表，front 指针指向 p 的前驱。

① 比较 p、q 结点值，若 p 结点小（<），则继续比较 p 的后继结点；否则（≥），将 q 结点插入在 p 之前（front 之后）。

② 若 p、q 结点值相同，将 q 结点插入在 p 之前。

③ 若 q==NULL，则算法结束；若 p==NULL，则将 q 结点插入在 front 之后，即将 q 之后 list 单链表中剩余结点连接在*this 单链表之尾。

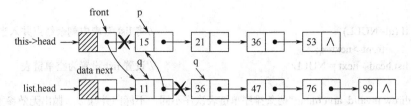

（a）比较p、q结点值，若p结点小，则继续比较p的后继；否则，将q结点插入在p之前、front之后

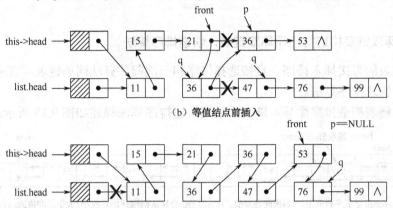

（b）等值结点前插入

（c）若p==NULL，将q结点插入在front之后，即将q之后list单链表中剩余结点连接在*this单链表之尾。必须设置list为空单链表；否则析构将出错

图 9.14　归并两条排序单链表（升序）

将两条排序单链表归并成一条，导致*this 和 list 两个对象共用一条单链表，析构会出错，因此，必须将归并后的 list 设置为空单链表。

归并两条排序单链表算法效率高于将一条排序单链表插入另一条排序单链表。

SortedSinglyList 类覆盖+=运算符实现如下，归并两条排序单链表。

```
//归并两条排序单链表，覆盖基类同名函数。两条排序单链表的升降序必须相同，否则抛出异常
template <class T>
void SortedSinglyList<T>::operator+=(SortedSinglyList<T> &list)
{
    if (this->asc == list.asc)                    //两条排序单链表的升降序相同
    {   Node<T> *front=head, *p=head->next;       //p 遍历 this 单链表，front 是 p 的前驱
        Node<T> *q=list.head->next;               //q 遍历 list 单链表
        while (p!=NULL && q!=NULL)                 //遍历单链表
        if (this->asc ? p->data < q->data : p->data > q->data)
            {                                     //比较两条单链表当前结点值，升序时比较<；降序时比较>
                front = p;
                p = p->next;
            }
            else
            {   front->next = q;                  //将 q 结点插入到 front 结点之后
                q = q->next;
                front = front->next;
                front->next = p;
```

```
        }
    if (q!=NULL)                                    //将 list 链表中剩余结点并入当前链表尾
        front->next=q;
    list.head->next = NULL;                          //设置 list 设置为空单链表
    }
    else throw invalid_argument("两条排序单链表次序不同，不能归并");     //抛出无效参数异常
}
```

4. 由循环双链表构造排序循环双链表，快速排序算法

循环双链表的直接插入排序、直接选择排序和一次归并算法同单链表，省略。以下讨论循环双链表的快速排序算法。

由循环双链表构造排序循环双链表，采用快速排序算法描述如图 9.15 所示。

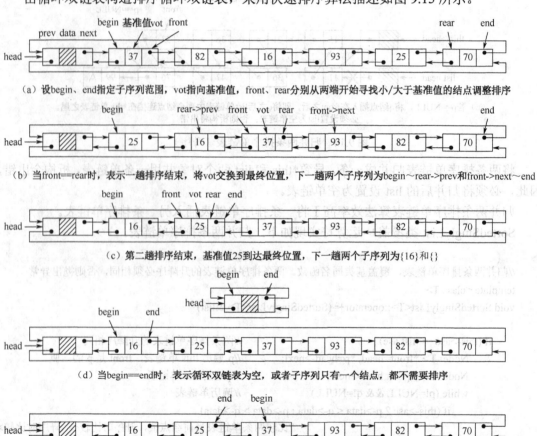

(a) 设begin、end指定子序列范围，vot指向基准值，front、rear分别从两端开始寻找小/大于基准值的结点调整排序

(b) 当front==rear时，表示一趟排序结束，将vot交换到最终位置，下一趟两个子序列为begin~rear->prev和front->next~end

(c) 第二趟排序结束，基准值25到达最终位置，下一趟两个子序列为{16}和{}

(d) 当begin==end时，表示循环双链表为空，或者子序列只有一个结点，都不需要排序

(e) 当begin==end->next时，表示子序列为空，不排序

图 9.15　循环双链表的快速排序算法

① 设 begin、end 指定子序列范围，最初分别指向循环双链表的第一个和最后一个结点；vot 指向序列的第一个结点作为基准值。

② 设 front、rear 分别从子序列的两端开始，front 从前向后寻找小于基准值的结点，rear 从后向前寻找大于基准值的结点，调整元素位置进行排序，当 front==rear 时，表示一趟排序

结束，将基准值 vot 交换到最终位置，下一趟两个子序列范围为 begin～rear->prev 和 front->next～end。

③ 重复②，当 begin==end 时，表示循环双链表为空，或者子序列只有一个结点，都不需要排序；当 begin==end->next 时，表示子序列为空，不再排序。

SortedCirDoublyList 排序循环双链表类增加以下深拷贝构造函数，函数体省略。

//重载深拷贝构造函数，由循环双链表 list 构造排序循环双链表，快速排序算法
SortedCirDoublyList(CirDoublyList<T> &list, bool asc)

习 题 9

9-1 什么是排序？待排序数据序列可以具有什么样的存储结构？每种存储结构各有什么适用的排序算法？

9-2 设一个关键字序列为{3,17,12,61,8,70,97,75,53,26,54,61}，分别画出直接插入排序、希尔排序、冒泡排序、快速排序、选择排序、堆排序和归并排序过程。

9-3 什么是排序算法的稳定性？直接插入排序、冒泡排序算法是如何保证排序算法稳定性的？为什么希尔排序、快速排序等算法不能保证排序算法的稳定性？

9-4 希尔排序算法思路是怎样的？适用于什么存储结构？为什么？

9-5 冒泡排序算法采取了什么措施能够将排序序列的排序算法效率提高到 $O(n)$？

9-6 快速排序算法的设计思想是怎样的？适用于什么存储结构？时间复杂度是多少？

9-7 数据序列{5,7,3,4,6,2,1,8}，选取什么样的排序算法只经过一趟排序就能够排好序？

9-8 在一个含有正负数的数据序列中,欲将正负数分类,使负数全部排在序列的前半段,正数全部排在序列的后半段，问采用哪种排序算法？如何实现？

9-9 求一个数据序列中的第 k 小元素，不要将元素全部排序，问采用哪种排序算法？

9-10 什么是堆序列？堆序列在堆排序算法中起什么作用？堆排序算法思路是怎样的？

9-11 判断以下序列是否为堆，若是则指出是最大（小）堆；否则调整为堆，并画出堆对应的完全二叉树。

（1）{100, 86, 48, 73, 35, 39, 42, 57, 66, 21}（2）{12, 70, 33, 65, 24, 56, 48, 92, 86, 33}
（3）{103, 97, 56, 38, 66, 23, 42, 12, 30, 6} （4）{5, 56, 20, 23, 40, 38, 29, 61, 35, 76}

实验 9 排序算法设计及分析

1. 实验目的和要求

通过学习多种排序算法，体会对同一种操作多种不同的算法设计；通过比较各排序算法对于数据存储结构的要求，体会算法设计不依赖于数据存储结构，而算法实现依赖于数据存储结构；通过分析排序算法的效率，研究如何进一步提高算法性能的方法。

要求掌握每种排序算法思路、算法描述、算法设计与算法实现手段，掌握排序算法时间

复杂度和空间复杂度的分析方法，具有排序算法的设计能力。

2．重点与难点

重点：每种排序算法设计思想、算法表达、算法分析与性能评价。
难点：希尔、快速、堆、归并等排序算法的设计思想及实现手段。

3．实验内容

9-1　实现二分法插入排序算法。

9-2　判断一个数据序列是否为堆序列。

9-3　排序顺序表类增加以下成员函数：

void operator+=(SortedSeqList<T> &list)　　　　　　　　//归并两条排序顺序表，*this+=list
SortedSeqList<T> operator+(SeqList<T> &list)　　　　　　//返回*this 和 list 归并的排序顺序表

9-4　排序单链表类增加以下函数：

SortedSinglyList(CirSinglyList<T> &list)　　　　　　　　//由循环单链表构造，直接选择排序
SortedSinglyList<T> operator+(SortedSinglyList<T> &list)　//返回归并的排序单链表

9-5　排序循环双链表类增加以下函数：

SortedCirDoublyList(SinglyList<T> &list, bool asc)　　　　//由单链表构造，直接插入排序
SortedCirDoublyList(CirSinglyList<T> &list, bool asc)　　　//由循环单链表构造，直接选择排序
SortedCirDoublyList(DoublyList<T> &list, bool asc)　　　　//由双链表构造，快速排序算法
SortedCirDoublyList(CirDoublyList<T> &list, bool asc)　　　//由循环双链表构造，快速排序算法
void operator+=(SortedCirDoublyList <T> &list)　　　　　　//归并两条排序循环双链表
SortedCirDoublyList<T> operator+(SortedCirDoublyList<T> &list) //返回归并的排序循环双链表

第 **10** 章

算法设计及应用

"数据结构"是一门理论和实践紧密结合的课程，既要透彻理解抽象的理论知识，又要锻炼程序设计能力。课程设计是巩固所学理论知识、积累程序设计经验、提高算法设计与分析能力的重要实践环节。

本章介绍多种算法设计策略，包括分治法、贪心法、动态规划法和回溯法等，其间给出多个解决问题实例，说明建立数据结构、算法设计与分析等综合应用设计的过程；最后给出数据结构课程设计的目的、要求和参考选题。

10.1　算法设计策略

当求解问题的规模较小时，最直接的解题方法是穷举，就是一个不漏地测试所有可能情况是否符合要求，也称为蛮力法。例如，顺序查找、Brute-Force 模式匹配等算法采用的是穷举策略。

当求解问题的规模较大、难度较大、数据结构较复杂时，无法穷举问题的所有可能解；或者即使能够穷举，花费时间较多，难以承受。解决方法是分解问题。

以下介绍 4 种常用的算法设计策略：分治法、动态规划法、贪心法和回溯法。

10.1.1　分治法

1. 分治策略

分治法（Divide and Conquer）采用分而治之、逐个解决的策略。孙子兵法曰"凡治众如治寡，分数是也。"

采用分治法求解的问题必须具有两个性质：最优子结构和子问题独立。

（1）最优子结构。最优子结构，指一个问题可以分解为若干个规模较小的子问题，各子问题与原问题类型相同；问题的规模缩小到一定程度就能够直接解决；该问题的解包含着其子问题的解，将子问题的解合并最终能够得到原问题的解。

（2）子问题独立。问题所分解出的各子问题是相互独立的，没有重叠部分。

分治法将一个难以直接解决的大问题分解成若干个规模较小的子问题，子问题与原问题类型相同，则求解算法相同；递推分解子问题直到可解的最小规模；分别求解子问题，再将子问题的解合并为一个规模较大子问题的解，从而自底向上地逐步求得原问题的解。因此，分治策略可以用递归算法表达。例如，深度优先搜索遍历二叉树、树和图，二分法查找、快速排序等算法采用的都是分治策略。

2．分治与递归

采用分治策略的递归算法描述如下：

```
结果  求解问题（问题规模）
{
    if （问题规模足够小）                //边界条件，直接解决问题，没有递归调用
        求解小规模子问题;
    else
        while （存在子问题）             //分解成若干个子问题
            求解问题（子问题规模）;       //递归调用
    return 各子问题合并后的解;
}
```

① 线性表的子问题只有一个，因为线性表每个元素只有一个后继元素。问题分解如下：

当前元素；由后继元素开始的子表

② 二叉树、二分法查找、快速排序算法的子问题有 2 个。二叉树问题分解如下：

当前结点；左子树；右子树

③ 树和图的子问题有多个。树问题分解如下，子问题数为子树（孩子结点）个数。

当前结点；以孩子结点为根的若干个子树

图问题分解如下，子问题数为邻接顶点数。

当前顶点；从当前顶点的若干个邻接顶点开始的操作

3．分治法的效率分析

分治法将一个问题分解成数目较少的多个子问题，如果每次划分各子问题的规模近乎相等，则分治策略效率较高。例如，快速排序的最好情况是，每趟分解的两个子序列长度相近，时间复杂度为 $O(n \times \log_2 n)$；最坏情况是，每趟分解的两个子序列长度分别为 0 和 $n-1$，时间复杂度为 $O(n^2)$。同理，二分法查找每次选择序列中间位置进行比较，就是为了获得两个长度相近的子序列，时间复杂度为 $O(\log_2 n)$。顺序查找从序列的一端开始比较，所划分的两个子序列长度分别为 0 和 $n-1$，则算法效率较低，顺序查找时间复杂度为 $O(n)$。

用递归算法表达分治策略，优点是算法结构清晰、可读性强；缺点是递归算法的运行效率较低，无论是耗费的计算时间还是占用的存储空间都比相同问题规模的非递归算法要多。

有些递归定义的问题可以采用循环方式解决，如求阶乘、二分法查找、二叉排序树查找等。那么，哪些能？哪些不能？为什么？

① 对于只分解成一个子问题的递归定义，可采用循环方式，通过递推表达为非递归算法，如求阶乘、遍历线性表、顺序查找等，时间效率和空间效率均较高。

虽然二分法查找、二叉排序树查找将问题分解为 2 个子问题，但每次比较在 2 个子问题中选择了其中一个，后继子问题也只有一个，因此，能够采用循环方式。

② 对于分解成多个子问题的递归定义，采用递归算法。例如，深度优先遍历二叉树、树和图，以及表达式求值、快速排序等，都将问题分解成 2 至多个子问题。如果要表达为非递归算法，则必须使用栈。因为，每个元素有多个后继元素，通过循环方式只能遍历一条路径，当访问完一条路径的元素时，必须通过栈返回前一元素寻找其他路径。这种使用栈将递归定义问题表达为非递归算法的方式，本质上还是递归，只不过本来由运行系统负责实现递归算法的种种操作（如设置系统工作栈，执行递归调用时保存函数参数和局部变量，递归调用结束时返回调用函数，恢复调用函数的参数和局部变量，等等），改由应用程序实现了而已，时间效率和空间效率都没有明显提高。

10.1.2 动态规划法

采用动态规划法（Dynamic Programming）求解的问题必须具有两个性质：最优子结构和子问题重叠。

与分治法相同，动态规划法具有最优子结构性质。动态规划法的解决方法，也是将一个大问题分解为若干个规模较小的子问题，通过合并求解的子问题而得到原问题的解。

与分治法不同，动态规划法的子问题重叠，指分解出的子问题不是互相独立的，有重叠部分。如果采用分治法求解，重叠的子问题将被重复计算多次。

动态规划法采用备忘录做法解决子问题重叠。对每个子问题只求解一次，保存每个子问题的计算结果，就像一个备忘录，当需要再次求解某个子问题时，只要查找备忘录中的结果即可，要求备忘录的查找时间为常数。

例如，求素数、求解 Fibonacci 数列（题见 4.4 节）第 n 项等问题，都具有最优子结构和子问题重叠性质，采用动态规划法，声明一个一维数组作为备忘录保存已计算出的素数或数列各项值；为之后的运算提供子问题结果值。

【例 10.1】采用动态规划法计算组合数 C_n^m。

组合数 C_n^m 定义为

$$C_n^m = \begin{cases} 1 & n>0, m=0\text{或}m=n \\ C_{n-1}^{m-1} + C_{n-1}^m & n>m>0 \end{cases}$$

该定义将 C_n^m 递推分解为两个子问题 C_{n-1}^{m-1} 和 C_{n-1}^m，子问题与原问题类型相同，子问题重叠。将 C_5^3 逐步递推分解得到的二叉树结构如图 10.1 所示，其中，将 C_5^3 分解成 C_4^2 和 C_4^3 子问题，C_4^2 和 C_4^3 存在重叠的 C_3^2 子问题；C_3^1 和 C_3^2 存在重叠的 C_2^1 子问题。

① 分治法。利用最优子结构性质，采用分治法的递归算法如下：

```
int combine(int m, int n)                      //返回组合数 C_n^m，分治策略递归算法
{
    if (n>0 && (m==0 || m==n))                  //边界条件，直接解决问题，没有递归调用
        return 1;
    if (m>0 && n>m)            //下一句分解成 2 个子问题，递归调用，返回各问题合并后的解
        return combine(m-1, n-1) + combine(m, n-1);
    throw invalid_argument("组合数参数错误。");    //抛出无效参数异常
}
```

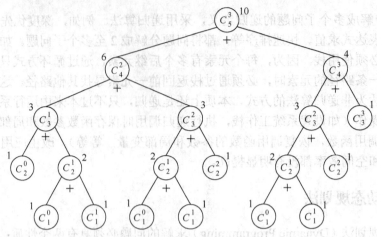

图 10.1　递推分解 C_5^3 的二叉树结构

上述分治法忽略了子问题重叠，对重叠的 C_3^2、C_2^1 等子问题重复计算了多次。

② 动态规划法。声明一个二维数组作为备忘录保存 C_n^m 子问题结果值，将 C_n^m 递推分解的若干子问题结果值按 m、n 依次排列，得到的是杨辉三角（题意详见实验 1），如图 10.2 所示。

m \ n	0	1	2	3	4	5
0	1					
1	1	1				
2	1	2	1			
3	1	3	3	1		
4	1	4	6	4	1	
5	1	5	10	10	5	1

备注：杨辉三角有此行，C_n^m 无 n=0 取值

图 10.2　保存递推分解 C_5^3 的子问题结果值

采用动态规划法求组合数 C_n^m 函数如下。

```
int** createYanghui(int n)          //求 n 行杨辉三角，返回三角形的动态二维数组首地址
{
    if (n<=0)
        return NULL;
    int **yanghui = new int*[n];    //申请 n 个一维数组(n 行)，元素类型为 int*
    for (int i=0; i<n; i++)
    {   yanghui[i] = new int[i+1];  //每行申请 i+1 个元素的一维数组，类型为 int
        yanghui[i][0] = yanghui[i][i] = 1;  //每行首尾值为 1
        for (int j=1; j<i; j++)
            yanghui[i][j] = yanghui[i-1][j-1]+yanghui[i-1][j];
                            //第 i 行 j 列元素为其上一行（i-1）前两个元素（j-1、j）之和
    }
    return yanghui;                 //返回二维数组首地址
}
void print(int **yanghui, int n)    //输出三角形的动态二维数组，省略
```

```
int combination(int** yanghui, int m, int n)          //从杨辉三角二维数组获得组合数 $C_n^m$ 返回
{
    if (n>0 && (m==0 || m==n))
        return 1;
    if (m>0 && n>m && yanghui!=NULL)
        return yanghui[n][m];
    throw invalid_argument("组合数参数错误。");         //抛出无效参数异常
}
```

设上述问题规模为 n，采用分治法的时间复杂度是 $O(2^n)$。采用动态规划法生成杨辉三角的时间复杂度是 $O(n^2)$，从杨辉三角得到 C_n^m 结果值的时间复杂度是 $O(1)$，空间复杂度是 $O(n^2)$。

10.1.3 贪心法

给定一个问题解的约束条件和表示最优结果的目标函数，满足约束条件的解称为**可用解**；使给定目标函数达到最大（或最小）值的可用解称为**最优解**。例如，生活中的找零钱问题，买了一样东西 36.4 元，付 100 元，应找零 63.6 元，如何选择币值？如何使选取的人民币张数最少？

该问题解的约束条件是多张币值之和为 63.6 元；表示最优结果的目标函数是使选取的人民币张数最少。多个可用解和最优解如下：

```
63.6 元 = 10 元×6+1 元×3+0.1 元×6          //15 张（个），可用解
63.6 = 50+10+2+1+0.5+0.1                    //6 张（个），最优解
```

为获得最优解，采取了贪心选择策略，每次选择一张面值最接近剩余额的人民币。

1. 贪心选择策略

采用贪心法（Greedy）求解的问题必须具有两个性质：贪心选择和最优子结构。贪心选择性质，指求解问题的全局最优解可以通过一系列局部最优选择（称为贪心选择）获得。贪心法用于选择最小/大值的场合。

当求解一个问题的最优解时，贪心法将最优子结构问题的求解过程分成若干步骤，每一步都在当前状态下做出局部最好选择，通过逐步迭代，期望通过各阶段的局部最优选择获得问题的全局最优解。

求解数据序列最小值算法描述如 10.3 所示，该问题具有最优子结构和贪心选择性质。

已知一个数据序列 keys 有 n 个元素，采用贪心选择策略，分 n 步求解：

① 设 min 表示长度为 $i+1$（$0 \leq i < n$）子序列的最小值序号，初值 $i=0$，min=0。

② 迭代过程，i 从 $0 \sim n-1$ 递增变化，每一步求长度为 $i+1$ 子序列的最小值，只增加一次比较，即比较 keys[i] 与前 i 个元素子序列的最小值 keys[min]，若更小，则替换 min 值为 i。

在逐步求解过程中，min 记载每步贪心选择结果，随着子序列长度递增，min 由局部最优选择最终成为全局最优解。时间复杂度是 $O(n)$。

	0	1	2	3	4	5	
关键字序列	38	97	26	19	38*	15	
子序列长度为 1	38						min=0
	i						
2	{ 38 }	97					min=0
		i					
3	{ 38	97 }	26				min=2
			i 更小者				
......							
6	{ 38	97	26	19	38* }	15	min=5
						i 更小者	

图 10.3　采用贪心选择策略求解数据序列的最小值

2. 采用贪心策略的算法

第 7 章的 Prim、Dijkstra、Floyd 等算法都是采用贪心策略逐步求解的。

Prim 算法采用贪心策略，从图中某个顶点开始，每步选择一条满足 MST 性质且权值最小的边来扩充最小生成树 T，并将其他连接 TV 与 $V-TV$ 集合的边替换为权值更小的边；随着 TV 逐步扩大，直到 $TV=V$，通过局部最小值迭代替换，最终获得全局最小值，构造了一棵最小生成树。带权无向图 G_6 的 Prim 算法求解过程（从顶点 A 开始）如图 10.4 所示。

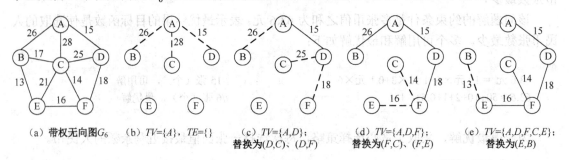

（a）带权无向图 G_6　（b）$TV=\{A\}$，$TE=\{\}$　（c）$TV=\{A,D\}$；替换为(D,C)、(D,F)　（d）$TV=\{A,D,F\}$；替换为(F,C)、(F,E)　（e）$TV=\{A,D,F,C,E\}$；替换为(E,B)

图 10.4　Prim 算法采用贪心选择策略的求解过程

Dijkstra 算法采用贪心策略，从图中指定顶点开始，每步确定（扩充）一条最短路径，并将其他路径替换为更短的；通过局部最优选择逐步迭代替换，最终获得全局最优解。带权无向图 G_3 的 Dijkstra 算法求解过程（顶点 A 的单源最短路径）如图 10.5 所示。

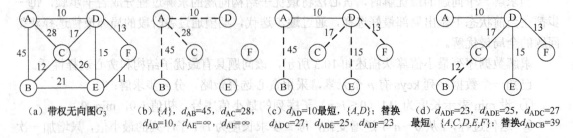

（a）带权无向图G_3　（b）$\{A\}$，$d_{AB}=45$，$d_{AC}=28$，$d_{AD}=10$，$d_{AE}=\infty$，$d_{AF}=\infty$　（c）$d_{AD}=10$最短，$\{A,D\}$；替换 $d_{ADC}=27$，$d_{ADE}=25$，$d_{ADF}=23$　（d）$d_{ADF}=23$，$d_{ADE}=25$，$d_{ADC}=27$最短，$\{A,C,D,E,F\}$；替换$d_{ADCB}=39$

图 10.5　Dijkstra 算法采用贪心选择策略的求解过程

Floyd 算法使用两个矩阵 P 和 D 分别存储图中每对顶点间的最短路径及其长度；采用贪

心策略，每步用经过其他顶点的更短路径替换，经过多次迭代，最终获得每对顶点间的最短路径及长度。

3．贪心法与动态规划法的区别

分治法、动态规划法和贪心法都具有最优子结构性质。贪心选择性质是贪心法的第一个基本要素，也是贪心法与分治法、动态规划法的主要区别。

分治法与动态规划法，原问题的解依赖各子问题的解，只有在求出子问题的解后，才能得到原问题的解。因此，分治法与动态规划法分解问题的过程是自顶向下的，而求解问题的过程却是自底向上的，与递归调用与返回过程一致。

贪心法，仅在当前状态下做出局部最优选择，然后再去求解其后产生的子问题。贪心选择依赖以往所做过的选择，不依赖子问题的解。因此，贪心法求解问题的过程是以自顶向下的，每次贪心选择将所求问题简化为规模更小的子问题，经过若干次迭代，最终获得最优解。

4．最小堆

许多算法需要调用求最大/小值问题，如优先队列、Huffman、Prim、Kruskal、Dijkstra、Floyd、选择排序等。如果只求一次最大/小值，则可采用图10.3描述的算法；如果需要频繁求最大/小值，可创建最大/小堆序列，如堆排序算法。

（1）比较器抽象类

比较器抽象类 Comparator 声明如下，声明 compare(T,T)纯虚函数，为 T 类的两个对象提供比较大小的规则，该纯虚函数由子类实现，表现为运行时覆盖。

```
template <class T>
class Comparator                             //比较器抽象类
{
  public:
      virtual int compare(T obj1, T obj2)=0;   //提供 T 类的两个对象比较大小的规则，纯虚函数
};
```

（2）最小堆类声明

最小堆类 MinHeap 声明如下，使用顺序表成员变量存储最小堆元素。声明 Comparator<T> 比较器对象指针 comp，约定若 comp 指针不空，则由*comp 比较器对象比较 T 对象大小；否则由 T 的>运算符比较 T 对象大小。为 T 类提供多种比较对象大小的规则。

```
#include "SeqList.h"                          //顺序表类
#include "Comparator.h"                       //比较器抽象类
template <class T>
class MinHeap                                 //最小堆类，T 必须重载>运算符
{
  private:
    SeqList<T> list;                          //使用顺序表存储最小堆元素
    Comparator<T> *comp;                      //比较器对象指针
    void sift(int parent);                    //将以 parent 为根的子树调整成最小堆
```

```
public:
    MinHeap(Comparator<T> *comp=NULL)              //构造空最小堆，comp 指定比较器对象指针
    {                                              //此处执行 SeqList<T>(), 顺序表容量为默认值
        this->comp = comp;
    }
    MinHeap(T value[], int n, Comparator<T> *comp=NULL) //构造最小堆，value 数组提供元素
    {                                              //此处执行 SeqList<T>()
        this->comp = comp;
        for (int i=0; i<n; i++)
            this->insert(value[i]);                //数组元素插入最小堆
    }
    bool empty()                                   //判断是否空堆
    {   return this->list.empty();
    }
    int count()                                    //返回最小堆元素个数
    {   return this->list.count();
    }
    friend ostream& operator<<(ostream& out, MinHeap<T> &heap) //输出最小堆，形式为 "(,)"
    {
        out<<heap.list;
        return out;
    }
    void insert(T x);                              //将 x 插入到最小堆中
    T removeMin();                                 //返回最小值，删除根结点并调整为最小堆
};
```

（3）最小堆插入元素

在最小堆中插入一个元素的算法描述如图 10.6 所示。将元素添加在堆序列最后，再自下而上调整该元素所在的多棵子二叉树（直到根）为最小堆。这样可以大程度地减少因顺序表插入元素而产生的数据移动。

最小堆 {5, 31, 11, 49, 90, 99, 47, 87}

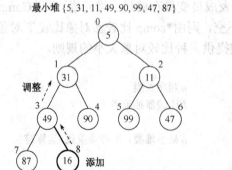
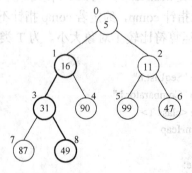

（a）在最小堆最后添加元素16，自下而上
调整元素16所在的多棵子二叉树为最小堆

（b）最小堆 {5, 16, 11, 31, 90, 99, 47, 87, 49}

图 10.6　最小堆插入元素

在顺序表最后插入一个元素的时间为 $O(1)$，再调整该元素到最小堆的合适位置，最多经过一条从叶子到根的路径，路径长度≤完全二叉树高度 $h = \lfloor \log_2 n \rfloor + 1$，时间复杂度是 $O(\log_2 n)$。

最小堆插入元素算法实现如下：

```
template <class T>
void MinHeap<T>::insert(T x)                          //将 x 插入到最小堆中
{
    this->list.insert(x);        //在最小堆最后插入元素，顺序表尾插入元素，顺序表自动计数和扩容
    for (int i=this->count()/2-1; i>=0; i=(i-1)/2)          //自下而上调整各子二叉树为最小堆
    {    sift(i);
         if(i==0)
             break;
    }
}
template <class T>
void MinHeap<T>::sift(int parent)                     //将以 parent 为根的子树调整成最小堆，T 必须重载>
{
    if (this->empty())
        return;
    int child = 2*parent+1;                          //child 为子树根 parent 结点的左孩子
    T key = this->list[parent];                      //获得第 parent 个元素的值
    while (child<this->count())                       //沿较小值孩子结点向下筛选
    {    if (child<this->count()-1)
         {    T left=list[child], right=list[child+1];          //左右孩子结点值
              if (comp!=NULL ? comp->compare(left, right)>0 : left>right)
                  //若 comp 指针不空，由*comp 比较器对象比较 T 对象大小；否则执行 T 的>运算
                  child++;                                  //child 为左右孩子的较小者
         }
         if (comp!=NULL ? comp->compare(key, list[child])>0 : key>list[child])
         {                                          //若父母结点值较大
              list[parent] = list[child]);                 //孩子结点中的较小值上移
              parent = child;                              //parent、child 向下一层
              child = 2*parent+1;
         }
         else break;
    }
    this->list[parent] = key;                       //当前子树的原根值调整后的位置
}
```

（4）最小堆删除元素

取走一个最小堆的最小值，必须删除根结点。对于顺序存储的完全二叉树，既不能单独释放根结点占用的存储单元，也不能采用删除顺序表第 0 个元素（因为数据移动太多且破坏了堆序列），只能用其他元素替换。

最小堆删除根元素的算法描述如图 10.7 所示，用堆序列的最后一个元素替换根元素，删除最后一个元素，时间为 $O(1)$；再调整二叉树为最小堆，将根元素下沉到合适位置，时间复杂度是 $O(\log_2 n)$。此时，只调整一次即可，因为二叉树的其他子树已经是最小堆。

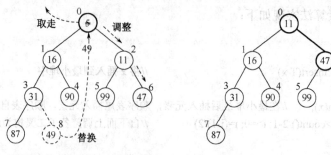

（c）返回最小值（根元素），用堆最后元素替换根元素，再调整二叉树为最小堆

（d）最小堆 {11, 16, 47, 31, 90, 99, 49, 87}

图 10.7　最小堆返回最小值，删除元素

最小堆返回最小值、删除元素算法实现如下：

```
template <class T>
T MinHeap<T>::removeMin()                         //返回最小值，删除根结点并调整为最小堆
{
    if (this->empty())
        return NULL;
    T x = this->list[0];                          //获得最小堆根结点元素
    list[0] = list[this->count()-1]);             //将最后位置元素移到根，即删除根
    this->list.remove(this->count()-1);           //顺序表尾删除，长度自动减 1
    sift(0);                                       //调整根值下沉到最小堆的合适位置
    return x;
}
```

5. Kruskal 算法实现

Kruskal 算法构造带权无向图的最小生成树，采取不断合并树的策略，算法描述详见 7.4.2 节。带权无向图 G_6 的 Kruskal 算法求解过程如图 10.8 所示。

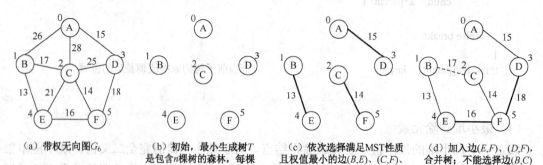

（a）带权无向图 G_6

（b）初始，最小生成树 T 是包含 n 棵树的森林，每棵树只有一个顶点；$TE=\{\}$

（c）依次选择满足MST性质且权值最小的边(B,E)、(C,F)、(A,D)加入TE，合并树

（d）加入边(E,F)、(D,F)，合并树；不能选择边(B,C)

图 10.8　带权无向图 G_6 的 Kruskal 算法求解过程

实现 Kruskal 算法需要解决两个关键问题：其一，每次选择一条权值最小的边；其二，森林对应的集合表示问题，以及集合包含元素和集合并运算。

以下采用最小堆选择权值最小的边，采用并查集表示森林对应的集合及其运算。

（1）带权值的边按权值比较大小

第 7 章使用 Triple 类（5.2.2 节，稀疏矩阵元素三元组）表示图带权值的边类，Triple 类已重载==、!=、>、>=、<、<=关系运算符，约定边排序按起点优先规则，只比较起点和终点，不比较权值。

本例求解 Kruskal 算法还需要按权值比较边的大小，因此，声明 TripleComparator 比较器类如下，为 Triple 类提供按权值比较边大小的规则。

```
#include "Triple.h"
//Triple 对象比较器类，提供 Triple 类对象按 value 比较大小的函数，继承比较器抽象类
class TripleComparator : public Comparator<Triple>
{
    public:
        int compare(Triple e1, Triple e2)              //覆盖基类的纯虚函数
        {    return e1.value - e2.value;
        }
};
```

（2）最小生成树类

最小生成树类 MinSpanTree 声明如下，声明 mst 顺序表存储一个带权无向图最小生成树的边集合，cost 存储最小生成树代价。

构造函数以 Kruskal 算法构造连通无向带权图的最小生成树，其中将图的所有边按权值大小存储在一个最小堆中，则获得一条最小权值的边（即最小堆的根值）的时间复杂度是 $O(1)$；此外，一个森林的顶点集合由一个并查集对象表示，并查集 UnionFindSet 类（稍后给出声明）提供集合并运算 combine(int i, int j)，合并元素 i 和 j 所在的两个不同集合。

```
#include "TripleComparator.h"            //Triple 对象比较器类
#include "MinHeap.h"                     //最小堆类
#include "UnionFindSet.h"                //并查集类

class MinSpanTree            //最小生成树类，求一个带权无向图最小生成树的边集合及最小代价
{
    public:
        //以 Kruskal 算法构造带权无向图的最小生成树并求代价，使用最小堆和并查集。vertexCount
        //指定图的顶点数，edges 数组指定图的所有边（每边表示一次），edgeCount 指定图的边数
        MinSpanTree::MinSpanTree(int vertexCount, Triple edges[], int edgeCount)
        {
            SeqList<Triple> mst(vertexCount-1); //mst 存储最小生成树的边集合，边数为顶点数–1
            int cost=0;                                //最小生成树代价
            Comparator<Triple> *comp = new TripleComparator();   //比较器对象指针
            MinHeap<Triple> minheap(edges, edgeCount, comp);
            //使用最小堆存储一个图的所有边，由*comp 比较器对象提供按权值比较边大小的函数
```

```
            UnionFindSet ufset(vertexCount);              //并查集对象
            cout<<"并查集: "<<ufset<<"最小堆: "<<minheap;
            for (int j=0; j<vertexCount; j++)              //共选出"顶点数-1"条边
            {    Triple minedge = minheap.removeMin();      //删除最小堆的根，返回权值最小的边
                 cout<<"最小边"<<minedge<<", ";
                 if (ufset.combine(minedge.row, minedge.column))
                 {                                          //若最小权值边的起点和终点所在的两个集合合并
                      mst.insert(minedge);                  //该边加入最小生成树
                      cost += minedge.value;                //计算最小生成树的代价
                      cout<<"插入边"<<minedge<<", 并查集: "<<ufset;
                 }
            }
            cout<<"最小生成树的边集合: "<<mst<<", 最小代价为"<<cost<<endl;
    }
};
```

为了突出重点，MinSpanTree 类没有存储图的顶点集。也可声明 MinSpanTree<T>类的构造函数如下，从参数 graph 指定的带权无向图对象获得顶点数和边集合。

```
MinSpanTree::MinSpanTree(AbstractGraphint<T> &graph)
```

【例 10.2】使用最小堆和并查集实现 Kruskal 算法。

以 Kruskal 算法构造带权无向图 G_6 的最小生成树，已知 G_6 的顶点集合为{A,B,C,D,E,F}，顶点序号依次为 0～5，调用程序如下。

```
#include "MinSpanTree.h"
int main()
{
    Triple edges[]={Triple(0,1,26), Triple(0,2,28), Triple(0,3,15), Triple(1,2,17), Triple(1,4,13),
                    Triple(2,3,25), Triple(2,4,21), Triple(2,5,14), Triple(3,5,18) , Triple(4,5,16)};
                                                   //带权无向图 G6 的边集合（每边只表示一次）
    MinSpanTree mstree(6, edges, 10);
    return 0;
}
```

程序运行结果如下，其中，带权无向图 G_6 所有边按权值构造的最小堆如图 10.9 所示。

带权无向图 G_6 最小生成树的边集合：(1,4,13) (2,5,14) (0,3,15) (4,5,16) (3,5,18)，最小代价 76。

（3）并查集类

并查集（Union-find Set）是一种主要提供查找和合并运算的集合。

〈1〉以树的父指针数组表示一个集合

并查集以一棵树表示一个集合，树中一个结点表示集合中一个元素。树的存储结构是父指针数组 parent[]，数组元素 parent[i]（0≤i<n）定义为两种情况：

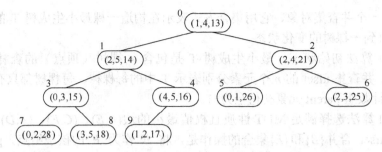

最小堆：(1,4,13), (2,5,14), (2,4,21), (0,3,15), (4,5,16), (0,1,26), (2,3,25), (0,2,28), (3,5,18), (1,2,17)

图 10.9 带权无向图 G_6 所有边按权值大小构造的最小堆

$$parent[i]=\begin{cases}负数，其绝对值为以结点i为根的一棵树的结点个数 & 当i是一棵树的根结点\\ 结点i的父结点元素下标 & 当i不是一棵树的根结点\end{cases}$$

在例 10.2 以 Kruskal 算法求带权无向图 G_6 最小生成树的过程中，使用的并查集对象及其逐步变化情况如图 10.10 所示。

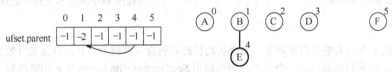

（a）初始状态，ufset集合是包含n棵树的森林，parent数组元素值为-1，表示每棵树只有一个结点

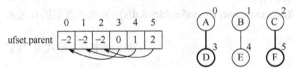

（b）合并{B}和{E}树，将E作为B的孩子结点，parent[4]=1（父结点下标），parent[1]=-2（绝对值为树结点数）

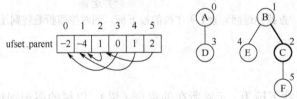

（c）合并{C}和{F}树，将F作为C的孩子结点，parent[5]=2，parent[2]=-2；
合并{A}和{D}树，将D作为A的孩子结点，parent[3]=0，parent[0]=-2

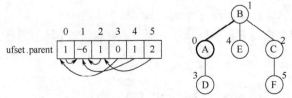

（d）合并E、F所在的两棵树，首先分别查找到E、F所在树的根结点B、C，将C作为B
的孩子结点，parent[2]=1，parent[1]=-4

（e）合并D、F所在的两棵树，首先分别查找到D、F所在树的根结点A、B，
将A作为B的孩子结点，parent[0]=1，parent[1]=-6

图 10.10 例 10.2 以 Kruskal 算法构造最小生成树时使用的并查集

设 ufset 是一个并查集对象，它用集合方式表示在构造一棵最小生成树 T 的过程中，将森林逐步合并直到一棵树的变化状态。

① Kruskal 算法初始状态，最小生成树 T 是包含 n 棵树（顶点）的森林，没有边，见图 10.8（b）。并查集 ufset 的 n 个元素分别表示 T 中的每棵树，每棵树都只有根结点，所以 ufset 的父指针数组 parent 元素初值全为-1。

② Kruskal 算法选择满足 MDT 性质且权值最小的边(B,E)、(C,F)、(A,D)加入 TE，见图 10.8（c）。ufset 合并{B}和{E}集合的操作是，将 E 作为 B 的孩子结点，parent[4]=1，parent[1]=-2。同理，ufset 再合并{C}和{F}，合并{A}和{D}。

③ Kruskal 算法加入边(E,F)、(D,F)，见图 10.8（d）。集合 ufset 要合并 E、F 所在的两棵树，首先分别查找到 E、F 所在树的根结点 B、C，将 C 作为 B 的孩子结点。集合 ufset 合并 D、F 所在的两棵树，操作相同，由于{A,D}集合元素个数少，合并时将 A 作为 B 的孩子结点，使得合并后的树高度低，查找效率高。

并查集 UnionFindSet 类声明如下，主要有构造函数、查找和集合并 3 种操作。

```
class UnionFindSet                                  //并查集类
{
  private:
    SeqList<int> parent;                            //使用顺序表表示父指针数组

  public:
    //构造有 n 个元素的并查集对象，集合初始状态是包含 n 棵树的森林，其父指针数组元素值
    //为-1，表示每棵树只有一个结点。声明调用 SeqList<int>(int length, T x)构造函数
    UnionFindSet(int n) : parent(n,-1){}
    friend ostream& operator<<(ostream& out, UnionFindSet &ufs) //输出并查集所有元素
    {
        out<<ufs.parent;                            //输出顺序表，形式为 "(,)"
        return out;
    }
    int findRoot(int i);                            //查找并返回元素 i 所在树的根下标
    bool combine(int i, int j);                     //集合并运算
    int collapsingFind(int i);   //查找并返回元素 i 所在树的根下标，同时按照折叠规则压缩路径
};
```

〈2〉并查集的查找运算

以下 findRoot(int i)函数查找下标为 i 元素所在的集合（树），以树的根识别集合，返回树的根结点下标。算法沿着父指针向上寻找直到根结点。

```
int UnionFindSet::findRoot(int i)
{
    while (parent[i]>=0)
        i = parent[i];
    return i;
}
```

〈3〉并查集的合并运算

以下 combine(int i, int j)函数实现集合并运算，合并结点 i 和 j 所在的两个集合，返回合并与否的结果。当 i、j 不在同一个集合中时，才能合并。判断 i、j 在不在同一棵树（集合）中的依据是，调用 findRoot(i)和 findRoot(j)函数，分别获得 i 和 j 所在树的根，若根相同，则 i、j 在同一棵树中；否则不在。

合并 i 和 j 所在的两棵树，要根据两棵树的结点数，确定以谁为根，显然，将结点数较多的一棵树的根作为另一棵树根的孩子结点，这样能降低合并后树的高度，见图 10.10（e）。

```
bool UnionFindSet::combine(int i, int j)
{
    int rooti=findRoot(i), rootj=findRoot(j);  //rooti、rootj 分别获得 i 和 j 所在树的根
    if (rooti!=rootj)                           //当 i、j 不在同一棵树中时，则合并 i 和 j 所在的两棵树
        if (parent[rooti] <= parent[rootj])     //rooti 树结点数（负）较多
        {                                       //将 j 所在的树合并到 i 所在的树
            parent[rooti] += parent[rootj];     //结点数相加
            parent[rootj] = rooti;              //将 rootj 作为 rooti 的孩子，数组元素为父结点下标
        }
        else                                    //将 i 所在的树合并到 j 所在的树
        {   parent[rootj] += parent[rooti];
            parent[rooti] = rootj;
        }
    return rooti!=rootj;                        //返回合并与否结果
}
```

〈4〉查找时折叠压缩路径

为了提高并查集元素的查找效率，需要降低树的高度。操作是，在查找一个元素 i 时，执行折叠压缩路径算法，即沿着父指针向上寻找直到根，将从 i 到根路径上的所有结点都改成根的孩子。例如，在图 10.10（e）中查找 F 所在的集合，同时将从 F 到根路径上的所有结点都改成为根 B 的孩子，则图 10.10（e）结果改为如图 10.11 所示。

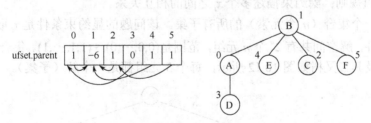

图 10.11 查找集合元素时采用折叠规则压缩路径

执行折叠压缩路径的 collapsingFind(i)查找算法声明如下，代替之前的 findRoot(i)。

```
//查找并返回元素 i 所在树的根下标，同时按照折叠规则压缩路径
//算法沿着父指针向上寻找直到根，将从 i 到根路径上的所有结点都改成根的孩子
int UnionFindSet::collapsingFind(int i)
{
```

```
    int root=i;
    while (parent[root]>=0)                      //找到 i 所在树的根结点下标
        root = parent[root];
    while (root!=i && parent[i]!=root)           //当 i 不是根且不是根的孩子时
    {   int pa = parent[i];
        parent[i]=root;                          //将 i 作为 root 的孩子结点
        i=pa;                                    //向上到 i 的父结点
    }
    return root;                                 //返回根结点下标
}
```

10.1.4 回溯法

回溯法（Backtracking）用于求一个问题满足约束条件的所有解。它在问题的解空间中，以深度优先策略搜索满足约束条件的所有解。二叉树、树和图的深度优先搜索遍历算法采用的是回溯法。

用回溯法解题通常包含以下 3 个步骤：

① 定义所求问题的解空间。

② 构造易于搜索的解空间结构。

③ 以深度优先方式搜索解空间，并在搜索过程中用剪枝函数避免无效搜索。

1. 问题的解空间及解空间树

将问题的一个解表示成由 n 个元素 $x_i \in S_i$（$0 \leq i < n$）组成的一个 n 元组 (x_0, x_1, L, x_{n-1})。问题的**解空间**指 (x_0, x_1, L, x_{n-1}) 的定义域，即 x_i 分别取集合 S_i 中的每个值所组成的 n 元组集合。满足约束条件的一个 n 元组称为一个**解向量**。

将解空间组织成一棵树，每个结点表示一个元素，每条边的权表示元素的一个取值，从根结点到叶子结点的一条路径表示一个 n 元组。

约束集指问题的所有约束条件的集合。约束条件分为显约束和隐约束，**显约束**指每个 x_i 从集合 S_i 的取值规则；**隐约束**描述多个 x_i 之间的相互关系。

例如，求一个集合（n 个元素）的所有子集。该问题的显约束条件是 x_i 取值为 0 或 1，没有隐约束条件，解空间共有 2^n 个 n 元组，范围是 $(0,0,\cdots,0) \sim (1,1,\cdots,1)$。集合 $\{A,B,C\}$ 的所有子集的解空间及其二叉树如图 10.12 所示，每个 3 元组都是一个解（子集）。

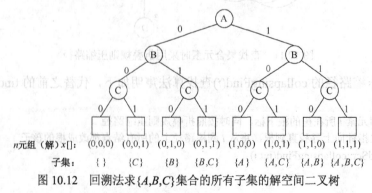

图 10.12　回溯法求 $\{A,B,C\}$ 集合的所有子集的解空间二叉树

2．约束集的完备性

约束集的完备性指，若一个 i（$1 \leq i \leq n$）元组 (x_0, x_1, L, x_{i-1}) 违反涉及元素 x_0, x_1, L, x_{i-1} 的一个约束条件，则以 (x_0, x_1, L, x_{i-1}) 为前缀的任何 n 元组 $(x_0, x_1, L, x_{i-1}, L, x_{n-1})$ 一定也违反相应的约束条件。

3．回溯策略

在解空间中搜索一个解，等价于在解空间树中搜索一个叶子结点，从根到该叶子结点的路径上依次的 n 条边的权 x_0, x_1, L, x_{n-1} 满足约束集的全部约束。

在解空间树中搜索一个叶子结点，搜索路径从根结点开始，逐层深入，每深入一层，路径延长一步，逐步构成 n 元组：(x_0)，(x_0, x_1)，…，(x_0, x_1, L, x_{i-1})，…，(x_0, x_1, L, x_{n-1})。

约束集的完备性意为，一旦检测确定某个 i（$1 \leq i \leq n$）元组 (x_0, x_1, L, x_{i-1}) 不满足约束条件，则不必再测试以 (x_0, x_1, L, x_{i-1}) 为前缀的任何 n 元组 $(x_0, x_1, L, x_{i-1}, L, x_{n-1})$。这是回溯策略的依据。因此，问题的约束集具有完备性是可采用回溯法求解的前提。

（1）深度优先搜索

回溯法采用深度优先搜索策略，以先根次序遍历解空间树，搜索满足约束条件的一个解或所有解。从根结点出发，每到达一个结点，从根到该结点的一条路径构成一个 i 元组 (x_0, x_1, L, x_{i-1})，判断 (x_0, x_1, L, x_{i-1}) 是否满足约束条件，若满足，则继续搜索它的子树；否则，根据约束集完备性原则，放弃搜索它的所有子树，返回父母结点，再搜索其他子树。

当搜索到达一个叶子结点时，从根到该叶子结点的路径构成一个 n 元组 $(x_0, x_1, \cdots, x_{n-1})$。若 $(x_0, x_1, \cdots, x_{n-1})$ 满足约束条件，则它就是一个解。用回溯法求问题的所有解时，必须回溯到根结点且搜索完根结点的所有子树后才能结束。

（2）剪枝

放弃搜索解空间树的某些子树称为**剪枝**。回溯法搜索解空间树时，通常采用以下两种剪枝函数避免无效搜索，提高搜索效率。

① **约束剪枝**：用约束函数在分支结点处剪去不满足约束的子树。

② **限界剪枝**：用限界函数剪去得不到解的子树。

（3）递归回溯与迭代回溯

由于回溯法采用深度优先搜索策略对解空间树进行搜索，因此，用递归算法实现回溯法，通常称为**递归回溯**。有些问题的变化规律简单明确，可将递归回溯表达为一个非递归的迭代过程，称为**迭代回溯**。

【例 10.3】采用回溯法求 C_n^m 组合问题。

本例采用回溯法，输出从 n 个元素中选择 m 个元素的所有组合 C_n^m。该问题的显约束条件是 x_i 取值为 0 或 1，隐约束条件是取值为 1 的 x_i 个数为 m（$0 \leq m < n$）。从集合 $\{A, B, C\}$ 中选择 m（$0 \leq m < 3$）个元素的所有组合的解空间树同图 10.12 所示，其中某些 3 元组不是解。采用回溯法可搜索到解空间中的每个 3 元组，再判断其是否满足约束条件，这样做效率太低。以下采用回溯法的约束和限界剪枝策略避免无效搜索。

① 约束剪枝。对问题的解空间树进行约束剪枝，将不满足约束条件（取值为 1 的 x_i 个数 $> m$）的子树剪去。C_3^0、C_3^1、C_3^2 的约束剪枝结果如图 10.13 所示，C_3^3 没有进行约束剪枝。

数据结构（C++版）（第3版）

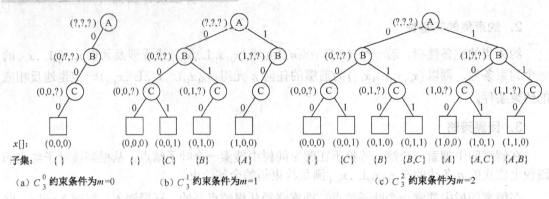

图 10.13　对 C_3^m 组合问题的解空间树进行约束剪枝

　　② 限界剪枝。图 10.13 中，C_3^2 的约束剪枝仍然存在诸如(0,0,?)等的无效搜索，因为，(0,0,?)剩余 1 项选择，即使全为 1，也不可能满足 $m=2$。因此，还要判断每个结点的剩余选择能否得到解，将确定不能得到解的子树剪去。C_3^m 组合问题增加限界剪枝结果如图 10.14 所示。

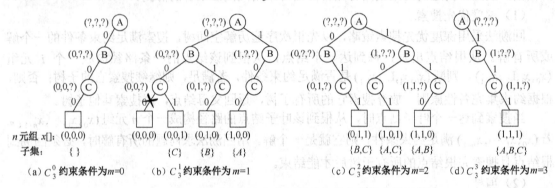

图 10.14　对 C_3^m 组合问题的解空间树进行约束剪枝和限界剪枝

　　算法实现如下：

```
template <class T>
void printX(T set[], int n, bool x[])        //输出 set 的一个子集，形式为"{,}"
{
    cout<<"{";
    bool first=true;
    for (int i=0; i<n; i++)
        if (x[i])
        {   if (!first)
                cout<<",";
            else    first = !first;
            cout<<set[i];
        }
    cout<<"} ";
}
template <class T>
void printCombined(T set[], int m, int n)    //输出从 set 集合的 n 个元素中选择 m 个元素的所有组合
```

```
{
    bool *x = new bool[n];                                    //一个 n 元组，初值全为 true，解向量
    printCombined(set, m, n, x, 0, 0);
    cout<<endl;
}
//从 set 集合的 n 个元素中选择 m 个元素的所有组合，x[]表示一个 n 元组（解向量），递归回溯
//求 x[i]元素值，0≤i<n；设 j（≥0）表示 n 元组 x[]中取值为 1 的 x_i 个数，则 j<m 是约束条件
template <class T>
void printCombined(T set[], int m, int n, bool x[], int i, int j)
{
    if (i<n)
    {   if (j+n-i>m)                      //限界剪枝，仅当 j 加剩余 n-i 个选择可能得到解时，搜索子树
        {   x[i]=false;                              //左子树取值
            printCombined(set, m, n, x, i+1, j);     //求 x[i+1]元素值，j 没变，递归调用
        }
        if (j<m)                                   //约束剪枝，仅当满足约束条件时，搜索子树
        {   x[i]=true;                             //右子树取值
            printCombined(set, m, n, x, i+1, j+1);   //求 x[i+1]元素值，j+1，递归调用
        }
    }
    else    printX(set, n, x);          //递归结束，遍历一条从根到叶子的路径，得到一个解输出
}
```

其中，printCombined(T set[], int m, int n, bool x[], int i, int j)函数采用递归回溯，在解空间树中进行搜索，约束剪枝条件是 $j<m$，j 是一个 n 元组 $x[]$中取值为 1 的 x_i 个数；限界剪枝条件是 $j+n-i>m$，表示当 j 加剩余 $n-i$ 个选择可能得到一个解时，搜索子树，否则放弃搜索子树。

```
int main()
{
    int n=3;
    char set[]={'A','B','C','D','E'};
    int** yanghui = createYanghui(n+1);           //获得 n+1 行杨辉三角，见例 10.1
    for (int m=0; m<=n; m++)
    {   cout<<"C("<<m<<","<<n<<")="<<combination(yanghui, m, n)<<"，组合："";
                                                  //从杨辉三角获得组合数 $C_n^m$，见例 10.1
        printCombined(set, m, n);
    }
    return 0;
}
```

程序运行结果如下：
C(0,3)=1，组合：{}
C(1,3)=3，组合：{C} {B} {A}
C(2,3)=3，组合：{B,C} {A,C} {A,B}

C(3,3)=1，组合：{A,B,C}

【思考题 10-1】输出一个集合（n个元素）的所有子集。

【例 10.4】采用回溯法求解八皇后问题。

八皇后问题：在国际象棋的棋盘（8 行×8 列）上，放置 8 个彼此不受攻击的"皇后"。按照国际象棋的规则，"皇后"可以攻击与之处在同一行、同一列或同一斜线上的棋子。

（1）八皇后问题的解空间

设棋盘的行号和列号都是 0,1,…,7。由于每行只有一个皇后，可以使用一个 8 元组 (x_0,x_1,L,x_7) 表示一种皇后排列布局，其中 x_i 是第 i 行皇后的列号。八皇后问题有多个解，其中两个解的排列布局及表示法如图 10.15 所示。

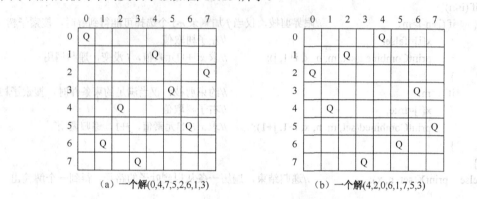

(a) 一个解(0,4,7,5,2,6,1,3)　　　(b) 一个解(4,2,0,6,1,7,5,3)

图 10.15　八皇后问题的两个解及解表示

八皇后问题的显约束是 $x_i \in S_i = \{0,1,L,7\}$（$0 \leq i \leq 7$），解空间由 8^8 个 8 元组构成，范围是(0,0,0,0,0,0,0,0)～(7,7,7,7,7,7,7,7)，解空间树是一棵满八叉树。隐约束是任意两个皇后不在同一列或同一斜线上。

（2）用回溯法求解四皇后问题的解空间树

以下将问题简化为四皇后，讨论四皇后问题的解空间树。

满足四皇后问题显约束的解空间树是一棵满四叉树，叶子结点的取值范围为(0,0,0,0)～(3,3,3,3)。采用回溯法，以先根的深度优先次序搜索该棵四叉树，搜索满足隐约束的所有解。如果一个结点不满足约束条件，进行剪枝，即放弃搜索它的所有子树，回溯至各祖先结点继续搜索其他子树，试图获得其他路径。

用回溯法在四皇后问题解空间树中进行搜索的路径如图 10.16 所示，这棵四叉树高度为 5，其中每个结点表示一个局部布局或完整布局，根结点表示棋盘的初始状态。四皇后问题有 2 个解，分别是(1,3,0,2)和(2,0,3,1)。

（3）判断隐约束条件

八皇后问题的两个隐约束条件及其判断方法如下：

① 任意两个皇后不在同一列上。若 $i \neq j$，有 $x_i \neq x_j$。意为元素各不相同，确定(0,0,?,?)等不是解。因此一个解是 0,1,…,7 的一个排列，使得解空间的大小减为 8！。

② 任意两个皇后不在同一斜线上。若 $i \neq j$，有 $|x_i - x_j| \neq |i - j|$。由此约束确定(0,1,?,?)、(0,2,1,?)、(0,3,1,0)等不是解。

用回溯法求解八皇后问题，程序如下。

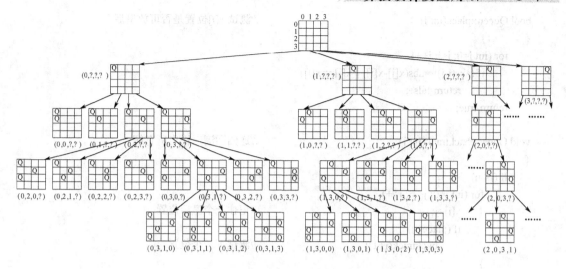

图 10.16　回溯法在四皇后问题解空间四叉树中的搜索路径

```
#include <iostream>
using namespace std;
#include "SeqList.h"                            //顺序表类
#include<math.h>                                //包含 abs(i)函数，返回 i 绝对值

class Queen                                     //求解 n 皇后问题，默认八皇后
{
  private:
    int n;                                      //皇后个数，即棋盘大小
    SeqList<int> x;                             //一个 n 元组，保存一个解
    int count;                                  //记录解的个数

    bool place(int i);                          //测试 x[i]位置是否可放皇后
    void backtrack(int i);                      //递归回溯，输出所有解
    void backtrack();                           //迭代回溯，输出所有解

  public:
    Queen(int n=8);                             //构造函数，n 指定皇后个数，默认八皇后
};

Queen::Queen(int n) : x(n,0)                    //构造函数，声明执行 SeqList<T>(length, x)
{
    if (n>0 && n<=8)
    {   this->n = n;                            //皇后个数
        this->count=0;                          //记录解的个数
        this->backtrack(0);                     //递归回溯，输出所有解
        cout<<this->n<<"皇后，"<<count<<"个解。\n"<<endl;
    }
    else throw out_of_range("参数 n 指定皇后数超出范围");
}
```

```
bool Queen::place(int i)                              //测试x[i]位置是否可放皇后
{
    for (int j=0; j<i; j++)
        if (abs(i-j)==abs(x[j]-x[i]) || x[j]==x[i])
            return false;
    return true;
}
void Queen::backtrack(int i)                          //递归回溯，输出所有解
{
    if (i< n)
        for (int j=0; j< n; j++)
        {   x[i]=j;                                    //记住一个皇后位置
            if (place(i))
                backtrack(i+1);                        //测试下一个位置
        }
    else
    {   count++;                                       //解的计数
        cout<< x;                                      //输出一个解
    }
}
int main()
{
    for (int n=1; n<=8; n++)
        Queen q(n);
    return 0;
}
```

（4）迭代回溯

从 $0 \sim n-1$ 按升序依次寻找第 i（$0 \leqslant i \leqslant 7$）个皇后位置，若确定第 i 个皇后位置 $x[i]$，则继续寻找第 $i+1$ 个皇后位置 $x[i+1]$；否则，找不到第 i 个皇后位置时，说明该 i 元组不是一个解的前缀，此时退回到第 $i-1$ 个皇后位置，即返回到解空间树的父母结点，再搜索其他路径。因此，前述递归回溯函数 backtrack(i)可用以下迭代回溯函数代替，不必使用栈。

```
void Queen::backtrack()                               //迭代回溯，输出所有解
{
    x[0]=-1;
    int i=0;
    while (i>=0)
    {   do
            x[i]++;
        while (x[i] < n && !place(i));                 //寻找第i个皇后位置

        if (x[i] < n)                                  //找到第i个皇后位置为x[i]
            if (i!= n-1)
                x[++i]=-1;                             //继续寻找第i+1个皇后位置
```

```
            else                        //求得一个解
            {   count++;
                cout<< x;               //输出一个解
            }
        else i--;           //没有找到第 i 个皇后位置，退回到第 i–1 个皇后位置，继续搜索其他路径
    }
}
```

【例 10.5】采用预见算法求解骑士游历问题。

骑士游历问题：在国际象棋的棋盘（8 行×8 列）上，求一个马从 (x_0, y_0) 开始遍历棋盘的一条路径。遍历棋盘指马到达棋盘上的每一格一次。按照"马走日"的规则，在棋盘 (x, y) 的一个马有 8 个方向可到达下一格，如图 10.17 所示。

（1）骑士游历问题的解空间

一个马从棋盘上的 (x_0, y_0) 开始，选择一个方向到达下一格，直到访问完 64 格，形成一条遍历棋盘的路径。设棋盘上一格 (x, y) 的值 c_{xy} 定义为

$$c_{xy} = \begin{cases} 0 & \text{马未到达过} \\ \text{自然数} & \text{马到达该格的步数} \end{cases}$$

用 1～64 的一个全排列表示马遍历棋盘的一条路径。从 (0,0) 开始的一次骑士游历如图 10.18 所示。

	0	1	2	3	4	5	6	7
0								
1								
2			8		1			
3		7				2		
4				马				
5		6				3		
6			5		4			
7								

	0	1	2	3	4	5	6	7
0	1	16	27	22	3	18	47	56
1	26	23	2	17	46	57	4	19
2	15	28	25	62	21	48	55	58
3	24	35	30	45	60	63	20	5
4	29	14	61	34	49	44	59	54
5	36	31	38	41	64	53	6	7
6	13	40	33	50	11	7	43	52
7	32	37	12	39	42	51	10	7

图 10.17 骑士游历问题中马下一步可走的 8 个方向　　　图 10.18 从 (0,0) 开始的一次骑士游历

（2）回溯算法

骑士游历问题的解空间是由 64! 个长度为 64 的、元素为 1～64 的解向量组成，约束条件是马走日规则。

骑士游历问题满足约束集的完备性规则。设由 $p_0(x_0, y_0)$ 到达 $p_i(x_i, y_i)$ 的一条路径是 (p_0, p_1, L, p_i)，试探 $p_i(x_i, y_i)$ 8 个方向的下一格，如果下一格超出棋盘或已被访问，则以 (p_0, p_1, L, p_i) 为前缀的若干 64 元组不是解。采用回溯策略，退回至 $p_i(x_i, y_i)$ 的前一格，再寻找其他可通路径。例如，在 5×5 棋盘上，从 (0,1) 开始的一次不成功游历路径如图 10.19 所示。

回溯算法实际上是试探法，对于骑士游历问题，每次选择一个方向前进一步，当一条路走不通时再回头重新试探其他路

18	1	14	7	16
11	6	17	2	13
22	19	12	15	8
5	10	23	20	3
0	21	4	9	24

图 10.19 在 5×5 棋盘上从 (0,1) 开始的一次不成功游历路径

径。它选择前进方向的方式是随机的，也是盲目的。

（3）预见算法

为了克服回溯算法搜索的随机性和盲目性，以下预见算法采用启发式探索的思路，在每一格经过一些计算，预见每条路的宽窄，从中选择最窄的一条路先走，将较宽的路留在后面，则成功的可能性较大。

预见算法的核心问题是，如何确定一条路宽窄的标准？具体做法是，在每次选择方向时，预见下一个位置的可通路数，即为每个方向计算出下一位置还有多少条通路。例如，图 10.17 马在(4,3)格，下一步有 8 个方向可走，这 8 个方向的再下一格又有多少方向可走呢？表 10-1 给出(4,3)的下一格的可通路数情况。

表 10-1　预见(4,3)的下一格的可通路数

方向	下一位置	可通方向	可通路数
1	(2,4)	1,2,3,4,6,7,8	7
2	(3,5)	1,2,3,4,5,7,8	7
3	(5,5)	1,2,3,4,5,6,8	7
4	(6,4)	1,2,3,6,7	5
5	(6,2)	2,3,6,7,8	5
6	(5,1)	1,3,4,5,8	5
7	(3,1)	1,2,4,5,8	5
8	(2,2)	1,2,3,5,6,7,8	7

经过对 8 个方向的分析比较，(4,3)的下一格在可通路数最小的 4、5、6 或 7 方向中选择，这是贪心选择策略。虽然预见算法每次选择下一步方向需要花费一定时间，但它针对性强，减少了许多盲目的试探，总的选择次数少，从而缩短了运行时间。

程序如下，声明 Point 类表示棋盘一格坐标(x,y)。HorseTravel 类中，采用一个 Matrix 矩阵对象 chessboard 表示棋盘并保存问题的一个解，构造函数的参数指定棋盘大小和游历的初始位置(x_0,y_0)。

```cpp
#include "Matrix.h"                            //矩阵类（见例 5.1）
class Point                                    //棋盘一格坐标
{
public:
    int x,y;                                   //行、列坐标
    Point(int x, int y)                        //构造函数
    {
        this->x=x;
        this->y=y;
    }
    friend ostream& operator<<(ostream &out, Point &p)    //输出
    {
        out<<"("<<p.x<<","<<p.y<<")";
        return out;
    }
}
```

```
};

class HorseTravel                                          //预见算法解骑士游历问题
{
    private:
        int n;                                             //棋盘大小
        Matrix chessboard;                                 //用矩阵表示棋盘并保存问题的一个解

        int select(Point p);                               //选择 p 格到达下一格的方向
        Point go(Point p, int direction);                  //返回 p 格按 direction 方向的下一格
        bool isValid(Point p);                             //判断 p 是否在棋盘内且未被占领过
    public:
        HorseTravel(int n, int x, int y);
};
HorseTravel::HorseTravel(int n, int x, int y)              //构造函数，n 指定棋盘大小，x、y 指定起始位置
        : chessboard(n,n,0)                                //声明执行 Matrix(int rows, int columns, int x)
{
    if (n<5 || n>8)                                        //控制棋盘大小为 5～8
        throw out_of_range("参数 n 指定棋盘大小超出～范围");
    this->n = n;
    Point p(x,y);                                          //当前格从(x,y)开始游历
    int count=1, direction=1;                              //count 记录步数，diretion 表示 8 个方向
    while (count<=n*n && direction!=0)
    {
        chessboard.set(p.x, p.y, count);                   //设置 p 格的值为 count
        cout<<"第"<<count<<"步  ";
        direction = select(p);                             //预见，选择一个方向
        if (direction==0 && count<n*n)
            cout<<"第"<<count<<"步无路可通!\n";
        else
        {   count++;                                       //步数加 1
            p = go(p, direction);                          //前进一步
        }
    }
}
//预见，为 p 位置试探下一步 8 个方向位置的可通路数，返回下一步可通路数最小值的方向
int HorseTravel::select(Point p)
{
    cout<<"当前位置: "<<p<<endl<<this->chessboard;          //输出棋盘所有元素
    cout<<"方向  下一位置  可通方向    可通路数"<<endl;
    int direction=0, minroad=8;
    for (int i=1; i<=8; i++)                               //试探 p(x,y)的 8 个方向位置
    {   int road=0;
        Point next1 = go(p,i);                             //next1 是 p 按 i 方向的下一位置
        if (isValid(next1))                                //next1 在棋盘内且未被访问过
        {   cout<<"  "<<i<<"\t"<<next1<<"\t";
            for (int j=1; j<=8; j++)                       //统计 next1(x,y)的可通路数 road
```

```
            {   Point next2 = go(next1,j);      //next2 是 next1 按 j 方向的下一位置
                if (isValid(next2))             //next2 在棋盘内且未被访问过
                {   road++;
                    cout<<j<<",";
                }
            }
            if (road<minroad)
            {   minroad=road;                   //minroad 记载 road 的最小值
                direction=i;                    //direction 记载 road 最小值的方向
            }
            cout<<"\t"<<road<<endl;
        }
    }
    cout<<"选定下一步方向  direction="<<direction<<"\r\n\n";
    return direction;                           //返回下一步可通路数最小值的方向
}
bool HorseTravel::isValid(Point p)              //判断 p 是否在棋盘内且未被访问过
{
    return (p.x>=0 && p.x<n && p.y>=0 && p.y<n && chessboard.get(p.x, p.y)==0);
}
Point HorseTravel::go(Point p, int direction)   //返回 p 按 direction 方向的下一位置，不改变 p
{
    Point q(p);                                 //执行 Point 类的默认拷贝构造函数
    switch (direction)
    {   case 1:  q.x-=2;   q.y++;    break;
        case 2:  q.x--;    q.y+=2;   break;
        case 3:  q.x++;    q.y+=2;   break;
        case 4:  q.x+=2;   q.y++;    break;
        case 5:  q.x+=2;   q.y--;    break;
        case 6:  q.x++;    q.y-=2;   break;
        case 7:  q.x--;    q.y-=2;   break;
        case 8:  q.x-=2;   q.y--;    break;
    }
    return q;
}
int main()
{
    int n=8, x=0, y=0;
    cout<<"输入棋盘大小 n、初始位置(x,y): ";
    cin>>n>>x>>y;
    HorseTravel horse(n,x,y);
    return 0;
}
```

horse(8,0,0)运行结果（部分）如下：

第 34 步　当前位置：(4,3)

1	16	27	22	3	18	0	0
26	23	2	17	0	0	4	19
15	28	25	0	21	0	0	0
24	0	30	0	0	0	20	5
29	14	0	34	0	0	0	0
0	31	0	0	0	0	6	9
13	0	33	0	11	8	0	0
32	0	12	0	0	0	10	7

方向	下一位置	可通方向	可通路数
2	(3,5)	2,3,5,7,8,	5
3	(5,5)	2,3,5,6,8,	5
7	(3,1)	2,4,5,	3

选定下一步方向 direction=7

本例算法只寻找了一个解。采用回溯法可以寻找从 (x_0, y_0) 位置开始的所有解。

以上介绍了多种常用的算法设计策略，这些策略的共同之处是运用技巧避免穷举测试。

分治法和动态规划法将问题分解成子问题求解，简化问题规模和复杂度；动态规划法通过保存计算的中间结果，避免大量的重复计算。

贪心法、动态规划法以及回溯法都是从某一集合中选出子集，通过一系列的判定得到解；贪心法进行逐项比较逐步获得整个解；动态规划法和回溯法通过逐步逼近获得最优解。

动态规划法和回溯法得到问题的最优解；贪心法既可能得到问题的最优解，也可能得到次优解，依赖于具体问题的特点和贪心策略的选取，在问题要求不太严格的情况下，可以用这个较优解作为需要穷举所有情况才能得到的最优解。

有些问题可采用多种算法策略求解，也可采用几种算法策略的组合求解。例如，Floyd 算法采用动态规划法和贪心法求解，在采用贪心策略逐步求解的过程中，使用两个矩阵 P 和 D 存储中间结果。

10.2 课程设计的目的、要求和选题

数据结构课程设计的目的是，深入理解数据结构的基本理论，掌握对数据结构各种操作的算法设计方法，增强对基础知识和基本方法的综合运用能力，增强对算法的理解能力，提高软件设计能力，在实践中培养独立分析问题和解决问题的作风和能力。

数据结构课程设计的要求是，综合运用数据结构的基础知识和算法设计的基本原则，独立编制一个具有中等规模的、一定难度的、解决实际问题的应用程序；通过题意分析、选择数据结构、算法设计、编制程序、调试程序、软件测试、结果分析、撰写课程设计报告等环节完成软件设计的全过程，完善算法并提高程序性能。

具体要求如下：

① 选题与数据结构课程内容相关，体现基本的数据结构和算法设计原则。

② 算法有明确的思路，模块结构合理，表述清楚，算法完整，考虑各种可能情况。

③ 采用 C++语言和面向对象程序设计思想实现。

④ 程序必须运行通过，对于各种输入数据，有明确的不同的输出结果。程序运行有错误时，必须采取各种调试手段排除错误。

⑤ 课程设计报告包括：课程设计目的、题目说明、题意分析、设计方案、功能说明、实现技术和手段、程序流程、源程序清单、运行结果及结果分析、设计经验和教训总结、存在问题及解决方案等。

参考选题如下。

1．集合

10-1 集合的表示与实现。

第 1 章声明了集合抽象数据类型 Set，有多种数据结构可存储集合元素并实现集合运算，如顺序表、循环双链表、二叉排序树、平衡二叉树、散列表等。数学中集合的元素是没有次序的、不可重复的、不排序的。一旦采取某种数据结构存储集合元素，元素间就具有某种关系。各种数据结构所表示的集合特点说明如下：

① 线性表（顺序表、单链表、循环双链表）表示可重复的无序集合，元素间有前驱、后继关系的次序，可重复。线性表可表示有序集合，有序集合并运算可采用一趟归并排序算法，但排序和查找效率较低。

② 散列表表示不可重复的无序集合，元素间没有次序，元素关键字不重复，不排序。

③ 二叉排序树（或平衡二叉树）表示不可重复的有序集合，元素关键字不重复，元素按关键字的指定顺序排序。

线性表采用序号识别关键字重复的数据元素，而散列表和二叉排序树则不能识别关键字重复的数据元素。散列表和二叉排序树作为一种数据结构存储数据元素集合，它们的查找、插入、删除操作的效率均高于线性表。

分别使用上述说明的一种数据结构，实现抽象数据类型 Set 声明的插入、删除、属于、相等、包含、并、差、保留、随机排列等多种运算，分析算法效率。

2．线性表

10-2 存储和管理学生成绩，题见实验 2。

10-3 多项式运算，题见实验 2。

10-4 计算多边形面积，题见实验 2。

10-5 选择题自动阅卷。

给定一组选择题答案，读取若干答题文件，对比并给出成绩。

3．栈和队列及递归算法

10-6 ☆☆☆计算表达式，见实验 4，使用栈或递归算法。

10-7 ☆☆走迷宫。

题见实验 4，分别用以下算法给出走迷宫的一条或多条路径。

① 递归算法；② 使用栈；③ 使用队列。

4．矩阵和广义表

10-8 特殊矩阵的压缩存储及运算，题见实验 5。

10-9　☆☆稀疏矩阵的压缩存储及运算，题见实验 5。

10-10　☆☆☆声明以双链表示的广义表类 GenList，题见实验 5。

10-11　☆☆☆以广义表双链表示实现 m 元多项式的相加、相乘等运算，题见实验 5。

5．二叉树和树

10-12　分别采用在（静态）二/三叉链表存储二叉树，实现以下操作：

① 返回两结点最近的共同祖先结点。

② 求一棵二叉树的所有直径及其路径长度。

③ 判断一棵二叉树是否为完全二叉树。

④ 查找与 pattern 匹配的子二叉树。

10-13　☆☆创建表达式二叉树，计算表达式值，见实验 6。

10-14　☆先/中/后序线索二叉树，要求同中序线索二叉树，见实验 6。

10-15　☆☆☆采用 Huffman 编码进行文件压缩，见实验 6。

10-16　☆☆☆采用三叉链表表示 Huffman 树实现文件压缩，见实验 6。

10-17　☆☆☆树的表示和实现。

分别采用（父母）孩子/兄弟链表存储树，实现以下操作：

① 以树的横向凹入表示构造或输出一棵树。

② 以树的广义表表示构造或输出一棵树。

③ 返回两个结点最近的共同祖先结点。

④ 求一棵树的所有直径及其路径长度。

⑤ 判断两棵无序树是否相等，包含子树同构问题，即忽略孩子结点之间的次序，如 A 的孩子 B、C，存储成 B、C 与 C、B 同义。

⑥ 查找与 pattern 匹配的子树。

⑦ 查找与 pattern 匹配的子树，忽略孩子结点之间的次序。

⑧ 删除所有与 pattern 匹配的子树。

⑨ 将与 pattern 匹配的所有子树替换为 sub 子树。

6．图

10-18　☆☆图的连通性判断，题见实验 7。

10-19　☆☆☆图的邻接多重表表示。

采用邻接多重表表示存储带权无向/有向图，实现以下操作：

① 插入顶点和边，删除顶点和边。

② 深度优先搜索和广度优先搜索遍历图。判断是否生成子图。

③ 采用 Prim 算法或 Kruskal 算法构造图的最小生成树。

④ 采用 Dijkstra 算法求图的单源最短路径。

⑤ 采用 Floyd 算法求图所有顶点间的最短路径。

7．查找

10-20　统计单词的出现次数。

读入一个文本文件，统计其中各单词的出现次数，单词的分隔符是空格和其他非字母符号。分别采用散列表或二叉排序树存储，分析查找效率。

10-21 统计源程序中各关键字的出现次数。

读入一个文本文件，实现查找和替换子串功能，提供区分大小写、全字匹配、多关键字查询等选项，多个关键字之间以空格分隔。

10-22 ☆判断两个散列表表示的无序集合是否相等。

10-23 ☆判断两棵二叉排序树所表示的有序集合是否相等。

10-24 ☆☆☆声明平衡二叉树类。

实现平衡二叉树的插入、删除和查找等操作。使用平衡二叉树存储素数序列。

10-25 嵌套语句的语法检查。

从文本文件读取源程序，检查 if-else、do-while 等语句嵌套使用时的匹配语法。

10-26 众数。

找出一个数据元素集合中出现次数最多的元素（称为众数），分别采用顺序表、散列表和二叉排序树存储，并分析算法的时间复杂度。

10-27 统计获奖名单。

已知某项比赛的获奖名额方案保存在指定数组中，如一～三等奖的获奖名额分别为 x、y、z 名等。设有 n 人报名参加该项比赛，各人成绩保存在指定文件中；读取成绩文件，统计获奖名单。研究采用何种存储结构存储参赛者信息及比赛成绩？采用什么方法选择决定获奖者的效率最高？实现一种方案并分析算法效率。

10-28 选票统计。

设一次选举有 n 个候选人，设计一种选票格式及计票程序，统计所有选票数量、每个候选人的得票数和得票率，将候选人及其得票数和得票率按得票数降序排序显示，并输出到指定文件中。可增加候选人，如果不限定候选人数，则可采用什么结构？

分别说明所采用的数据结构和算法，分析各数据结构的查找性能，及查找和排序算法效率，说明查找性能与哪些因素有关，说明为提高查找效率通常采用的措施。

10-29 ☆☆用基于索引表的块链存储结构存储电话簿。

实现图 8.8 所示电话簿的分块存储结构，按姓氏建立索引表，索引表按姓氏排序，提供查找、插入、删除及读写文件操作。分析特点和操作效率。

10-30 ☆☆用散列表存储电话簿。

提供查找、插入、删除及读写文件操作。分析特点和操作效率。

10-31 ☆☆☆电话簿的索引表采用树结构。

采用类似以下树结构作为电话簿的索引表，并将该棵树保存在文本文件中。

全部（同学（中学同学，大学同学，研究生同学），同事（计算机系，通信系））

分别实现索引表和电话簿的查找、插入、删除及读写文件操作。分析特点和操作效率。

10-32 ☆☆手机信息管理。

对以下手机信息进行有效存储和管理，分析特点和操作效率。

① 通讯录管理，提供显示、修改、插入、删除操作，提供查找和排序功能，提供按约定树形关系分类功能。

② 通话清单管理，分别保存并有效管理若干最近"未接来电"、"已接来电"、"已拨电话"等信息，通讯录中已有的电话号码按人名显示，提供按姓名或时间排序等功能。

③ 短消息管理，存储所有收发的短消息，通讯录中已有的电话号码按人名显示；短消息按时间降序排列，每号码占一条信息，展开可查看所有收发分类信息；提供短消息群发功能，即在通讯录中选择多个数据项；提供自动回复功能。

10-33 地铁计费。

已知某市多条地铁线路的站点序列，其中有相交的站点；保存一种计费规则；计算一次从 A 站到 B 站的车费。说明问题：如何存储数据？有哪些统计经过站点的方法？怎样快速获得经过的站点数？

10-34 ☆☆☆公共交通综合查询。

已知某市多条公交和地铁线路的站点序列，采用图结构存储这些站点数据，查询任意两个站点之间的多条路径及换乘方案，计算最短路径，选择最佳换乘方案，实现模糊查询。

说明数据的逻辑结构和存储结构，可采用哪些措施和算法以提高查找操作效率，求查找算法的平均查找长度 ASL；说明什么是最佳换乘方案以及怎样确定某种换乘方案为最佳。

8. 排序

10-35 九宫排序。

一个 3×3 棋盘，初始状态有一个位置空着，其他位置元素为 1～8 之中随机一个，各位置元素不重复，如图 10.20（a）所示。逐步移动元素，使其成为如图 10.20（b）所示按某种约定进行排序的目标状态。元素移动的限制是，只能将与空位置相邻的元素移入空位置。设定棋盘大小为 $n×n$，对于任意给定的一个初始状态，给出排序过程中的移动步伐，或不能移动信息。

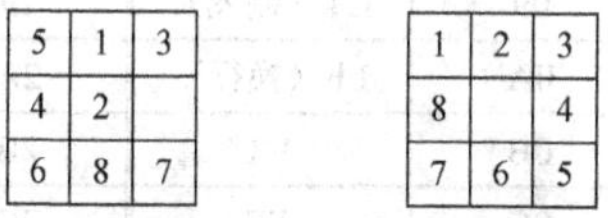

9. 最小堆

10-36 ☆采用最小（大）堆构造优先队列，选择最小（大）权值元素优先出队。

图 10-20 九宫排序

10-37 ☆☆采用最小堆存储 Huffman 树的结点，每次选择两棵最小权值的树合并。

10-38 采用最小堆存储图带权值的边，实现 Prim 算法构造图的最小生成树。

10-39 采用最小堆存储图带权值的边，实现 Dijkstra 算法求图的单源最短路径。

10. 回溯法

10-40 采用迭代回溯求 C_n^m 组合问题。

10-41 ☆求素数环问题（见例 4.3）的所有解。

10-42 ☆☆求骑士游历问题（见实验 4）的多条路径。

10-43 ☆☆求迷宫问题（见实验 4）的所有路径。

10-44 ☆☆输出从顶点 v_i 出发的图的所有遍历路径，声明如下：

void printPathAll(int i)　　　　//输出从顶点 v_i 出发的图的所有遍历路径

附录 A

ASCII 码表（前 128 个）

ASCII 值	字　符	ASCII 值	字　符	ASCII 值	字　符	ASCII 值	字　符
00	NUL	20	（空格）	40	@	60	`
01	SOH	21	!	41	A	61	a
02	STX	22	"	42	B	62	b
03	ETX	23	#	43	C	63	c
04	EOT	24	$	44	D	64	d
05	ENQ	25	%	45	E	65	e
06	ACK	26	&	46	F	66	f
07	BEL（响铃）	27	'	47	G	67	g
08	BS（退格）	28	(	48	H	68	h
09	HT（制表）	29	)	49	I	69	i
0A	LF（换行）	2A	*	4A	J	6A	j
0B	VT	2B	+	4B	K	6B	k
0C	FF	2C	,	4C	L	6C	l
0D	CR（回车）	2D	-	4D	M	6D	m
0E	SO	2E	.	4E	N	6E	n
0F	SI	2F	/	4F	O	6F	o
10	DLE	30	0	50	P	70	p
11	DC1	31	1	51	Q	71	q
12	DC2	32	2	52	R	72	r
13	DC3	33	3	53	S	73	s
14	DC4	34	4	54	T	74	t
15	NAK	35	5	55	U	75	u
16	SYN	36	6	56	V	76	v
17	ETB	37	7	57	W	77	w
18	CAN	38	8	58	X	78	x
19	EM	39	9	59	Y	79	y
1A	SUB	3A	:	5A	Z	7A	z
1B	ESC	3B	;	5B	[	7B	{
1C	FS	3C	<	5C	\	7C		
1D	GS	3D	=	5D	]	7D	}
1E	RS	3E	>	5E	^	7E	~
1F	US	3F	?	5F	_	7F	DEL

附录 B

C++运算符及其优先级

优先级	分 类	结合性	运 算 符	操 作 数	含 义
1			::	类（左）、函数（右）	域运算符
2	初等运算符	左	( )	表达式（子表达式）	括号（表达式嵌套）
				函数（参数列表）	函数调用
			[ ]	数组（左）、整数（中）	数组下标运算符
			.	对象（左）、成员（右）	成员运算符
			->	指针（左）、成员（右）	指向成员运算符
	单目运算符		++ --	整数变量	自加，自减（后置）
3	单目运算符	右	++ --		自加，自减（前置）
			~	整数	按位取反
			!	整数，布尔	逻辑非
			+ -	数值	正号，负号
			*	指针变量	指针运算符
			&	变量	引用，求地址
			sizeof	类型或变量	类型或变量的字节数
			(类型) 类型( )		强制类型转换
			new	类，数组元素类型	动态分配空间
			delete	数组，指针，对象	释放空间
4	算术运算符双目		* / %	数值	乘，除，整除取余
5			+ -		加，减
6	位运算符		<< >>	整数	按位左移，按位右移
7	关系运算符	左	< <=	数值，字符	小于，小于等于
			> >=		大于，大于等于
8			== !=	基本类型数据	等于，不等于
9	位运算符		&	整数	按位与
10			^		按位异或
11			|		按位或
12	逻辑运算符		&&	整数，布尔	逻辑与
13			||		逻辑或
14	三目		?:		条件
15		右	=	变量（左）、表达式（右）	赋值
			+= -= *= /= %= >>= <<= &= ^= !=		扩展赋值，计算后赋值
16			throw		抛出异常
17		左	,	表达式	逗号

参考文献

[1] 殷人昆等. 数据结构（用面向对象方法与C++描述）（第2版）. 北京：清华大学出版社，2007.

[2] 严蔚敏等，数据结构（C语言版）. 北京：清华大学出版社，1997.

[3] 张乃孝. 算法与数据结构/C语言描述（第2版）. 北京：高等教育出版社，2002.

[4] 许卓群等. 数据结构与算法. 北京：高等教育出版社，2004.

[5] 王晓东. 计算机算法设计与分析（第3版）. 北京：电子工业出版社，2007.

[6] 傅清祥等. 算法与数据结构（第二版）. 北京：电子工业出版社，2001.

[7] 陈本林等. 数据结构/使用C++标准模板库. 北京：机械工业出版社，2005.

反侵权盗版声明

电子工业出版社依法对本作品享有专有出版权。任何未经权利人书面许可，复制、销售或通过信息网络传播本作品的行为；歪曲、篡改、剽窃本作品的行为，均违反《中华人民共和国著作权法》，其行为人应承担相应的民事责任和行政责任，构成犯罪的，将被依法追究刑事责任。

为了维护市场秩序，保护权利人的合法权益，我社将依法查处和打击侵权盗版的单位和个人。欢迎社会各界人士积极举报侵权盗版行为，本社将奖励举报有功人员，并保证举报人的信息不被泄露。

举报电话：（010）88254396；（010）88258888

传　　真：（010）88254397

E-mail：　dbqq@phei.com.cn

通信地址：北京市万寿路 173 信箱

　　　　　电子工业出版社总编办公室

邮　　编：100036